木質の化学

日本木材学会　編

文永堂出版

表紙デザイン:中山康子(株式会社ワイクリエイティブ)

は じ め に

　木質資源には木材から草本まできわめて多様なものが含まれるが，それらはほぼ共通の主要成分と，それぞれの種に特徴的な副成分とから成り立っている．これらの成分が植物体中でどのようにして生成し，どのような形態で存在しているのか，さらにはこれらの成分の真の存在意義は何であるかなどについて明らかにすることは，植物体を理解するうえでも，またそれをバイオマス資源の中核として適切に利用していくうえでも重要であり，本書『木質の化学』ではこれらの分野を取りまとめている．

　本書の記述は木材を中心に進められているが，必要に応じて草本など他の木質資源についてもふれる形をとっている．本書は6章からなっており，第1章「木材の組成と生成」において木材の主要成分，副成分の化学と生成について概観したのち，第2章から第5章においてそれぞれの成分の化学についての先端的な知見を含めて詳述している．まず，第2章「セルロースの化学」では，セルロースの化学構造，結晶構造，分離と精製，各種誘導体化，化学的および物理的分解について紹介している．第3章「ヘミセルロースの化学」では，主要なヘミセルロースの化学構造，それらの分離と精製，化学的および物理的分解，ならびに注目される生理活性について述べている．第4章「リグニンの化学」では，リグニンの分布，確認法，定量法，詳細な化学構造と反応性，物理的性質，さらに今後の進展が期待される利用について紹介している．また，第5章「抽出成分の化学」においては，各種の抽出成分の分布と特性および生理活性について取りまとめている．最後に第6章「木材の生分解」においては，木質資源の特徴である腐朽に関する最新の知見を，関係する微生物の特徴，生分解の機構と生成物の特徴などについて詳述している．

　本書が木質の化学を専門とする研究者や大学院生はもとより，これらの分野に関心を持つ学部生にとってもきわめて有用であると確信している．

2010年4月　　　　　　　　　　　　　編集責任者　飯塚堯介

編集責任者

飯塚　堯介　東京大学名誉教授

執筆者（執筆順）

福島　和彦	名古屋大学大学院生命農学研究科教授
林　　隆久	京都大学生存圏研究所准教授
石井　　忠	（独）森林総合研究所バイオマス化学研究領域チーム長
梅澤　俊明	京都大学生存圏研究所教授
寺沢　　実	北海道大学名誉教授
磯貝　　明	東京大学大学院農学生命科学研究科教授
杉山　淳司	京都大学生存圏研究所教授
中坪　文明	京都大学名誉教授
松本　孝芳	京都大学名誉教授
近藤　哲男	九州大学バイオアーキテクチャーセンター教授
眞柄　謙吾	（独）森林総合研究所バイオマス化学研究領域木材化学研究室長
渡辺　隆司	京都大学生存圏研究所教授
飯塚　堯介	前掲
近藤　隆一郎	九州大学大学院農学研究院教授
黒田　健一	九州大学大学院農学研究院教授
片山　健至	香川大学農学部教授
大井　　洋	筑波大学大学院生命環境科学研究科教授
松本　雄二	東京大学大学院農学生命科学研究科教授
浦木　康光	北海道大学大学院農学研究院教授
岸本　崇生	富山県立大学工学部准教授
舩岡　正光	三重大学大学院生物資源学研究科教授
谷田貝光克	秋田県立大学木材高度加工研究所所長・教授
河合　真吾	静岡大学農学部准教授
光永　　徹	岐阜大学応用生物科学部教授
西田　友昭	静岡大学農学部教授
鮫島　正浩	東京大学大学院農学生命科学研究科教授
石原　光朗	元・（独）森林総合研究所きのこ・微生物研究領域長
割石　博之	九州大学大学院農学研究院教授

目　　　次

第1章　木材の組成と生成 ……………………………………………… 1
1. 木材の組成 …………………………………………（福島和彦）… 1
   1) 木材の構造 ……………………………………………………… 1
   2) 元素組成 ………………………………………………………… 2
   3) 化学組成 ………………………………………………………… 3
2. セルロースの生合成 ………………………………（林　隆久）… 5
   1) セルロースの生合成反応 ……………………………………… 5
   2) セルロース合成酵素の構造と複合体機能 …………………… 6
   3) スクロース合成酵素の役割 …………………………………… 10
   4) アクチベーター（活性化物質）とインヒビター（阻害物質）……… 11
3. ペクチン，ヘミセルロースの生合成 ………………（石井　忠）…12
   1) 糖ヌクレオチドの合成と代謝 ………………………………… 14
   2) ペクチンの生合成 ……………………………………………… 17
   3) ヘミセルロースの生合成 ……………………………………… 19
4. リグニンの生合成 …………………………………（福島和彦）…22
   1) 細胞壁の木化 …………………………………………………… 22
   2) 木化の可視化 …………………………………………………… 24
   3) シキミ酸経路 …………………………………………………… 25
   4) モノリグノールの生合成 ……………………………………… 26
   5) モノリグノールの重合 ………………………………………… 33
5. 抽出成分の生合成 …………………………………（梅澤俊明）…37
   1) 抽出成分およびその生合成の概要 …………………………… 37
   2) フェニルプロパノイド生合成 ………………………………… 38
   3) イソプレノイド生合成 ………………………………………… 42
   4) フラボノイドおよびスチルベノイド生合成 ………………… 43

5）タンニン生合成……………………………………………………… 46
6．樹液の化学………………………………………………（寺沢　実）… 47
　　1）上昇樹液流…………………………………………………………… 47
　　2）下降樹液流…………………………………………………………… 47
　　3）水平樹液流…………………………………………………………… 48
　　4）溢　出　樹　液……………………………………………………… 49
　　5）溢出樹液中の化学成分の季節変化………………………………… 51
　　6）樹　液　の　効　用………………………………………………… 52

第2章　セルロースの化学……………………………………………… 59
1．セルロースの化学構造…………………………………（磯貝　明）… 59
　　1）基本化学構造………………………………………………………… 59
　　2）セルロース含有量測定……………………………………………… 61
　　3）各種セルロース試料と特徴………………………………………… 61
　　4）セルロース中のカルボキシル基およびアルデヒド基量………… 62
2．セルロースの結晶・微細構造　………………………（杉山淳司）… 63
　　1）セルロースⅠ………………………………………………………… 63
　　2）セルロースⅡ………………………………………………………… 64
　　3）セルロースⅢ………………………………………………………… 66
　　4）多形間での可逆性および不可逆性………………………………… 67
　　5）分光法による解析…………………………………………………… 68
　　6）電子線，X線，中性子回折法による解析………………………… 70
　　7）セルロース結晶多形のモデル……………………………………… 70
3．セルロースの分離と精製………………………………（中坪文明）… 75
　　1）非木材繊維からのセルロースの分離および精製………………… 75
　　2）木材繊維からのセルロースの分離および精製…………………… 79
　　3）将来のセルロースの分離および精製……………………………… 84
4．セルロースの高分子的性質……………………………（松本孝芳）… 85

　　　　　　　　　目　　次　　　　　　　　　　　　　　　*vii*

 1）分子量について………………………………………………… 86
 2）セルロース溶液の粘弾性………………………………………… 92
5．セルロースの誘導体………………………………（近藤哲男）… 97
 1）構造から見る誘導体化の方法…………………………………… 98
 2）セルロース誘導体…………………………………………………101
6．セルロースの分解…………………………………（磯貝　明）…107
 1）酸　分　解…………………………………………………………107
 2）アルカリ分解………………………………………………………111
 3）酸　化　分　解……………………………………………………114
 4）加　溶　媒　分　解………………………………………………115
 5）熱　分　解…………………………………………………………116
 6）光分解，電子線分解………………………………………………117
 7）機械的処理による分解……………………………………………118

第3章　ヘミセルロースの化学………………………………………123
1．ヘミセルロースの化学構造………………………（石井　忠）…123
 1）キ　シ　ラ　ン……………………………………………………124
 2）マ　ン　ナ　ン……………………………………………………125
 3）キシログルカン……………………………………………………126
 4）グ　ル　カ　ン……………………………………………………126
2．ヘミセルロースの分布と分離および精製………（眞柄謙吾）…127
 1）ヘミセルロースの分布……………………………………………127
 2）ヘミセルロースの分離および精製………………………………130
3．ヘミセルロースの反応と利用……………………（渡辺隆司）…136
 1）酸　分　解…………………………………………………………136
 2）アルカリ分解………………………………………………………140
 3）酸　化　分　解……………………………………………………143
 4）熱　分　解…………………………………………………………148

5）ヘミセルロースの利用……………………………………………………149
　4．ヘミセルロース，ペクチンの生理活性 ……………（石井　忠）…153
　　　1）オリゴ糖の植物に対する作用………………………………………… 153
　　　2）オリゴ糖の食品としての機能………………………………………… 155
　　　3）ヘミセルロース，ペクチンの薬理作用 ……………………………… 155
　　　4）食物繊維としての生物活性…………………………………………… 155

第4章　リグニンの化学……………………………………………………157
　1．リグニンの分布と確認法………………………………（飯塚堯介）…157
　　　1）リグニンの分布………………………………………………………… 157
　　　2）呈　色　反　応………………………………………………………… 160
　2．リグニンの定量法……………………………………（近藤隆一郎）…163
　　　1）リグニンの不溶化による定量法（直接法）………………………… 163
　　　2）光　学　的　方　法…………………………………………………… 165
　　　3）そのほかの方法………………………………………………………… 168
　3．リグニンの存在形態と単離法…………………………（黒田健一）…168
　　　1）リグニンの存在形態…………………………………………………… 168
　　　2）リグニンの単離………………………………………………………… 173
　4．リグニンの化学構造……………………………………（片山健至）…178
　　　1）基本的な芳香環構造…………………………………………………… 178
　　　2）リグニンの化学構造の特徴と化学構造決定を困難にした理由……… 180
　　　3）多様な芳香環構造……………………………………………………… 183
　　　4）単量体単位間の結合様式……………………………………………… 184
　　　5）元素組成と官能基……………………………………………………… 190
　5．リグニンの分解反応……………………………………（大井　洋）…193
　　　1）酸による加水分解……………………………………………………… 193
　　　2）アルカリ条件における分解…………………………………………… 195
　　　3）酸　化　分　解………………………………………………………… 196

4）熱　分　解……………………………………………………199
　　5）水素化分解………………………………………………………200
　6．リグニンの反応性……………………………………（松本雄二）…200
　　1）リグニンのアルカリ性下の反応…………………………………201
　　2）リグニンの酸触媒反応……………………………………………205
　　3）リグニンの酸化反応………………………………………………206
　　4）ホモリシス反応……………………………………………………209
　　5）そ の ほ か………………………………………………………210
　7．リグニンの物理的性質…………………………………………………214
　　1）リグニンの分子量……………………………………（浦木康光）…214
　　2）リグニンの高分子物性………………………………（浦木康光）…218
　　3）分光学的性質…………………………………………（浦木康光）…222
　　4）リグニンの核磁気共鳴スペクトル…………………（岸本崇生）…223
　8．リグニンの利用…………………………………………（舩岡正光）…227
　　1）リグニン利用の現状………………………………………………228
　　2）リグニンの逐次機能制御と新しい応用展開……………………231
　　3）リグニン利用の将来………………………………………………238

第5章　抽出成分の化学…………………………………………………243
　1．テルペノイドの分布と特性……………………………（谷田貝光克）…243
　　1）テルペノイドとその分布…………………………………………243
　　2）テルペノイドの種類と起源………………………………………245
　　3）テルペノイドの生物活性…………………………………………249
　2．リグナンの分布と特性…………………………………（梅澤俊明）…251
　　1）リグナンと関連化合物の定義……………………………………251
　　2）リグナンの一般的特徴……………………………………………252
　　3）リグナンの分布……………………………………………………256
　3．フラボノイドとスチルベノイドの分布と特性………（河合真吾）…259

1）フラボノイドの分布と化学構造……………………………………… 259
　2）フラボノイドの生理活性と利用……………………………………… 262
　3）スチルベノイドの分布と化学構造…………………………………… 263
　4）スチルベノイドの生理活性と利用…………………………………… 265
4．タンニンの分布と特性…………………………………（光永　徹）… 266
　1）タンニンの化学と分布………………………………………………… 266
　2）生　合　成……………………………………………………………… 269
　3）生理活性と生体内での役割…………………………………………… 271
　4）タンニンとタンパク質の親和性……………………………………… 271
　5）利　　　　用…………………………………………………………… 273

第6章　木材の生分解……………………………………………………… 277

1．木　材　腐　朽　菌……………………………………（西田友昭）… 277
　1）白色腐朽菌のリグニン分解特性……………………………………… 280
　2）白色腐朽菌と褐色腐朽菌の判別……………………………………… 282
　3）白色腐朽菌の工業用途………………………………………………… 283
2．セルロースの生分解……………………………………（鮫島正浩）… 288
　1）セルロースを分解する生物…………………………………………… 288
　2）糸状菌によるセルロースの生分解…………………………………… 289
　3）セ ル ラ ー ゼ…………………………………………………………… 290
　4）β-グルコシダーゼとセロビオース脱水素酵素 ………………………… 299
　5）セルラーゼの利用 ……………………………………………………… 300
3．ヘミセルロースの生分解………………………………（石原光朗）… 301
　1）ヘミセルロース分解酵素……………………………………………… 301
　2）β-D-キシラナーゼ ……………………………………………………… 301
　3）β-D-マンナナーゼ ……………………………………………………… 305
　4）そのほかのヘミセルラーゼ…………………………………………… 307
　5）ヘミセルロース分解酵素の利用……………………………………… 308

4．リグニンの生分解···（割石博之）···310
　1）リグニン分解菌··310
　2）白色腐朽菌により腐朽された材中のリグニン·······················312
　3）白色腐朽菌によるリグニン分解の生理学的解析··················313
　4）活性酸素種によるリグニンの分解··314
　5）リグニン分解酵素··315
　6）リグニン分解のシステム生物学··320

参　考　図　書···325

索　　　引··329

第1章　木材の組成と生成

1. 木材の組成

1）木材の構造

　木材は木部と樹皮の間にある形成層より髄側に派生した木部細胞の集合体であり，多くの場合，年輪構造を有している．形成層で生まれた木部細胞のほとんどは，数週間で細胞壁を完成させて死んでしまうが，放射柔細胞などの一部の細胞は数十年（樹種や環境により異なる）生きており，この部位を辺材と呼ぶ．放射柔細胞の死に至る過程で生成される物質（抽出成分）により着色した部位を心材と呼ぶ（図1-1）．また，針葉樹では圧縮あて材（傾斜地谷側に偏心成長），広葉樹では引張あて材（傾斜地山側に偏心成長）といった異常材を形成する．

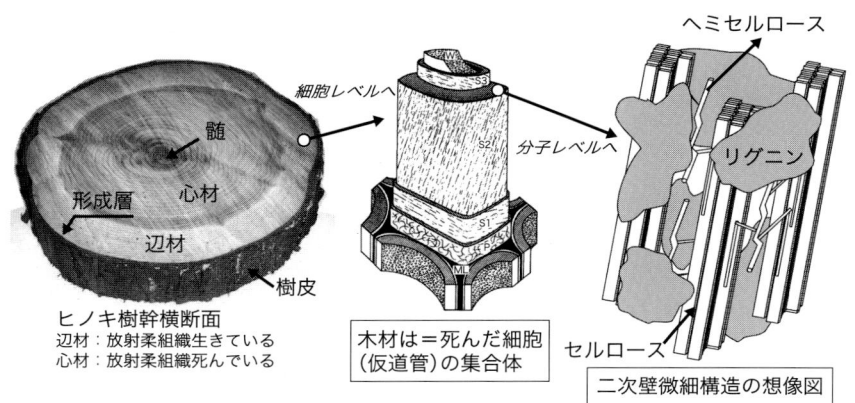

図1-1　木材（針葉樹）のイメージ
肉眼レベル（左），細胞レベル（中央），分子レベル（右）．

異常材では，正常材に比べて主要成分の組成や化学構造が異なる．細胞壁（仮道管）は一次壁と二次壁に分けられ，さらに二次壁も3つの層に分けられる（図1-1，☞ 姉妹書『木質の構造』）．リグニンやヘミセルロースの含量，構造も各壁層で異なっている．このように，同じ樹木の中でも，部位（肉眼レベルから細胞レベル）により化学組成が異なることを理解することが重要である．一般的な木材分析結果は，いろいろな組織，細胞（一次壁，二次壁）を木粉にして均一にした試料を用いて行われており，すべての細胞（さらには，すべての細胞壁層）の平均値であることを忘れてはならない．分子レベルでの木材の構造は，セルロースミクロフィブリルの間隙にヘミセルロースとリグニンが充填されていると考えられている（図1-1）．セルロース，ヘミセルロース，リグニンは共有結合や水素結合により強固に結び付けられているため，それぞれをばらばらに解きほぐして取り出すことはほとんど不可能である．このことは，木材化学を研究するうえでは悩ましいことではあるが，樹木が数百年，千年と風雪に耐えて生き抜き，また，伐採後も千年以上も建造物を支え続けてきている木材（例えば，法隆寺五重塔の心柱）の驚異的な耐久性と無関係ではない．

2）元 素 組 成

樹木が生きていくためには，非常に多くの元素を必要とするが，木材は死んだ細胞の集合体であり，細胞内容物はほとんど回収されている．したがって，

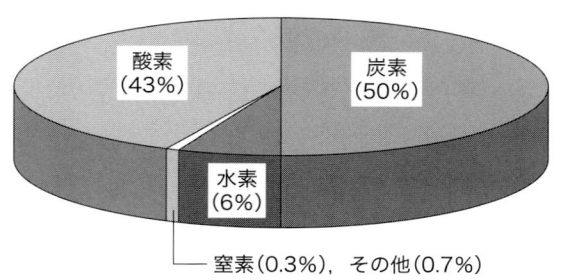

図1-2 木材の元素組成
（ ）内の数値は平均的含有率である．（原口隆英，1985）

木材は細胞の抜け殻，すなわち，細胞壁のみによって構成されている．木材を構成する元素は，炭素（C），酸素（O），水素（H）の3種でそのほとんどを占め，タンパク質や核酸などほかの生体高分子と比べ，窒素（N）やイオウ（S）の含量はごく微量である（図1-2）[1]．辺材においては，放射柔組織が生きているため，窒素含量がわずかに多い（図1-1）．そのほかの微量元素としては，Ca，K，Na，Mg，Fe，Mn，Cu，Co，P，Siなど多種類のものが検出されている．

3）化 学 組 成

(1) 主要成分と抽出成分

木材の主要成分はセルロース，ヘミセルロース，リグニンであり，主要な国産材では，これだけで全体の95%程度を占める（表1-1）[2]．これらは，細胞壁の骨格を成すものであり，一般には溶媒では抽出されない．水，エーテル，アルコール，ベンゼンなどの溶媒によって抽出されるものを抽出成分と呼ぶ．抽出成分含量は5～10%程度であるが，熱帯材などでは20%以上に達するものもある．抽出成分には，心材形成に伴って形成されるものが多い．抽出成分について調べる場合は，試料の起源が心材か辺材かで分析値が大きく異なるので注意を要する．針葉樹と広葉樹の主要成分を比較すると，リグニン含量は

表 1-1　木材の化学組成（%）

樹　種		セルロース	ヘミセルロース	リグニン	熱水抽出物	アルコール・ベンゼン抽出物	灰　分
針葉樹	スギ	52.8	17.3	31.4	2.2	3.2	0.6
	ヒノキ	54.5	16.5	29.0	2.8	2.7	0.6
	アカマツ	53.5	18.8	28.3	2.6	2.9	0.3
	エゾマツ	54.9	15.9	27.8	3.7	2.9	0.5
	トドマツ	55.0	14.3	27.4	2.8	3.6	0.6
	カラマツ	52.8	19.1	26.1	12.0	3.7	0.4
広葉樹	ブナ	56.6	24.7	21.3	2.6	2.2	0.6
	ナラ	56.2	22.3	21.7	5.7	0.8	0.4
	カバ	56.0	23.8	20.8	4.5	3.9	0.4
	カエデ	56.0	23.1	23.6	3.7	2.2	0.4
	シナノキ	58.4	20.7	25.2	3.5	6.0	0.4

（右田伸彦，1968）

針葉樹で高く，ヘミセルロース含量は広葉樹で高いが，目立った差ではない．リグニン，ヘミセルロースともに化学構造に関しては，針葉樹と広葉樹で顕著な差がある（☞ 第3章，第4章）．セルロース含量は，針葉樹，広葉樹で大きな差はない．一方，抽出成分はわずかな含量ではあるが，樹種ごとに特有の化合物を有しており，この性質を利用して樹種判別ができることも多い（☞ 第5章）．

(2) 木材成分の分析法

　木材主要成分および抽出成分の分析法として，最も多用されている Schorger 法について概説する．セルロースとしては α，β，γ - セルロース，ヘミセルロースとしてはペントサン，メチルペントサン，マンナン，ガラクタンを定量する．また，抽出成分としては，冷水，温水，1％ NaOH，アルコール・ベンゼン混液（1：2）などによる抽出物を定量する．これらは，別々の木粉試料について分析されるので，同じ成分が重複して定量されるため，分析値の合計が 100％を超えることが多い．

　リグニンは，Klason 法により定量されることが多い．この方法では，木粉を 72％硫酸で処理し，3％になるまで水で希釈したのち，煮沸して糖質を加水分解し，残渣をリグニンとみなして定量する．酸加水分解後の残渣は Klason リグニンと呼ばれている．広葉樹では酸に溶解するリグニンが少量含まれるため，酸可溶性リグニンとして定量し，Klason リグニン値を補正する．

　1）でも述べたが，木材はセルロース，ヘミセルロース，リグニンが強固に結合した複合材料であるため，それらを過不足なく単離定量することは不可能といってよい．重要なことは，決められた方法により再現性の高いデータを得ることであり，分析値は各種木材成分の真の含量というよりは，むしろ供試木材の特徴を表す指標として捉えればよい．

2．セルロースの生合成

1）セルロースの生合成反応

　セルロースの生合成は，UDP-グルコースからグルコースの転移反応によって生じる．その際，UDP-グルコースのグルコースとリン酸の間の結合エネルギーが転移に利用される．

　　　$(1,4\text{-}\beta\text{-グルカン})_n + \text{UDP-グルコース} = (1,4\text{-}\beta\text{-グルカン})_{n+1} + \text{UDP}$

　セルロース（1,4-β-グルカン）生合成は前記の化学反応式として示されるが，試験管内では 1,4-β-グルカンを速やかに合成することは未だに容易でない．

　Brown のグループは，ワタ繊維細胞の細胞膜画分を用いてセルロースの生合成を試みた[1]．彼らは UDP-グルコースから合成されたポリマーを酢酸/硝酸混合液処理し，残査の粗セルロース画分を 1,4-β-グルカンとして測定した．しかしながら，ポリマー画分中の 1,4-β-グルカン量はわずかであった．Bulone のグループは，酵素を可溶化する条件を緻密に検討し，脂質の添加などによる最適化を行って 1,4-β-グルカンを大量に合成することに成功した[2]．合成されたグルカン鎖は，ミクロフィブリルを形成しており，その端には合成酵素複合体様の存在が観察された．

　セルロース生合成中間体の存在については，さまざまな報告がある．Khan と Colvin は，微生物（Acetobacter xylinum）においてセルロース生合成が直接 UDP-グルコースからではなく，セロビオースとポリプレノールがリン酸を介して結合した脂質中間体を経由することを示唆した[3]．Hopp らは緑藻を材料として得られた実験結果から，イソプレノイド二リン酸を介したセロオリゴサッカライドから，糖タンパク中間体を経てセルロースが合成されるスキームを提唱した[4]．Delmer らは，植物におけるセルロース生合成では，セロオリゴ糖がシトステロールに結合した脂質中間体が合成され，次に膜結合型セルラーゼ（Korrigan）によって転移される反応を含むスキームを提唱した[5]．し

かしながら,この脂質中間体はKorriganのミュータントには蓄積しない.最近,シトステロールを欠損したミュータントが得られたが,セルロースの生合成には何も変化はないようである.

2) セルロース合成酵素の構造と複合体機能

最近のゲノムプロジェクトから,たいていのバクテリアは,セルロース合成酵素オペロンを有していることが明らかになりつつある.そして,そのオペロン中には,セルラーゼ遺伝子とセルロース合成酵素遺伝子がセットで存在する.大腸菌と同じグラム陰性菌の *Acetobacter xylinum* は,主としてペプチドグリカンからなる強固な細胞壁を持っており,セルロースは分泌される.Koyamaらは,グルカン鎖の還元末端が細胞の外に向かって分泌されることをX線回折パターンから証明し,1,4-β-グルコシル転移が非還元末端側に生じていることを示した[6].

セルロース生合成には,一連の遺伝子群からなるセルロース合成酵素オペロン(bcs operon)が必要とされる[7].bcsオペロンは,BcsA,BcsB,BcsCおよびBcsDの4つの遺伝子からなっている.BcsAは1,4-β-グルカン合成の触媒活性を持つ4-β-グルコシルトランスフェラーゼ,BcsBはサイクリックジグアニル酸が結合することによって触媒反応を活性化させる制御タンパク質,BcsDはセルロースの結晶化に関係するタンパク質であると推察されている.BcsAとBcsBは内膜(inner membrane)に存在し,BcsCとBcsDは外膜(outer membrane)に存在するタンパク質と考えられている(図1-3).

綿繊維細胞由来のcDNAsのランダムシーケンスのデータから,微生物セルロース合成酵素遺伝子(bcsA)と相同性を持つcDNA(セルロース合成酵素遺伝子)がクローニングされた[8].すなわち,綿繊維細胞がセルロースを蓄積する時期のcDNAライブラリーから,任意のクローンをランダムにシーケンスして塩基配列を決定した.次に,塩基配列をもとにアミノ酸配列を導き,bcsオペロンのBcsAのアミノ酸配列と相同性のあるものを選抜した.微生物の使うコドン(遺伝暗号)の使用頻度は,高等植物のコドン使用頻度と異なるためで

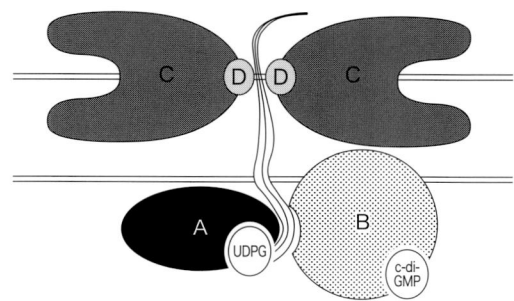

図1-3 微生物（*Acetobacter xylinum*）の bcs オペロンを構成している BcsA(A), BcsB(B), BcsC(C)および BcsD(D)の遺伝子産物
セルロース合成酵素は，A(BcsA)のタンパク質である．

ある．

　Williamson らは，薬剤処理したアラビドプシスを高温下で生育させ，根が肥大化するミュータントを得た[9]．これは，アラビドプシスの幼苗をジクロロベンゾニトリル（セルロース合成阻害剤）存在下で生育させると，根が肥大化する現象を表現型としてスクリーニングしたものである．ミュータントの示した形質は，劣性遺伝子 *rsw1* に由来しており，その優性遺伝子 *RSW1* はセルロース合成酵素遺伝子（4-β-グルコシルトランスフェラーゼ遺伝子）であった．*rsw1* は549番目のアラニン（-GCT-）がバリン（-GTT-）に変換した一塩基置換によるものであり，セルロース合成酵素遺伝子が1ポイントで変異したことになる．ミュータントを観察すると，ロゼット（セルロース合成酵素複合体）の数が著しく減少していた．結晶性セルロースの含量は減少するかわりに，可溶性の 1,4-β-グルカンが生成した．アラニンがバリンに変換することによって合成酵素の複合体形成が抑えられ，繊維が形成されないと推察されている．しかしながら，可溶性 1,4-β-グルカンの生成と存在については，不明な点が多い．

　2番目に選抜したミュータントとして，同じ表現型を示す *rsw2* が得られた[10]．これは一塩基置換された膜結合型セルラーゼ（Korrigan）の変異体であった（429番目のグリシンがアルギニンに変異）．そこで，*rsw1* と *rsw2* をかけ

合わせたダブルミュータントは，セルロース含量がさらに減少した[12]．さらに，アラビドプシスの二次壁木部のミュータントを解析したところ，膜結合型セルラーゼが一塩基置換によって変異したものであることがわかった．木部セルロース蓄積量が野生株の半分以下であった．

モデル植物アラビドプシス（*Arabidopsis thaliana*）の全ゲノム解読により，セルロース合成酵素（CesA）が10遺伝子存在し，さらにセルロース合成酵素様遺伝子（Csl）が30個存在することが明らかとなった（図1-4）．*CesA*と*Csl*のファミリーは，すべてD, D, D, QXXRWモチーフを有していた．これらセルロース合成酵素は，ミュータント解析（genetic approach）によって同定された．ここでいうミュータント解析とは，薬剤処理によって生じたさまざまなミュータントの中からセルロース生合成に欠陥のあるものをスクリーニングしたのち，遺伝子を特定する手法である．その結果，CesA1，CesA3とCesA6

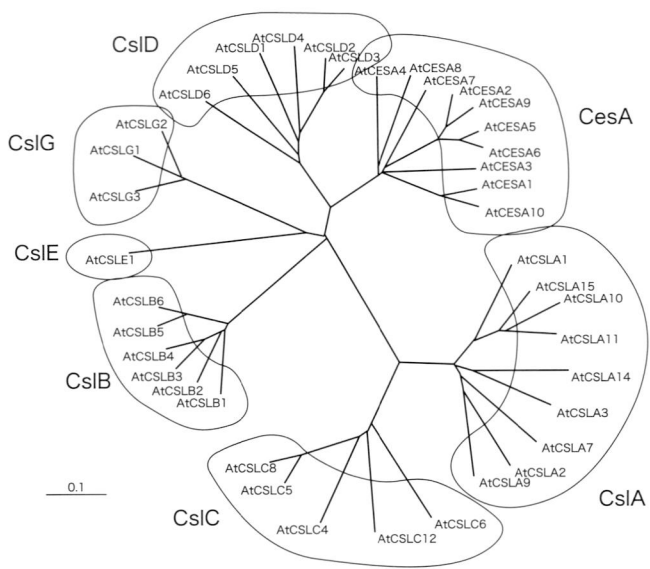

図1-4 アラビドプシスのセルロース合成酵素遺伝子およびセルロース合成酵素様遺伝子の系統樹

が1つの複合体（ロゼット）を形成するために必要であり，これらは一次壁セルロースの生合成に関わるロゼットを形成していることが推察された．同じように，CesA4，CesA7とCesA8が二次壁セルロースの生合成に関わるロゼットを形成していることが推察された．イネではCesA4，CesA7とCesA9が1つの複合体を形成するために必要であることが示された（図1-5）．一方，セルロース合成酵素様遺伝子（Csl）は，リコンビナント解析（reverse genetic approach）の手法によって遺伝子産物の同定が行われている[11]．リコンビナント解析とは，クローニングした遺伝子をほかの生物細胞（酵母，昆虫細胞，動物細胞など）で大量発現させ，発現したタンパク質の酵素活性を測定することによって遺伝子産物を特定する手法である．

植物のセルロース合成酵素は，ロゼットと呼ばれる巨大複合体を形成してい

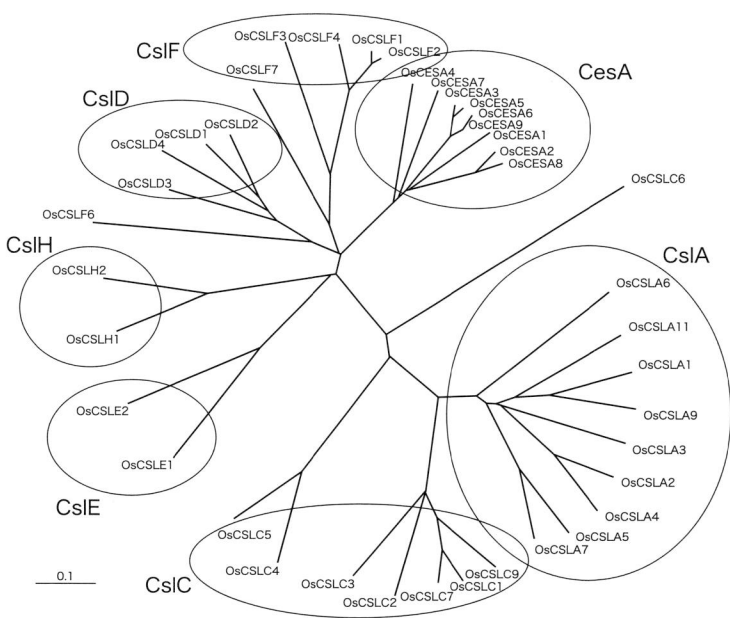

図1-5 イネのセルロース合成酵素遺伝子およびセルロース合成酵素遺伝子の系統樹

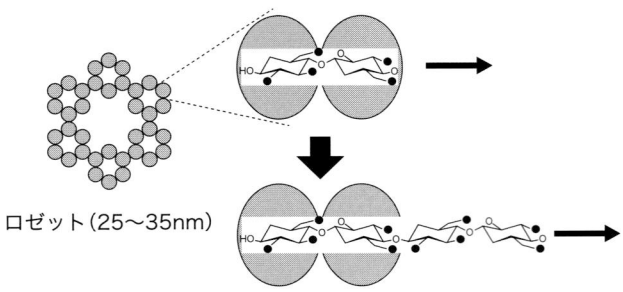

図1-6 セルロース合成酵素複合体の推定構造
最小サブユニットはダイマー構造(2つの合成酵素から構成)で示した.

ることが電子顕微鏡によって観察されている．これは6つのサブユニットから構成され，その小サブユニットがさらに6個の最小サブユニットから構成されている（図1-6）．最小サブユニットは，1つあるいは2つのセルロース合成酵素からなっている．この最小サブユニットから1本の1,4-β-グルカン鎖が生成する．一次壁および二次壁セルロースの生合成において，それぞれ3つの異なったセルロース合成酵素が必要とされるが，それぞれがどのように複合体化されているのか不明である．微生物（*Acetobacter xylinum*）では小サブユニットが棒状に並んだ複合体が形成され，バロニアでは棒状のものが3本くらい平行に並んだ巨大な複合体構造が形成されている．

3）スクロース合成酵素の役割

炭素固定により二酸化炭素からブドウ糖（グルコース）に変換された炭素は，スクロースの形で葉から樹幹に転流される．スクロース合成酵素は，次の反応を触媒する．

スクロース＋UDP＝UDP-グルコース＋フラクトース

高等植物において，UDP-グルコースをセルロース合成酵素に供給する仕組みについては，膜結合型のスクロース合成酵素が，セルロース合成酵素に結合して共役することが示唆されている．この酵素は，N末端近くのセリン残基がリン酸化されることにより，スクロースに対する親和性が増加し，UDP-グル

コースの合成が活性化される[12]. すなわち, セルロース生合成前駆体である UDP-グルコースの合成は, スクロース合成酵素のリン酸化によって制御されているといえる.

スクロース合成酵素を持たない微生物では, 1モルのグルコースから, 1モルの UDP-グルコースを合成するためには, 2モルの ATP が必要となる. しかし, スクロース合成酵素はスクロース中のグルコースとフラクトースの間の高エネルギー結合を利用して UDP-グルコースを合成するため, エネルギーを節約できる. さらに, セルロースが合成される際, 1モルの UDP-グルコースから 1モルの UDP が生成する. UDP はセルロース合成酵素の強力な阻害物質であるが, スクロース合成酵素は UDP をリサイクルして UDP-グルコースを再合成するために UDP の蓄積を抑える. したがって, セルロースの合成が酵素的サイクリングのもとに効率よく進行する.

4) アクチベーター（活性化物質）とインヒビター（阻害物質）

微生物（*Acetobacter xylinum*）のセルロース合成酵素は, 不安定で, その活性を維持することが困難であった. 1987年, Benziman のグループは, セルロース合成酵素を特異的に活性化するサイクリックジグアニル酸の存在を発見した（図1-7）[13]. このジグアニル酸は, 制御タンパク質（BcsB）と結合することによって, 合成酵素を活性型に変換させる. その結果, 酵素活性が安定化され, 細胞膜画分から, 酵素の可溶化および精製が可能となった. Mg^{2+} は, セルロース合成酵素と UDP-グルコースとの結合に必要なイオンであるとともに, セル

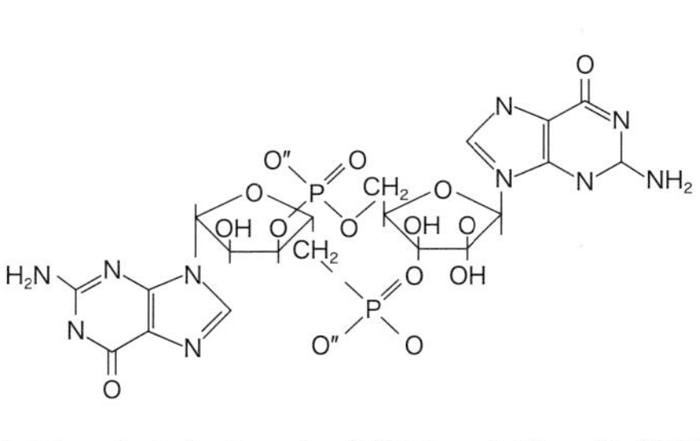

図1-7 サイクリックジグアニル酸の化学構造

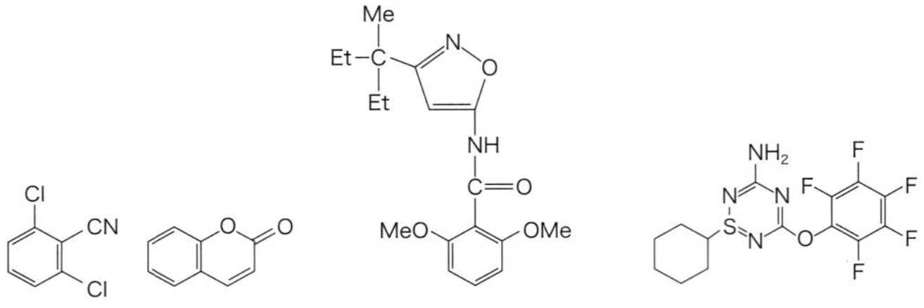

図1-8 セルロース生合成阻害剤の化学構造
左から，ジクロロベンゾニトリル，クマリン，イキキサベンおよびCGA．

ロース合成の触媒反応にも必須であることが認められている．

　クマリンは，イネいもち病感染によって，植物細胞が産生して自ら致死に至ることから発見された[14]．この物質はセルロース生合成を阻害するが，少なくとも mM の濃度が必要である．ジクロロベンゾニトリル（2,6-Dichlorobenzonitrile，DCB）は，セルロース生合成の特異的な阻害剤で $10\mu M$ のレベルで合成を阻害する．フォトアフィニティラベリング法によって 18kDa の植物由来のタンパク質と結合することが認められている．イソキサベン（Isoxaben）は，ジクロロベンゾニトリルよりも低い濃度（1/100 程度）でセルロース生合成を阻害する．チアトリアジンからなる除草剤 CGA は，10nM のレベルで合成を阻害する．これら 4 種のセルロース生合成阻害剤は，植物には効果があるが，微生物セルロースの生合成を阻害しない（図 1-8）．UDP は，内在性のセルロース生合成阻害剤となり，A. xylinum のセルロース合成酵素活性を拮抗的に阻害する．Ki 値は 140mM と測定されている．

3．ペクチン，ヘミセルロースの生合成

　植物細胞壁から熱水，シュウ酸アンモニウム，弱酸，キレート試薬などによって抽出される多糖類をペクチン（pectin）と呼び，ペクチンを除いた細胞壁からアルカリにより抽出される多糖類をヘミセルロース（hemicellulose）と呼ぶ．残渣をセルロース（cellulose）として扱っている．しかし，それぞれの抽出法

は完全ではなく，抽出残渣にもペクチンやヘミセルロースが含まれる．そこで，ペクチンとヘミセルロースを「マトリックス多糖類」と呼び，ここではそれらの生合成について説明する．

　成長中の樹木細胞壁は，一次壁（primary wall）に囲まれている．一次壁はペクチン，ヘミセルロース，セルロースなどの多糖類と少量のタンパク質やフェノール化合物などから構成され，リグニンは存在しない．広葉樹と針葉樹の一次壁の化学構造は類似している．成熟した木部組織では二次壁（secondary wall）が細胞壁の大部分を占め，二次壁はセルロース，ヘミセルロース，リグニンなどから構成される．広葉樹と針葉樹では二次壁の化学構造は異なる．

　ヘミセルロースやペクチンなどの多糖類は，すべてゴルジ体で合成される．合成された多糖類は分泌顆粒に蓄えられたうえで，細胞膜へ輸送され，分泌顆粒の細胞膜への融合が起きたのち，細胞壁構成成分として組み込まれる．分泌顆粒が細胞膜に融合し，分泌顆粒中の物質を細胞外に送り出す現象をエキソサイトーシス（exocytosis）と呼んでいる．一方，セルロースとカロース（callose）（β-1,3-グルカン）はゴルジ体で合成されるのではなく，細胞膜で合成されて直接細胞壁に蓄積される．

　多糖の合成は糖ヌクレオチド（nucleotide sugar）が糖供与体となり，糖転移酵素（glycosyltransferase）により糖ヌクレオチドの糖部分が受容体に転移される（図1-9）．糖ヌクレオチドの合成は詳しく研究されているが，受容体の合成については不明な点が多い．

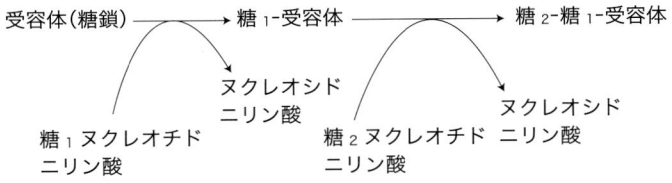

図1-9　多糖の生合成

1）糖ヌクレオチドの合成と代謝

　細胞内に取り込まれたグルコースはまずグルコース-6-リン酸となり，グルコース-1-リン酸を経てウリジン三リン酸（UTP）と反応して，ウリジン二リン酸グルコース（UDP-glucose, UDP-Glc）に変換される（図1-10）．生成したUDP-Glcは，さらに各種の糖ヌクレオチドに変換される（図1-11）[1]．例えば，UDP-GlcはC-4エピメラーゼ（epimerase）によってUDP-ガラクトース（UDP-Gal）に変換される．また，UDP-グルコースデヒドロゲナーゼによりUDP-GlcはUDP-グルクロン酸（UDP-GlcA）に変換され，さらにUDP-グルクロン酸脱炭酸酵素（decarboxylase）によりUDP-キシロース（UDP-Xyl）に変換される．UDP-XylはC-4エピメラーゼによりUDP-アラビノピラノース（UDP-Ara$p$）に変換される．UDP-Ara$p$は，さらにUDP-アラビノースムターゼによりUDP-

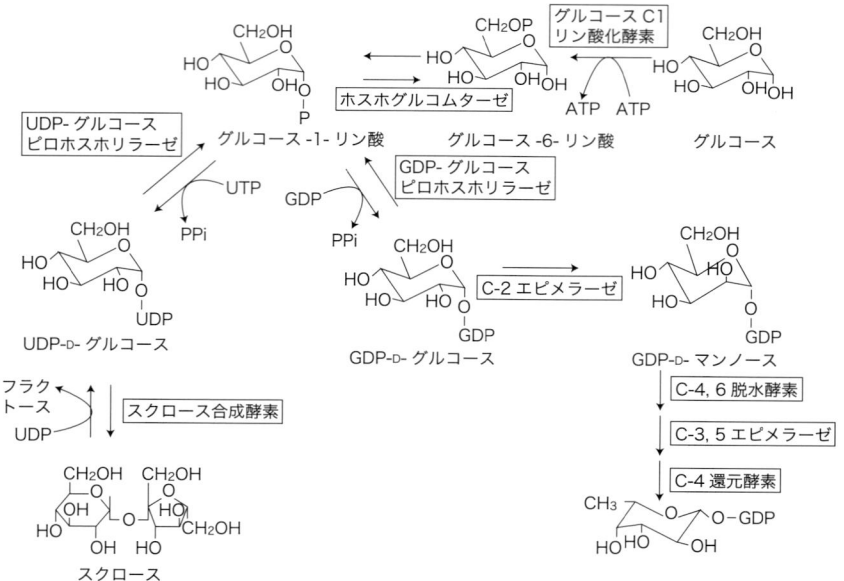

図1-10　UDP-糖とGDP-糖の生合成
（Carpita, N. and McCann, M., 2000を改編）

アラビノフラノース(UDP-Ara*f*)に変換される.これらの経路は厳密に制御され,生成した糖ヌクレオチドは糖供与体としてペクチンやヘミセルロース合成酵素

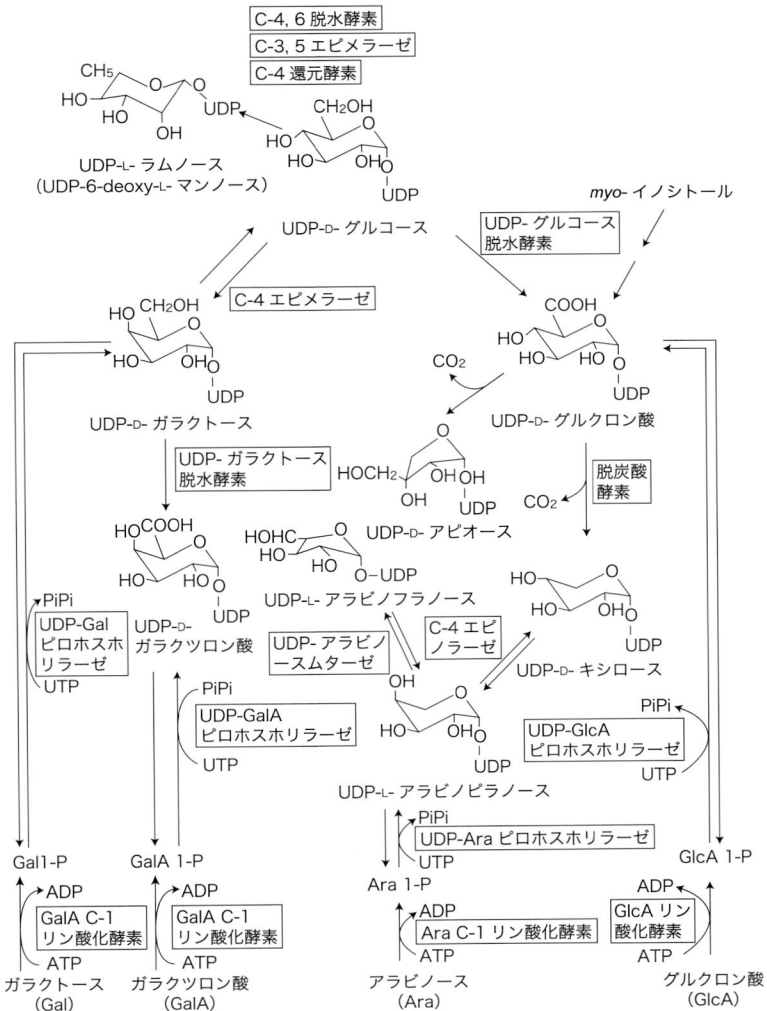

図1-11 糖ヌクレオチドの生合成
各種の糖ヌクレオチドはUDP-グルコースからいくつかの経路を経て合成される.
(Carpita, N. and McCann, M., 2000を改編)

に供給される[2].

　糖ヌクレオチドの合成には UDP-Glc から始まる経路のほかに，単糖から糖-1-リン酸を経て，直接，糖ヌクレオチドを合成する経路がある（サルベーション経路）．例えば，UDP-Ara は UDP-アラビノースピロホスホリラーゼ（アラビノース-1-リン酸ウリジントランスフェラーゼ）によりアラビノース-1-リン酸と UTP から直接合成される．合成された UDP-Ara は C-4 エピメラーゼにより UDP-Xyl に変換される．しかし，UDP-Xyl の合成はこの経路より，むしろ UDP-GlcA の脱炭酸による不可逆的反応が主である．糖供与体としてはウリジン二リン酸（UDP），グアノシン二リン酸（GDP）およびアデノシン二リン酸（ADP）のリン酸基に糖が結合したものが知られているが，ADP-Glc はデンプン生合成の糖供与体として働き，細胞壁合成には関与していない（表1-2）．

　糖ヌクレオチドの代謝は，植物の成長および分化に従って正確に制御されている．例えば，UDP-Xyl の場合，可溶性の UDP-グルクロン酸カルボキシリアーゼ活性は細胞伸長が終了し，二次壁合成が行われている部位で高い．後述するように，キシログルカンは一次壁に，キシランは二次壁に由来する多糖であるので，前記の酵素により生成した UDP-Xyl はキシログルカンの合成より，む

表1-2　ペクチンとヘミセルロース生合成に関係する糖ヌクレオチド

糖供与体	合成される多糖体
GDP-フコース	キシログルカン，ラムノガラクツロナンⅡ
GDP-マンノース	グルコマンナン，ガラクトマンナン[2]
GDP-グルコース	グルコマンナン
UDP-アピオース	ラムノガラクツロナンⅡ
UDP-アラビノース	アラビナン，アラビノキシラン，アラビノガラクタン
UDP-ガラクトース	ガラクタン，アラビノガラクタン，キシログルカン，ガラクトマンナン[2]
UDP-ガラクツロン酸	ホモガラクツロナン，ラムノガラクツロナンⅠ，ラムノガラクツロナンⅡ
UDP-グルコース	β-(1→3)(1→4)-グルカン，カロース，キシログルカン
UDP-グルクロン酸	グルクロノキシラン，ラムノガラクツロナンⅠ，ラムノガラクツロナンⅡ
UDP-ラムノース	ラムノガラクツロナンⅠ，ラムノガラクツロナンⅡ
UDP-キシロース	キシラン，キシログルカン

[1] 代表的な多糖類を示した，[2] 貯蔵多糖．

(Reiter, W.-D., 2008 より改編)

しろキシランの合成に関与していることを示唆している.

2）ペクチンの生合成

（1）ホモガラクツロナン（HGA）の生合成

ペクチンは一次壁の主要な多糖であり，ホモガラクツロナン（homogalacturonan, HGA），ラムノガラクツロナンⅠ（rhamnogalacturonan Ⅰ, RG-Ⅰ），ラムノガラクツロナンⅡ（rhamnogalacturonan Ⅱ, RG-Ⅱ）から構成される[3]．HGA, RG-Ⅰ, RG-Ⅱは，相互に共有結合してペクチン分子を構成していると予想されている．HGAとRG-Ⅱが共有結合していることは証明されているが，HGAとRG-Ⅰ間に共有結合が存在するという証拠は得られていない．HGAはD-ガラクツロン酸（D-GalA）がα-(1→4)結合した多糖であり，ガラクツロン酸のカルボキシル基は一部メチルエステル化され，2位あるいは3位の水酸基は部分的にアセチル化されている．メチルエステル化はS-アデノシルメチオニンがメチル供与体となって起こる．成長に伴いペクチンメチルエステラーゼによりメチルエステルは脱メチルされる．アセチル化はアセチルCoAがアセチル供与体となって起こる．タバコ培養細胞，マングマメ，アズキなどの芽生えから調製したミクロソーム（microsome）は，UDP-GalAからガラクツロン酸オリゴ糖にガラクツロン酸を転移する活性を持つ．HGA生合成に関するガラクツロン酸転移酵素遺伝子が同定された[4]．

4)-α-GalA-(1, 4)-α-GalA-(1, 4)-α-GalA-(1, 4)-α-GalA-(1, 4)m

図1-12 ホモガラクツロナンの化学構造

（2）ラムノガラクツロナンⅠ（RG-Ⅰ）の生合成

ラムノガラクツロナンⅠ（RG-Ⅰ）はL-ラムノース（L-Rha）とD-ガラクツロン酸がα-(1→2)結合した，L-Rha-α-(1→2)-D-GalA 2糖を繰返し単位とする多糖である．ガラクタン（galactan），アラビナン（arabinan），アラビノガラクタン（arabinogalactan）がラムノースのC-4位に側鎖として結合して

```
(GalA–Rha–GalA–Rha–GalA–Rha–GalA–Rha–GalA–Rha–GalA–Rha)
     |         |              |         |
    Araf      Araf           Gal      Gal–Gal
     |         |              |         |
    Araf      Araf           Gal       Gal
     |         |              |         |
    Araf    Araf–Araf–Araf   Gal      Gal–Gal–4–O–Me–GlcA
     |         |              |         |
    Araf      Araf           Gal       Gal
                              |         |
                             Gal      Gal–Araf
```

　　直鎖状　　　枝分かれした　　　直鎖状　　タイプIアラビノ
　アラビナン　　アラビナン　　　ガラクタン　　ガラクタン

図1-13 ラムノガラクツロナン I の化学構造

いる（図1-13）．RG-I 主鎖合成に関わる糖転移酵素については，まだ報告がない．

(3) ガラクタンの生合成

　ガラクタンは，D-ガラクトース（Gal）が β-(1→4)結合した多糖である（図1-13の部分構造）．マングマメの酵素標品は，UDP-Gal からガラクタンオリゴ糖にガラクトースを転移して重合度の大きなオリゴ糖を合成した．

(4) アラビナンの生合成

　アラビナンは，α-L-アラビノフラノース（α-L-Araf）が α-(1→5)結合した主鎖にアラビノフラノースが C-2 位や C-3 位に枝分れした多糖であり，細胞接着などに関係している（図1-13の部分構造）．アラビナン合成の糖供与体は，UDP-アラビノフラノース（UDP-Araf）である．UDP-Araf は UDP-アラビノースムターゼにより UDP-Arap から合成される[2]．マングマメから調製したゴルジ膜は，UDP-Araf からアラビノフラノースをアラビナンオリゴ糖に転移させて重合度の大きなアラビナンを合成した．

(5) ラムノガラクツロナンⅡ（RG-Ⅱ）の生合成

　ラムノガラクツロナンⅡ（RG-Ⅱ）は，α-(1→4)結合したガラクツロン

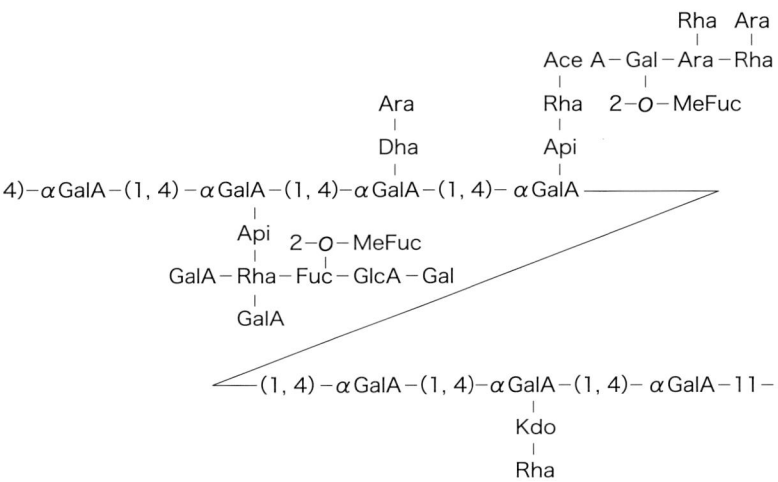

図1-14 ラムノガラクツロナンⅡの化学構造

酸オリゴ糖（重合度約 10～12）に 4 つの構造の異なる側鎖が結合した分子量約 5,000 の複雑な多糖である（図1-14）．RG-Ⅱの機能は長い間不明であったが，植物の必須微量元素であるホウ素（B）が RG-Ⅱのアピオース（Api）と結合し，1分子のホウ酸が2分子の RG-Ⅱとホウ酸ジオールエステル結合を形成することが，最近証明された[5]．このホウ酸による RG-Ⅱの架橋が細胞壁の構造を安定化し，植物の正常な成長を維持する．RG-Ⅱ合成に関係するキシロース転移酵素遺伝子[6]が同定された．

3）ヘミセルロースの生合成

(1) キシログルカンの生合成

キシログルカン（xyloglucan）は一次壁を構成する主要なヘミセルロースであり，セルロースと強い水素結合を形成している．キシログルカンはセルロースと同様に，β-(1→4) 結合した D-グルコース主鎖に D-キシロースが α-(1→6) 結合した枝分れの多い多糖であり，7糖と9糖の繰返し単位で重合している（図1-15）．このような繰返し単位の存在から，それらに対応するオリゴ

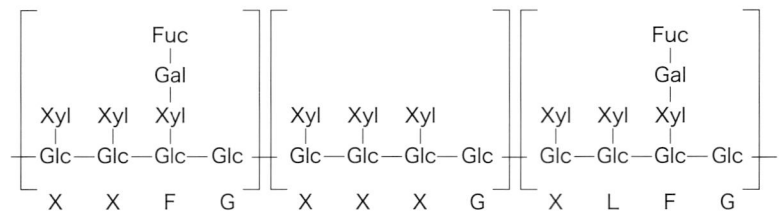

図1-15 キシログルカンの化学構造
G：枝分かれのないグルコース残基，F：フコース，ガラクトース，キシロース残基が結合したグルコース残基，X：キシロース残基が結合したグルコース残基，L：ガラクトース，キシロース残基が結合したグルコース残基．

糖単位がまず合成され，次にオリゴ糖単位が重合すると予想されるが，そのような合成中間体の存在は現在まで認められていない．この多糖は多酵素複合体によって，UDP-Glc，UDP-Xyl，UDP-Gal および GDP-フコース（GDP-Fuc）から合成される[7]．グルコース残基にキシロースを転移する 6-α-キシロシルトランスフェラーゼをコードする遺伝子が単離された．また，シロイヌナズナの細胞壁変異株である *mur3* の解析から，キシロース残基に UDP-Gal からガラクトースを転移する 2-β-ガラクトシルトランスフェラーゼの遺伝子が明らかになった．さらに，GDP-Fuc からフコースをガラクトース残基に転移する 2-α-フコシルトランスフェラーゼが，シロイヌナズナから精製された．なお，シロイヌナズナの細胞壁変異株 *mur2* はキシログルカン中のフコース残基が欠損したものであり，それはガラクトース残基にフコースを転移するフコシルトランスフェラーゼの遺伝子が変異したものであった．

(2) キシラン（アラビノキシラン）の生合成

キシラン（xylan）は一次壁にも存在するが，二次壁を構成する主要なヘミセルロースであり，D-キシロースが β-(1→4) 結合した多糖である．広葉樹では 4-O-メチルグルクロン酸が主鎖に α-(1→2) 結合したグルクロノキシラン（glucuronoxylan）が主体であり，針葉樹では 4-O-メチルグルクロン酸のほかにアラビノースが α-(1→3) 結合したアラビノグルクロノキシラン（ara-

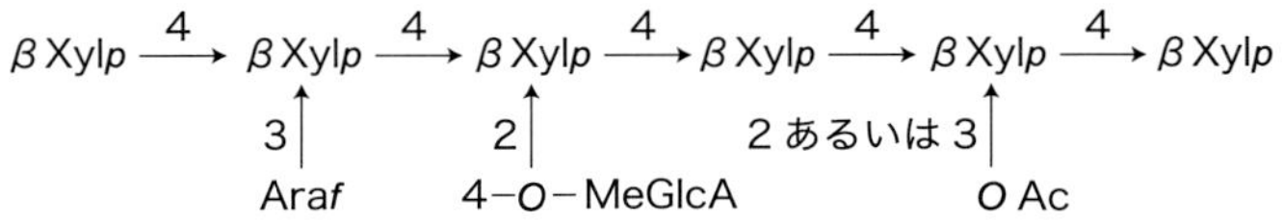

```
β Xylp ——4——→ β Xylp ——4——→ β Xylp ——4——→ β Xylp ——4——→ β Xylp ——4——→ β Xylp
              3↑              2↑                          2 あるいは 3↑
              Araf          4-O-MeGlcA                    O Ac
```

図1-16 広葉樹および針葉樹のキシランの化学構造

binoglucuronoxylan) が主体である (図 1-16). 主鎖キシロース残基の C-2 位あるいは C-3 位の水酸基は, 部分的にアセチル化されている. UDP-Xyl を基質としてキシラン合成を触媒するキシロシルトランスフェラーゼ活性がシカモアカエデの形成層帯や分化中の木部に検出され, その活性は二次壁形成の進行とともに増加した. エンドウの上胚軸には, 伸長しているキシランに UDP-GlcA から D- グルクロン酸を転移させるトランスフェラーゼ活性が検出された. ポプラの遺伝子発現の解析やシロイヌナズナの変異株の解析から, キシラン生合成に関する遺伝子がいくつか同定された[8].

イネ科植物では, アラビノキシランのアラビノース残基の C-5 位水酸基にフェルラ酸 (ferulic acid) や p- クマル酸 (p-coumaric acid) がエステル結合している. これらのフェノール酸は酸化カップリングによりヘミセルロースを架橋し, 細胞壁の伸長制御に関与していると予想されている[9]. フェルロイル CoA や p- クマロイル CoA がアシル供与体となり, フェノール酸が合成されると考えられているが, フェルロイルグルコースがアシル供与体となるという報告もある.

(3) グルコマンナンの生合成

グルコマンナン (glucomannan) は針葉樹の二次壁を構成する主要なヘミセルロースであり, 針葉樹全ヘミセルロースの約 2/3 を占める. 主鎖は D- グルコースと D- マンノースが β-$(1 \to 4)$ 結合した重合体であり, マンノース残基の C-6 位水酸基に D- ガラクトースが α-$(1 \to 6)$ 結合し, また, マンノース残基の C-2 あるいは C-3 位水酸基はアセチル化されている (図 1-17). ヨーロッパアカマツの形成層帯および分化中の木部には, GDP-Man を GDP-Glc に異性

$$-\beta\text{Glc}p \xrightarrow{4} \beta\text{Glc}p \xrightarrow{4} \beta\text{Glc}p \xrightarrow{4} \beta\text{Man}p \xrightarrow{4}$$

$$\beta\text{Man}p \xrightarrow{4} \beta\text{Man}p \xrightarrow{4} \beta\text{Man}p \xrightarrow{4} \beta\text{Man}p-$$

$$\uparrow 6$$

$$\text{DGal}p$$

図1-17 グルコマンナンの化学構造

化する C-2 エピメラーゼ活性，および GDP-Man と GDP-Glc を基質としてグルコマンナンを合成する糖転移酵素活性が検出された．グルコマンナン合成にはセルロース合成酵素様遺伝子（cellulose synthase-like genes, *Csl* genes）の1つである *CslA* が関係している．*CslA* 遺伝子の組換えタンパク質は GDP-Man から β-結合したマンナンを合成し，また，GDP-Man と GDP-Glc の両基質存在下ではグルコマンナンを合成した．

4．リグニンの生合成

1）細胞壁の木化

　リグニンが細胞壁に沈着する現象を木化（lignification）と呼ぶ．植物が長い進化の中で水中から陸上に勢力を伸ばしてきた時期に木化は獲得された．リグニンは細胞壁を疎水性にして水分通導機能を付与し，セルロースミクロフィブリル間隙に挿入して接着剤のように固めて細胞壁を強固にする．また，リグニンはベンゼン環を有しているため生物にとって有害な紫外線を吸収し，微生物により分解されにくい性質も付与するなど，維管束植物が陸上で生きていくうえで，なくてはならない代謝産物である．リグニンはセルロースやヘミセルロースと同様に，それぞれの細胞において形成されるが，その細胞がある分化段階に達するまで生産されない（☞図 1-20，21）．

　リグニンのモノマー（前駆物質）はモノリグノールと呼ばれ，*p*-クマリルアルコール，コニフェリルアルコール，シナピルアルコールの3種類がある．

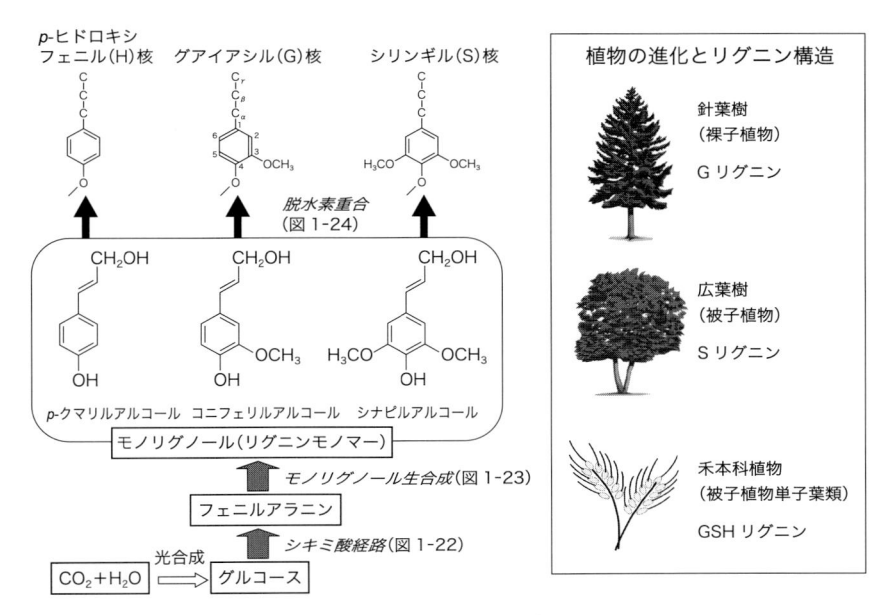

図1-18 リグニン生合成の概略(左)と植物の種類により異なるリグニンモノマー組成(右)

モノマーの型によって，p-ヒドロキシフェニルプロパン（H），グアイアシルプロパン（G），シリンギルプロパン（S）の3つの構造単位に分けられる（図1-18）．3つの構造単位比は，植物の種類，細胞の種類や細胞壁の部位により異なっている．リグニンは，ラジカルカップリング重合により高分子化するため，ほかの天然高分子とは異なり，繰返し単位を持たない複雑な構造を有している．

単子葉植物（まれに双子葉植物）では，H, G, Sの3種類のリグニンに加えて，p-クマル酸，フェルラ酸などが細胞壁中の多糖にエステル結合（p-クマル酸はリグニンともエーテル結合）した複雑な架橋構造を形成している（図1-19）[1]．これらは，細胞壁の伸張制御に関わっていると考えられており，リグニンとは別の代謝産物である．

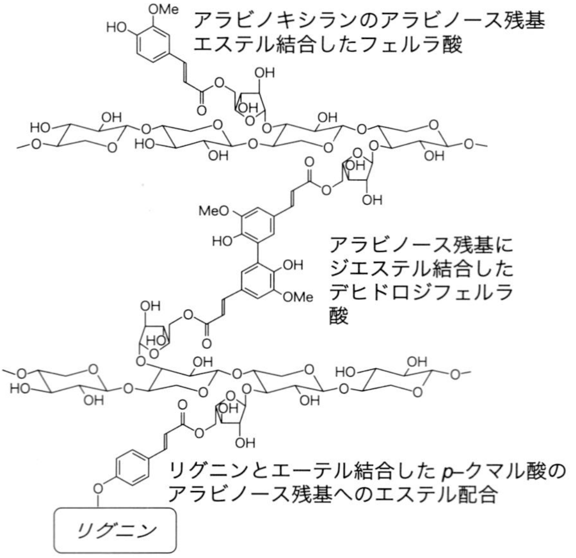

図1-19 単子葉植物におけるヒドロキシケイ皮酸類による細胞壁架橋

2）木化の可視化

　リグニンは紫外線（280nm 付近）を吸収する性質を有しているので，紫外線（UV）顕微鏡により，リグニンの堆積過程や濃度分布を可視化することができる（図 1-20)[2]．また，放射性同位元素（^{14}C, ^{3}H）によるリグニンの選択的標識とミクロオートラジオグラフィーを組み合わせた技法により，リグニンの堆積過程を可視化する方法も用いられてきた（図 1-21)[3]．両者は，ほぼ同様な結果を導き出した．

　針葉樹仮道管のリグニンの堆積は，大まかに3つのステージに分けられる．最初に，二次壁（secondary wall）外層（S_1）が形成を開始するのとほぼ同時に，セルコーナー部，細胞間層（middle lamella）で比較的活発なリグニンの沈着が始まり，やや遅れて一次壁（primary wall）でもリグニンの沈着が起こる．次に，二次壁中層（S_2）・内層（S_3）が形成される間，ゆっくりとした速度で一

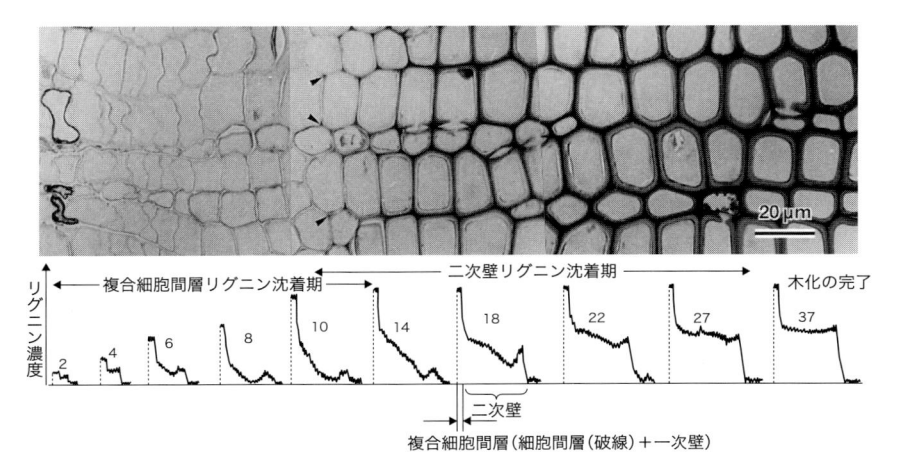

図1-20 スギ仮道管の木化過程
上：スギ分化中木部の紫外線顕微鏡写真（撮影波長＝280nm）．写真で黒く写っている部位は紫外線吸収を表す．リグニンの沈着は二次壁形成が開始された細胞のコーナー部細胞間層（arrow heads）で開始される．
下：紫外線顕微鏡写真ネガのデンシトメータトレース．図中の数字はリグニン濃度に相当する．破線は細胞間層を示す（右側に細胞壁が肥厚）．図中の数字は，S_1形成開始された細胞から随側に番号付けしたもの．細胞番号1～4：S_1形成期，5～11：S_2形成期，12～14：S_3形成期，15～：S_3形成後．（高部圭司氏提供）

次壁や二次壁のS_1層側で小量ずつ沈着する．最後に，S_3層が形成されてから，最も活発な沈着が二次壁全体において起こる．このように，セルコーナー部・複合細胞間層（CML）と二次壁とでは，リグニンの沈着する時期に大きなずれがある（図1-20，21）．

3）シキミ酸経路

　C_6-C_3骨格を有するフェニルプロパノイド生合成の前駆物質は，糖からシキミ酸を経由して合成される．シキミ酸経路の最終生成物はC_6-C_3骨格を有するフェニルアラニン，チロシン，トリプトファンの芳香族アミノ酸である．これらはタンパク質の原料として利用されるが，リグニン，リグナン，タンニン，フラボノイドなど各種二次代謝産物（フェニルプロパノイド）の出発物質ともなっている．シキミ酸経路は，バクテリア類，菌類および植物に存在する一次

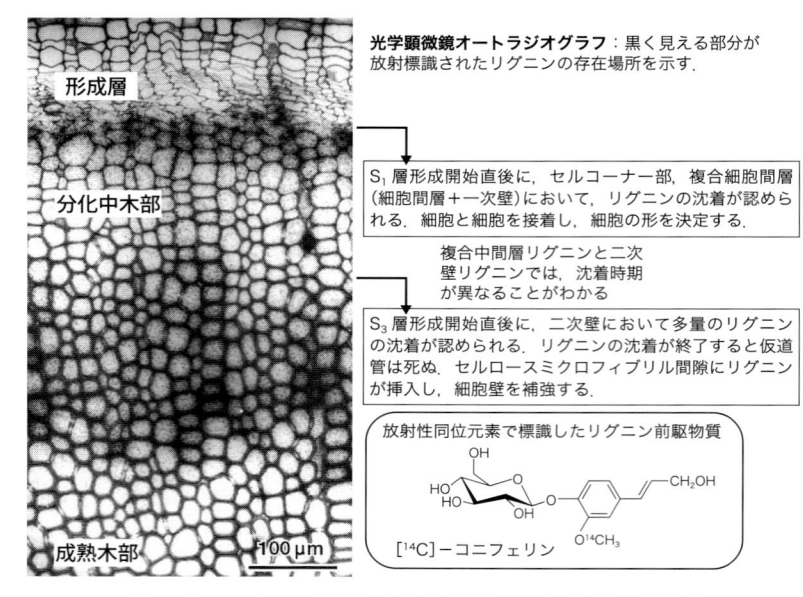

図1-21 イチョウ新生木部の光顕オートラジオグラフ
リグニン沈着過程の可視化.（Fukushima, K. and Terashima, N., 1991）

光学顕微鏡オートラジオグラフ：黒く見える部分が放射標識されたリグニンの存在場所を示す.

S_1層形成開始直後に、セルコーナー部、複合細胞間層（細胞間層＋一次壁）において、リグニンの沈着が認められる．細胞と細胞を接着し、細胞の形を決定する．

複合中間層リグニンと二次壁リグニンでは、沈着時期が異なることがわかる

S_3層形成開始直後に、二次壁において多量のリグニンの沈着が認められる．リグニンの沈着が終了すると仮道管は死ぬ．セルロースミクロフィブリル間隙にリグニンが挿入し、細胞壁を補強する．

放射性同位元素で標識したリグニン前駆物質
[^{14}C]－コニフェリン

代謝系であるが、動物はこの経路を持ち合わせていない．

シキミ酸経路は、エリトロース4-リン酸とホスホエノールピルビン酸からコリスミン酸を経由し、プレフェン酸、アロゲン酸へと変換されたのち、フェニルアラニンあるいはチロシンが生合成される（図1-22）．樹木のフェニルプロパノイド生合成ではフェニルアラニンを前駆物質とするが、イネ科植物（単子葉植物）ではチロシンから p-クマル酸へ変換されフェニルプロパノイド生合成に合流する経路も関与することが知られている．

4）モノリグノールの生合成[4]

モノリグノールの生合成過程には側鎖の還元と芳香核の修飾を行う多くの過程が存在し、それらが複雑に入り混じったメタボリックグリッドが形成されている（図1-23）．

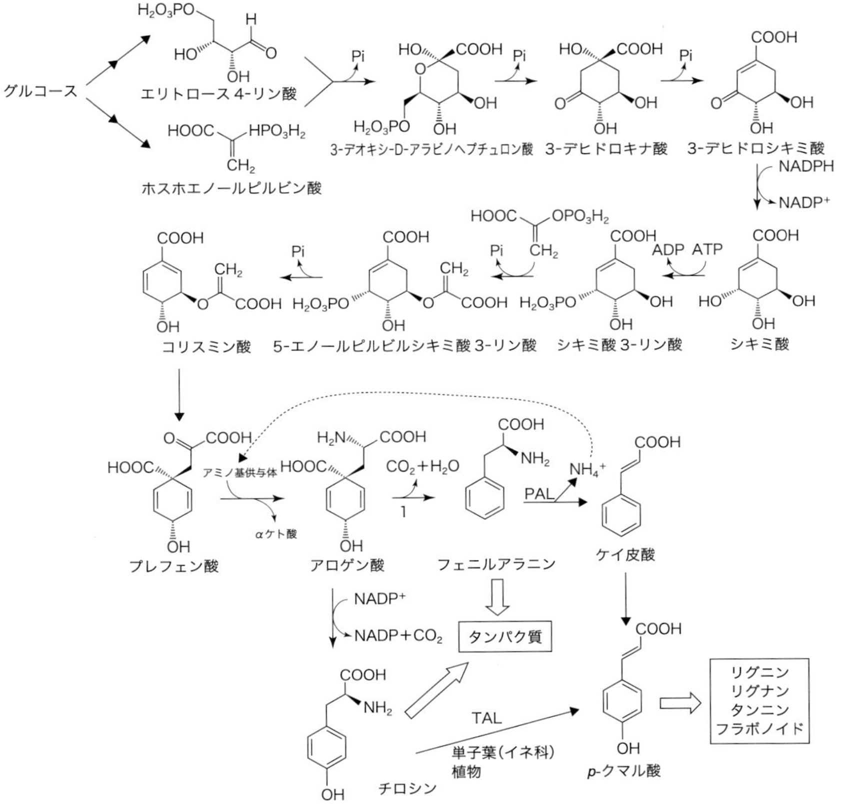

図1-22 高等植物におけるシキミ酸経路
PAL：フェニルアラニンアンモニアリアーゼ，TAL：チロシンアンモニアリアーゼ．

（1）フェニルアラニンアンモニアリアーゼ

　フェニルアラニンアンモニアリアーゼ（phenylalanine ammonia-lyase, PAL）は芳香族アミノ酸であるフェニルアラニンを trans- ケイ皮酸へ変換する酵素であり，リグニンを含むすべてのフェニルプロパノイド生合成の最初の段階である．複数の PAL アイソザイムが存在し，種々のフェニルプロパノイド代謝において異なる役割を果たしていると考えられている．

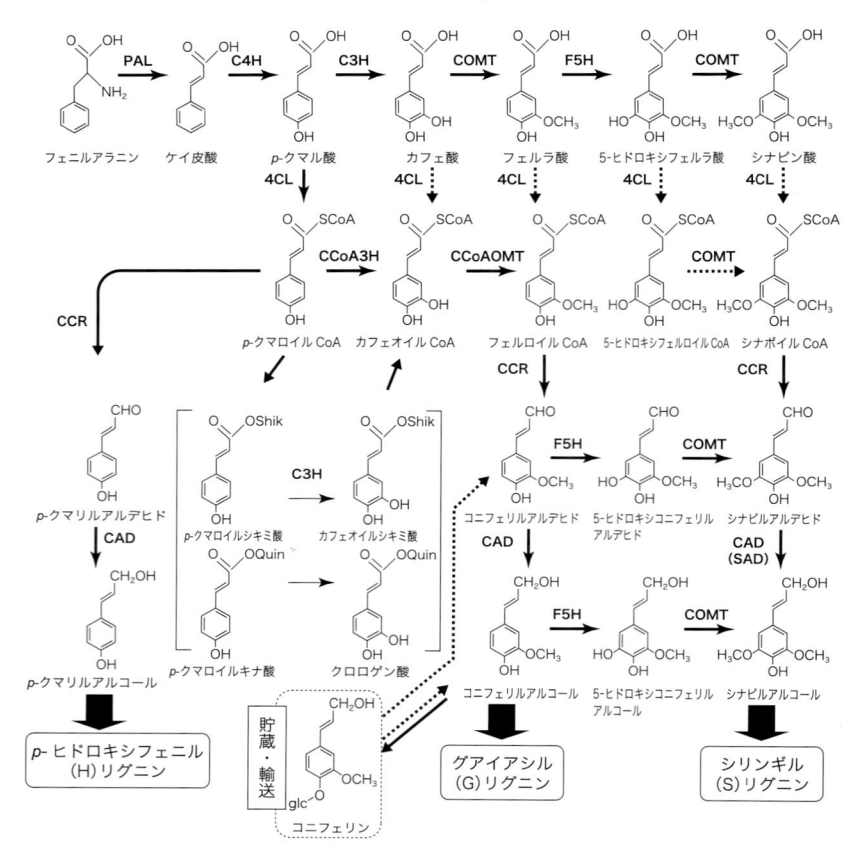

図1-23 モノリグノール生合成経路
実線矢印が現在最も受け入れられている経路を表す．(Tsuji, Y. et al., 2005)

　PALと同様に芳香族アミノ酸であるチロシンを p- クマル酸に変化させる酵素活性は通常イネ科植物（単子葉植物）に見出され，チロシンアンモニアリアーゼ（TAL）と呼ばれるが，この活性は樹木では検出されない．

(2) 芳香核の修飾（水酸化）

　モノリグノールの芳香核の修飾（メトキシル基の導入）は，H，G，Sリグニンの構成比率をかえ，リグニンの性質に大きく影響するが，芳香核3位ま

たは5位の水酸化とメチル化の2段階の反応により行われる.

①**芳香核4位の水酸化酵素**…ケイ皮酸は，ケイ皮酸4-ヒドロキシラーゼ（cinnamate 4-hydroxylase, C4H）により芳香核4位に水酸基が導入され，p-クマル酸となる．C4Hはチトクローム P450 型モノオキゲナーゼで，その活性は通常ミクロゾーム画分に検出され，広範囲な代謝物の生合成に関与すると考えられている[5].

②**芳香核3位の水酸化酵素**…p-クマル酸は，クマル酸3-ヒドロキシラーゼ（coumarate 3-hydroxylase, C3H）により芳香核3位に水酸基が導入され，カフェー酸となる．

C3Hと同様にクマロイル CoA の芳香核3位を水酸化するクマロイル CoA 3-ヒドロキシラーゼ（coumaroyl CoA3-hydroxylase, CCoA3H）がある．また，p-クマル酸のシキミ酸エステル（p-coumaroyl shikimic acid）および p-クマル酸のキナ酸エステル（p-coumaroyl quinic acid）の芳香核3位を水酸化する酵素が発見され（図1-23），新たな生合成経路が提案された[6,7].

③**芳香核5位の水酸化酵素**…フェルラ酸5-ヒドロキシラーゼ（ferulate 5-hydroxylase, F5H）はフェルラ酸の芳香核5位を水酸化し，5-ヒドロキシフェルラ酸へと変換する酵素である．ポプラのミクロゾーム画分にその存在が確認され，この酵素はチトクローム P450 型のモノオキシゲナーゼであることが明らかとなった[8]．シロイヌナズナ（*Arabidopsis thaliana*）から F5H の cDNA が初めて単離されて以来[9]，F5H に関する研究が詳細に行われた．現在，F5Hの真の基質はフェルラ酸ではなくコニフェリルアルデヒド，あるいはコニフェリルアルコールではないかと推定されている．なお，フェルロイル CoA に対する F5H 活性は現在のところ見出されていない．

（3）芳香核水酸基のメチル化

カフェ酸 O-メチルトランスフェラーゼ（caffeate/5-hydroxyferulate O-methyltransferase, CAOMT）は S-アデノシルメチオニンをメチル基供与体として，カフェー酸の3位水酸基および5-ヒドロキシフェルラ酸の5位水酸基をメチ

ル化して，それぞれフェルラ酸とシナピン酸へと変換する酵素として研究されてきた[10]．

一方，ヒャクニチソウ（Zinnia elegans）葉肉細胞から誘導した管状要素からカフェオイル CoA O-メチルトランスフェラーゼ（caffeoyl CoA O-methyltrasferase, CCoAOMT）の cDNA が単離されるとともに，その発現挙動の解析結果から CCoAOMT が木化に関わる芳香核のメチル化酵素である可能性が示された[11]．

現在までに得られたメチル化酵素（OMT，CAOMT および CCoAOMT を含む）に関する知見は以下の通りである．① CCoAOMT は芳香核3位のメチル化，すなわちグアイアシル核の生成に関与し，一方 CAOMT は芳香核5位のメチル化，すなわちシリンギル核の生成に関与する．②アスペンやアルファルファの COMT はカフェー酸や 5-ヒドロキシフェルラ酸と比べて 5-ヒドロキシコニフェリルアルデヒドに高い親和性を示すことから，シリンギル核の生成は 5-ヒドロキシフェルラ酸→シナピン酸（ケイ皮酸経路）ではなく，5-ヒドロキシコニフェリルアルアルデヒド→シナピルアルデヒドの経路をとると推定される[12]．なお，前出の F5H がフェルラ酸よりもコニフェリルアルデヒドをよい基質とする事実と総合して考えると，コニフェリルアルデヒド→5-ヒドロキシコニフェリルアルデヒド→シナピルアルデヒドという経路（アルデヒド経路）がグアイアシルからシリンギル核への最も重要な経路として機能していると考えられる．しかし，この経路のみでは説明できない実験的事実も多く存在する．シロイヌナズナの F5H はコニフェリルアルデヒドとコニフェリルアルコールに対する Km にほとんど差違が見られないこと[13]，ならびにγ位水素をラベルしたコニフェリルアルコールおよびケイ皮アルコール配糖体を投与するとシリンギルリグニンへラベルを保持したまま取り込まれることは，コニフェリルアルコール→5-ヒドロキシコニフェリルアルコール→シナピルアルコール（アルコール経路）の経路の存在を示す[14, 15]（図1-23）．

(4) 側鎖 γ 位（9位）の還元（カルボン酸からアルコール）酵素

フェニルアラニンから PAL によって生成されたケイ皮酸のプロピル側鎖 γ 位（9位）カルボン酸は，以下の3段階の過程を経てアルコールへと還元される．

① **4-クマル酸 CoA リガーゼ**（4-coumarate：CoA ligase，4CL）…p-クマル酸，フェルラ酸，シナピン酸などのケイ皮酸類は，ATPの存在下，4CLにより，それぞれ対応するCoAチオエステルとなる．ケイ皮酸類のCoAチオエステルはリグナンなどさまざまなフェニルプロパノイド代謝物の前駆体でもある（☞ 5.「抽出成分の生合成」）．

これまでの4CLに関する多くの研究では，ほとんどの4CLがp-クマル酸，カフェー酸，フェルラ酸に対して高い活性を有する一方で，シナピン酸に活性を示さなかった．この事実は長年受け入れられてきたケイ皮酸経路（p-クマル酸→フェルラ酸→シナピン酸）が，リグニン生合成において機能していないとする学説を強く支持する．一方，ニセアカシア（*Robinia pseudoacacia*）を含む数種の樹種から調製した粗酵素がシナピン酸に活性を有すること[16]，また，ニセアカシアに投与した安定同位体でラベルしたシナピン酸がラベルを保持したままシリンギルリグニンへ取り込まれること[17]が報告されている．さらに，ニセアカシアの粗酵素は，シナピン酸に対して高い4CL活性を示した[18]．これらの結果は，ニセアカシアにおいてシナピン酸→シナピルアルコールへの代謝経路が働くことをを示している．

② **シンナモイル CoA レダクターゼ**（cinnamoyl CoA reductase，CCR）…ケイ皮酸類CoAエステルは，CCRにより対応するケイ皮アルデヒドへと変換する．CCRはNADPH依存性の酵素である．広葉樹（Forsythia，ポプラ（*Populus × euramericana*），ユーカリ（*Eucalyptus gunnii*））のCCRはフェルロイルCoAに対して高い変換効率を有するものの，p-クマロイルCoAやシナポイルCoAも基質する[19~21]．一方，針葉樹であるスプルース（*Picea abies*）のCCRはフェルロイルCoAを基質とするもののシナポイルCoAには不活性である[22]．

③ **シンナミルアルコールデヒドロゲナーゼ**（cinnamyl alcohol dehydrogenase，CAD）…ケイ皮アルデヒドは，CAD によりケイ皮アルコールに変換する．モノリグノール生合成の最終段階を触媒する酵素である（図 1-23）．反応には補酵素として NADPH が必要である．

　被子植物からは複数の CAD アイソフォームが確認され，コニフェリルアルデヒドとシナピルアルデヒドの両基質に対して活性を有する．一方，裸子植物の CAD は単一アイソフォームであり，コニフェリルアルデヒドに特異性が高く，シナピルアルデヒドに対する活性は非常に低い[23]．これらの結果は針葉樹リグニンと広葉樹リグニンのモノマー組成の違いと合致している．また，アスペン（*Populus tremuloides*）からシナピルアルデヒドに特異的な CAD（PtSAD）が単離された[24]．この酵素は，SAD（sinapyl alcohol dehydrogenase）と呼ばれる場合もあり，シリンギルリグニン生合成に関与すると考えられている．

（5）モノリグノールの輸送と供給

　コニフェリン（コニフェリルアルコール-β-D-グルコシド）は，UDP-グルコースとコニフェリルアルコールからグルコシルトランスフェラーゼにより生成する．コニフェリンは β-グルコシダーゼにより加水分解され，コニフェリルアルコールを与える．

　ほとんどの針葉樹と一部の広葉樹形成層付近において，コニフェリンが多量に検出される．この配糖体の形成層付近での蓄積量は，リグニンの形成時期と一致すること，放射標識したコニフェリンがリグニンの沈着過程（場所，時期）に矛盾することなく，新生リグニンとして速やかに取り込まれることからリグニンの前駆物質として機能していることが示唆される（☞ 図 1-21）．コニフェリンは，モノリグノールの貯蔵形あるいは輸送形であると考えられている．リグニン生合成において必須の代謝中間物である可能性も否定できない．

　最近，コニフェリンのイチョウ，コブシ分化中木部（木化中の木部）における挙動をトレーサー法により詳細に検討した結果，コニフェリンの多くは，コニフェリルアルコールとしてリグニン生合成経路に直接供給されるのではなく，コニフェリルアルデヒド-β-D-グルコシドを経由して，コニフェリルア

ルデヒドの段階でリグニン生合成経路に合流することが示唆された[25]．コブシにおいては，シリンギルリグニンへと速やかに転換することも示された（図1-23）．

モノリグノール配糖体には，コニフェリンのほか，シリンジン，p-グルコクマリルアルコール-β-D-グルコシドの存在も知られており，リグニン生合成においてどのような役割を担っているのかを解明する必要がある．

5）モノリグノールの重合[26]

リグニンの構造は，繰返し単位がなく複雑な構造を持つ（☞ 第4章）．さらに，細胞壁多糖と共有結合を持っている．ここでは，なぜ，そのような構造が生成するのかを学ぶ．

リグニンの直接の前駆物質はモノリグノールである．リグニンの高分子化に働く酵素は，ペルオキシダーゼと考えられているが，ラッカーゼも部分的に関与するとする学説もある．ここでは，ペルオキシダーゼによる重合機構を説明することとする．この酵素は過酸化水素共存下，モノリグノールの一電子酸化を引き起こしてフェノキシラジカルを生成させる．フェノキシラジカルは5位炭素（R_b），1位炭素（R_c），8位炭素（R_d）などに転移し，ラジカル混成体を形成する（図1-24）．これらラジカル化されたモノリグノール同士は，ラジカルカップリングを起こして二量体（中間体）となる（図1-25, 26）．

(1) 7（α アルファ）位炭素への水酸基の付加

ラジカルカップリング中間体は不安定であるため，重合する環境下に存在する水酸基の付加によって安定な生成物を形成する（図1-26）．β-O-4型キノンメチド中間体は，7位炭素へ水が付加することにより天然リグニンに最も多く見出される8-O-4'（β-O-4）結合を形成する．また，しばしば糖の水酸基の付加によってリグニン-炭水化物複合体（lignin carbohydrate complex, LCC）を形成したり，リグニン成長末端のフェノール性水酸基の付加によりベンジルアリールエーテル結合（α-O-4結合）を生じる（図1-25）．こうして，リグニ

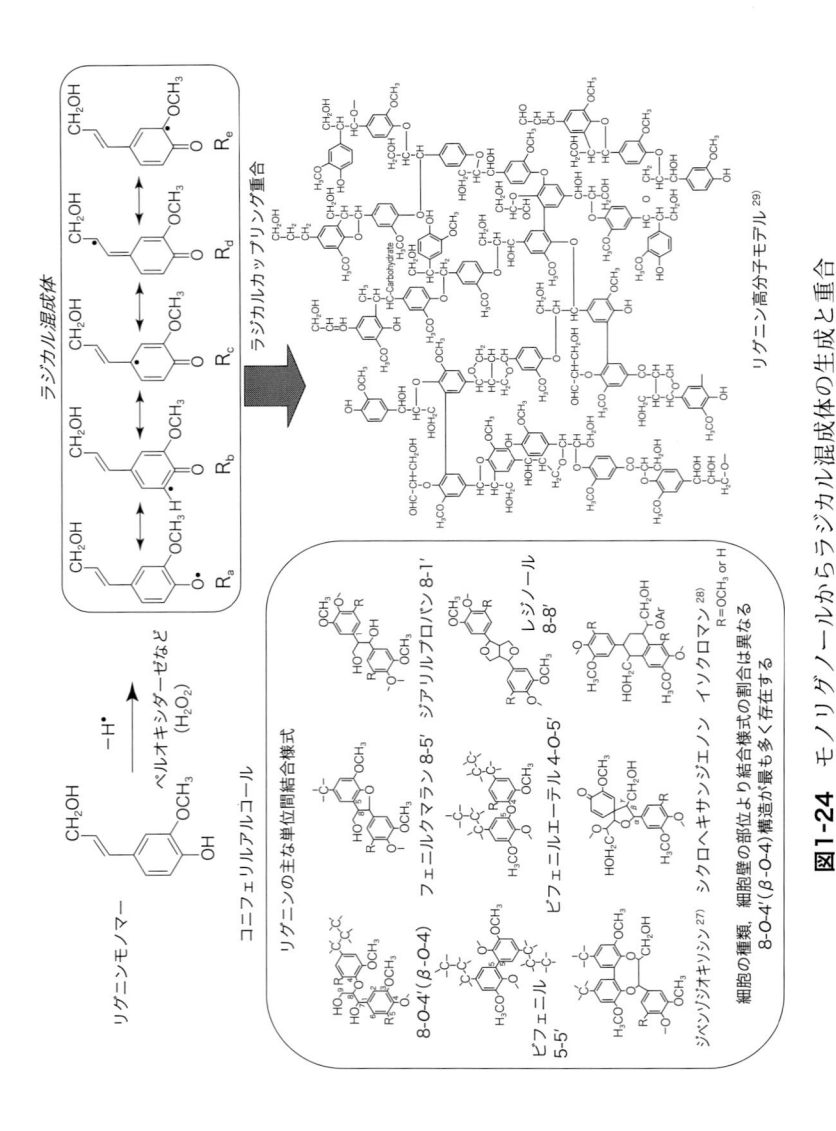

図1-24 モノリグノールからラジカル混成体の生成と重合

シナピルアルコールをモノマーとした場合、R_b ラジカルは生成せず、フェニルクマラン、ビフェニルエーテル構造は形成されれない。

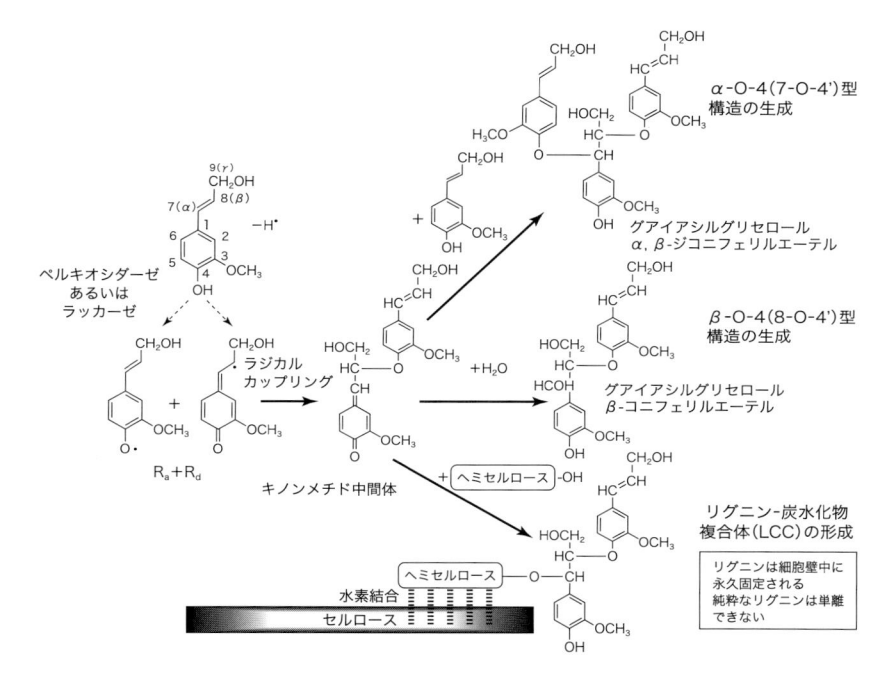

図1-25 コニフェリルアルコールより α-O-4, β-O-4 型構造およびLCCの生成機構

ンは細胞壁中で永久固定されるのである．

　フェニルクマラン構造とレジノール構造は，分子内の水酸基が付加することにより形成される（図1-26）．また，4-O-5'型，ビフェニル型構造が生成する場合は，水酸基の付加は伴わない（図1-26）．

　8-O-4'結合の場合，水が付加する方向の違いによってエリトロ型とトレオ型の2種類が生成しうる（☞第4章）．シリンギル/グアイアシル比が高くなるほど，エリトロ/トレオ比も高くなるという報告もある[30]．

（2）ラジカルカップリング反応の繰返しによる高分子化

　ラジカルカップリング反応によって生成した二量体は，いずれもフェノール性水酸基を持っているため，再び酵素（ペルオキシダーゼ）によってラジカル

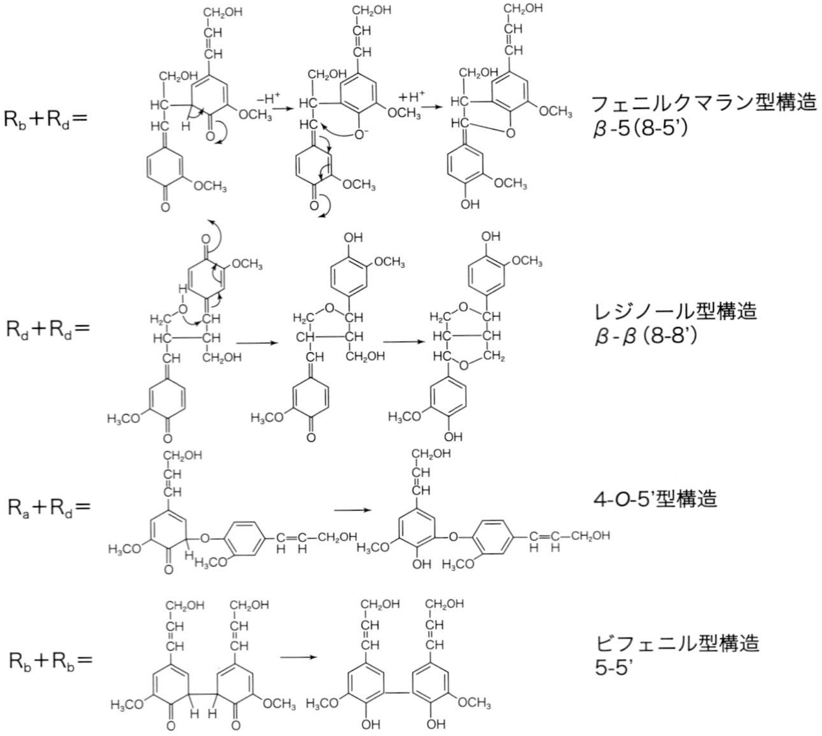

図1-26 コニフェリルアルコールより各種二量体の生成機構

化され，カップリング反応を繰り返す．この繰返しによって高分子リグニンへと成長すると考えられている．しかし，二量体あるいはオリゴマーのフェノール性水酸基を有するフェニルプロパン骨格における7～8位炭素間の二重結合はすでに存在していない場合が多く，8位炭素へのラジカル移動は起きない．したがって，高分子化の過程では，フェノール性水酸基あるいは5位炭素へのラジカル化モノリグノールのカップリング頻度が高くなる．

5．抽出成分の生合成

1）抽出成分およびその生合成の概要

　核酸，タンパク質，脂質，糖質およびこれらを構成する成分は，いずれの生物にとっても不可欠な生体成分である．これら成分の生合成や変換に関わる経路やエネルギー生成系は，生物の種類を問わず生命を維持するうえで不可欠で，一次代謝と呼ばれている．一方，限られた範囲の生物群，さらにある生物種についても，成長あるいは分化の特定の段階における特定の器官にのみ見出される成分を二次代謝産物と呼び，これらの生合成や変換に関わる代謝を二次代謝と呼ぶ．

　リグニン生合成は植物の代表的な二次代謝である．一方，木材抽出成分のほとんどは二次代謝産物の範疇に入り，前述の二次代謝産物の一般的特徴を示す．すなわち，抽出成分を構成する化合物は樹種によってきわめて多様であり，ある1つの樹種が抽出成分に属する化合物すべてを含むわけではない．また，同一樹種に属する個体間でも，生育条件，傷害の有無，あるいは個体間の遺伝的差異によって，また同一個体においても，樹齢，季節，組織によって，抽出成分の含有量および構成成分が大きく変動する．したがって，抽出成分は樹種を化学的に特徴付ける成分であるともいわれている．他方，植物分類上近縁の樹種において，相互に抽出成分の構成が類似している例も多い．

　抽出成分に属する化合物は，木材の色調，におい，耐久性，接着性，塗装性，注薬性，音響特性などの決定因子となることがあり，樹木を木材として利用するうえで重要なファクターとなっている．また，抽出成分には，さまざまな薬効を持つものも知られている．よって，抽出成分の生合成は，これらの性質との関連，例えば高耐久性木材の作出や医薬品原料の生物生産などとの関連において興味が持たれてきた．

　さらに，多くの抽出成分は草本にはなく，樹木に独自の形質である心材に

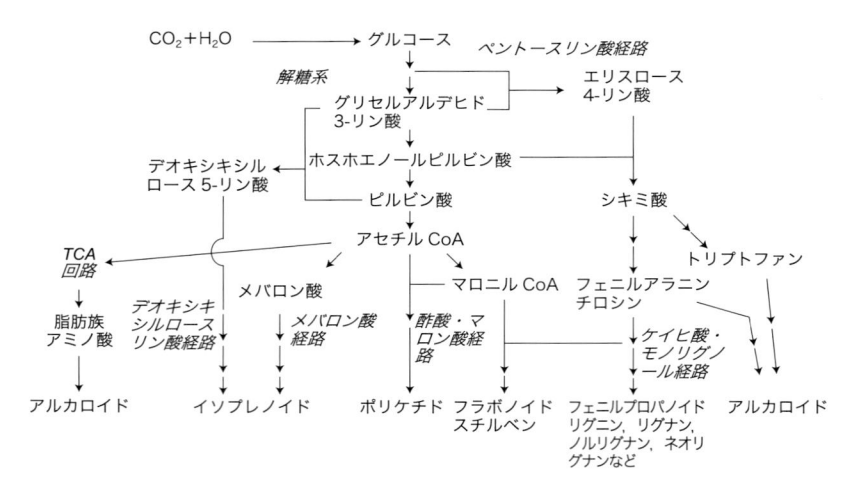

図1-27 抽出成分生合成経路の概略
リグニンは抽出成分ではないが，代表的なフェニルプロパノイドである．

特異的に蓄積していることから，抽出成分の生合成機構に関する知見は，樹木独自の代謝である心材形成の機構解明の糸口という点で特に興味が持たれている．

　抽出成分はその生合成経路により，いくつかのグループに分けられる．すなわち，フェニルプロパノイド（リグナン，ノルリグナン，ネオリグナンなどが属する），フラボノイド，スチルベノイド，イソプレノイド（テルペン，天然ゴム，ステロイドなどが属する），アルカロイドなどである．これらの化合物の生合成経路の概略を図 1-27 に示す．

2）フェニルプロパノイド生合成

　フェニルプロパノイドは，ケイ皮酸モノリグノール経路に由来するフェニル-C_3炭素骨格を持つ化合物の総称であり，リグナン，ネオリグナン，ノルリグナンなどがこれに属する．細胞壁成分であるリグニンも代表的なフェニルプロパノイドであり，ケイ皮酸モノリグノール経路に関する研究はリグニン生合成との関連で過去 15 年あまりの間に大きく進展してきた．その詳細は，4.「リ

グニンの生合成」を参照されたい．一方，リグニン生合成に用いられるケイ皮酸モノリグノール経路の酵素のアイソフォームが，リグナンをはじめとする抽出成分の生合成にも用いられているか否かなど，フェニルプロパノイド系抽出成分の生合成に至るケイ皮酸モノリグノール経路の詳細は未解明のままである．

(1) リグナンの生合成

リグナン（lignan）はフェニルプロパノイドの二量体の一種であり，2分子のフェニルプロパン単量体がプロパン側鎖の真中（C8）同士で結合した化合物である（☞第5章2.「リグナンの分布と特性」）．リグナンの生合成研究は，立体化学制御機構の解明，抗腫瘍リグナンの産生，および樹木独自の代謝である心材形成との関連という3つの観点から進められてきた．

多くのリグナンは，リグニン同様9（9'）位に酸素原子を有している．一方，リグナンにはその9（9'）位に酸素原子を持たないものや，9,9'-ジカルボン酸構造を持つカフェー酸の二量体とみなすことのできるものも知られている．これら3タイプのリグナンの生合成は，図1-28に示すように，モノマーが二量化する以前，すなわちモノマーの生合成過程ですでに分岐していると考えられている[1]．

これら3タイプのリグナンのうち，9（9'）位に酸素原子を有するものの生合成が最もよく調べられている[1]．すなわち，このタイプのリグナンは，グアヤシルリグニンと同様コニフェリルアルコールに由来する．リグニン生成においては，コニフェリルアルコールが立体化学的制御を受けずに重合しているが，リグナン生合成においては，コニフェリルアルコールが，ディリジェントプロテイン（DP）の存在下，立体選択的に二量化して光学的に活性なピノレジノールが生成する．次いで，ピノレジノールがピノレジノール/ラリシレジノールレダクターゼ（PLR）により，ラリシレジノール，セコイソラリシレジノールへ順次還元される．さらに，セコイソラリシレジノールは，セコイソラリシレジノールデヒドロゲナーゼ（SIRD）によりマタイレジノールへ変換される（図

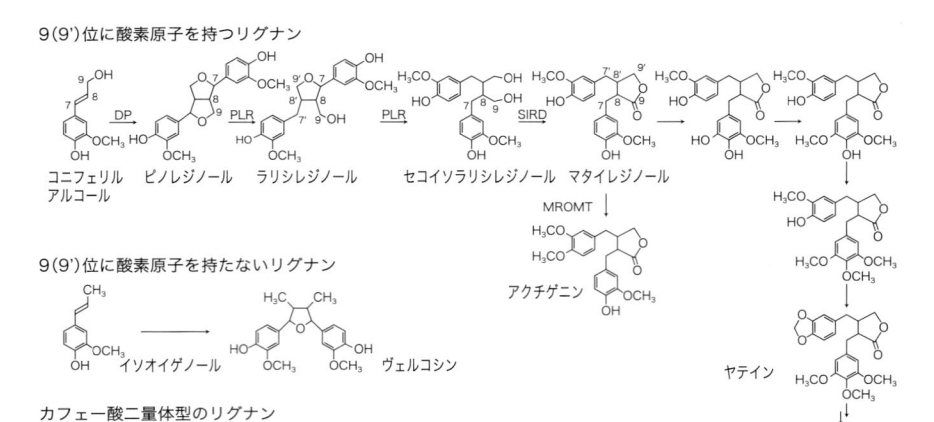

図1-28 リグナン生合成経路

1-28).なお,DPの機能は有機化学的にもたいへん興味深いが,DPだけでリグナンのエナンチオマー組成が制御されているのではなく,PLRとSIRDもこの制御に関わっていることが示されている.

　リグナン生合成に関わる酵素(タンパク)でcDNAがクローニングされているものは,DP,PLR,SIRDと最近クローニングされたマタイレジノール O-メチルトランスフェラーゼ(MROMT)およびセサミン合成酵素だけである.一方,より下流域の反応段階を触媒する酵素に関しては解明が進んでいない.抗腫瘍性リグナンであるポドフィロトキシンの生合成経路については,マタイレジノールやヤテインが生合成前駆体となることは古くから知られていたが,最近マタイレジノールからヤテインに至る経路が決定された(図1-28)[1]).

(2) ノルリグナンの生合成

　ノルリグナンはフェニル基-C_5-フェニル基という骨格を持つ化合物の総称であり,代表的な針葉樹心材物質の1つである.そこで,ノルリグナンの生

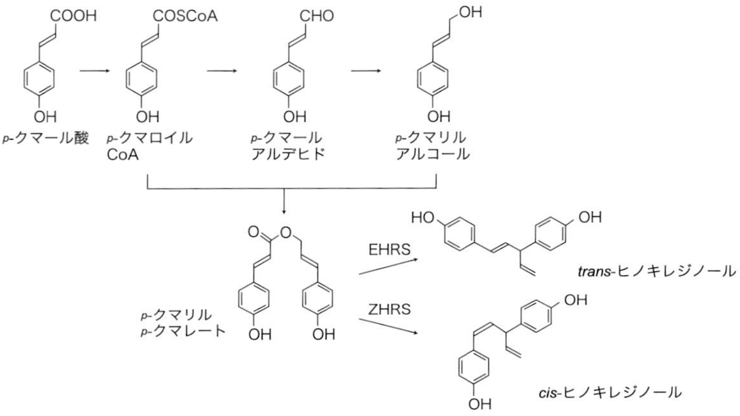

図1-29 ノルリグナン生合成経路

合成は心材形成機構の解明などの観点から樹木生理化学，あるいは木質科学の分野で特に注目されてきた．最近，アスパラガスとスギから，それぞれ cis- ヒノキレジノールと trans- ヒノキレジノールを p- クマロイル CoA と p- クマリルアルコールから生成させる酵素活性が報告された．これらの酵素標品は，それぞれ p- クマリル p- クマレートからも cis- および trans- ヒノキレジノールを効率よく生成させることから，図 1-29 に示す生合成経路が提案されている [1]．p- クマリル p- クマレートから cis- ヒノキレジノールと trans- ヒノキレジノールを生成させる酵素は，cis- ヒノキレジノール合成酵素（ZHRS）および trans-ヒノキレジノール合成酵素（EHRS）と呼ばれているが，最近，ZHRS をコードする cDNA のクローニングが報告された [1]．

(3) ネオリグナンの生合成

ネオリグナン（neolignan）は，2 分子のフェニルプロパン単量体がプロパン側鎖の真中（C8）同士以外で結合した二量体，すなわちリグナン以外のフェニルプロパノイド二量体である．ネオリグナンは，対応するフェニルプロパン単量体の二量化によって生成する [1]．

3）イソプレノイド生合成

　イソプレノイドは，イソプレンあるいはイソペンタン単位から構成される化合物の総称であり，テルペノイド，ステロイドなどが含まれる．なお，テルペノイドをイソプレノイドと同義に用いる場合もある．イソプレン単位に相当する生体内の C5 単位はイソペンテニル二リン酸であり，この化合物からさまざまなイソプレノイドが生成する．例えば，モノテルペン，セスキテルペン，ジテルペン，天然ゴム，ステロイド，ある種のトロポロン，カロテノイドなどで

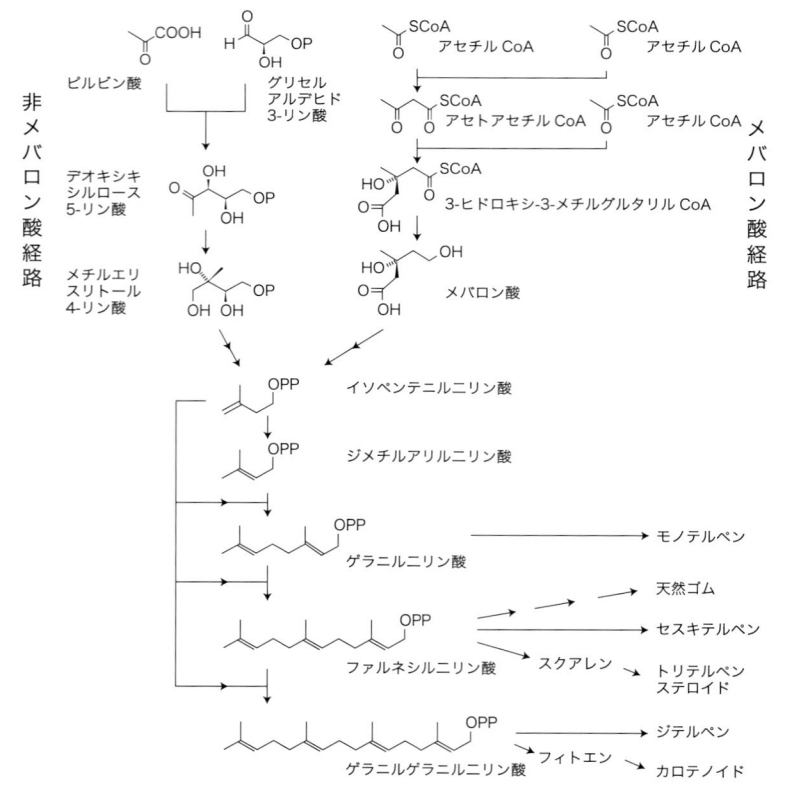

図1-30　イソプレノイド生合成経路
P：リン酸残基．

ある．

　かつてイソプレノイド前駆体としてのイソペンテニル二リン酸は，アセチル CoA からメバロン酸を経由して生成するとされていた．この経路をメバロン酸経路と呼ぶ．しかし近年，イソペンテニル二リン酸を与える別経路が見出され，非メバロン酸経路あるいはデオキシキシルロースリン酸経路と呼ばれている．この経路では，ピルビン酸とグリセルアルデヒド 3-リン酸から，デオキシキシルロース 5-リン酸を経由してイソペンテニル二リン酸が生成する（図 1-30）．

　植物では，これら 2 種のイソペンテニル二リン酸生合成経路がともに存在している．葉緑体や色素体においてデオキシキシルロースリン酸経路で合成されるイソペンテニル二リン酸からは，モノテルペン，ジテルペン，カロテノイドが合成され，細胞質においてメバロン酸経路を経て合成されるイソペンテニル二リン酸から，セスキテルペン，トリテルペン，ステロイドなどが合成される（図 1-30）[2, 3]．なお，天然ゴムの生成が，デオキシキシルロースリン酸経路とメバロン酸経路のいずれを経由するかは未解明である．

4）フラボノイドおよびスチルベノイド生合成

　フラボノイド（flavonoid）とは，2 つの芳香環（A および B）が 3 個の直鎖状炭素で結合したジフェニルプロパン型（C_6-C_3-C_6 骨格）の化合物である．フラボノイドは，その基本骨格に従いいくつかのサブグループに分けられる．すなわち，カルコン，フラバノン，フラボン，ジヒドロフラボノール（フラバノノール），フラボノール，カテキン（フラバン -3- オール），ロイコアントシアニジン（フラバン -3,4- ジオール），アントシアニジン，イソフラボノイド，ネオフラボノイドである．このうち，イソフラボノイドとネオフラボノイド以外を狭義のフラボノイドと分類することもある（☞ 第 5 章 3．「フラボノイドの分布と特性」）．

　フラボノイドは，植物 - 微生物間のシグナル物質，ファイトアレキシンなどの防御物質，UV 保護物質などとして機能しており，これらの機能発現との関

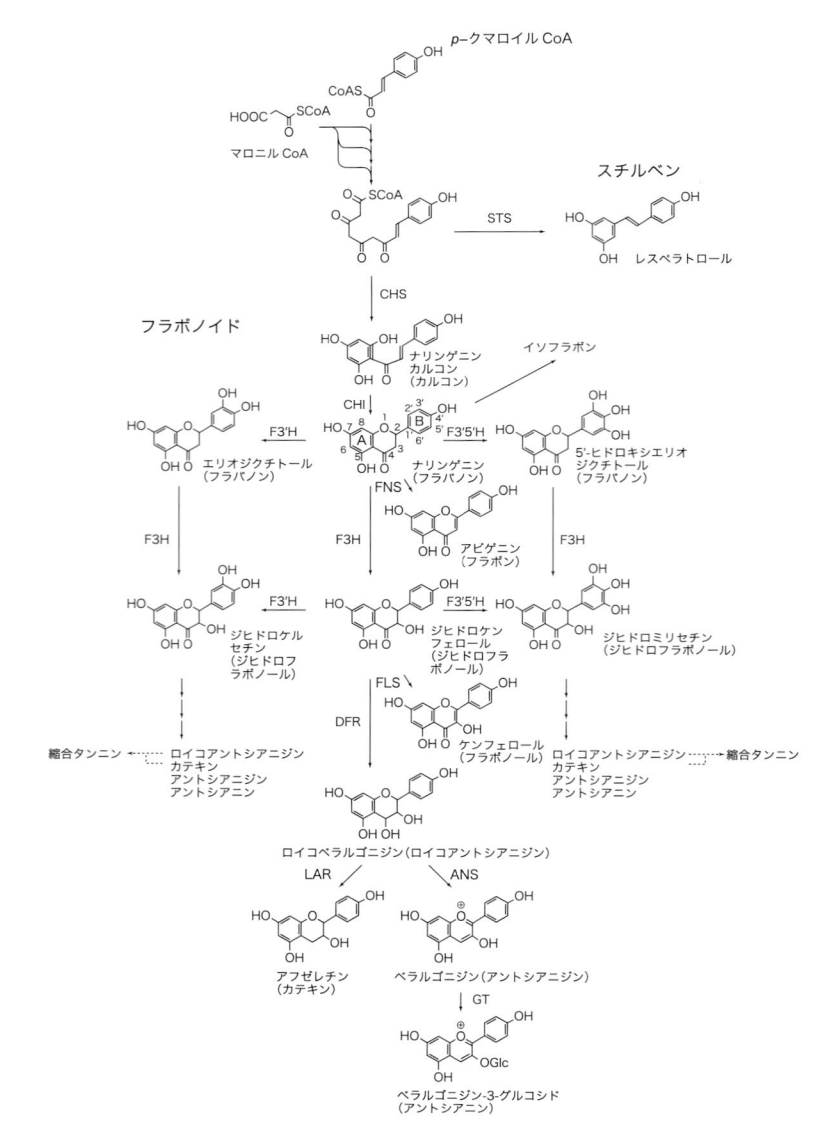

図1-31 フラボノイドおよびスチルベン生合成経路
Glc：グルコース残基．

連で，古くからフラボノイドの生合成にはたいへん興味が持たれてきた．

　フラボノイドの生合成経路の概略を図 1-31 に示す[4]．フラボノイド生合成では，まず p- クマロイル CoA が，ポリケチド鎖伸長の材料となる 3 分子のマロニル CoA と脱炭酸を伴い縮合し，次いでポリケチド鎖のベンゼン核への閉環によりカルコンが生成する．この反応を触媒する酵素はカルコンシンターゼ（CHS）と呼ばれている．次いで，カルコンはカルコンイソメラーゼ（CHI）によって環化し，フラバノンへ変換される．フラバノンは，フラボンシンターゼ（FNS）により C-2 位と C-3 位間に二重結合を持つフラボンに変換される．フラバノンがフラバノン 3- ヒドロキシラーゼ（F3H）の作用を受けると，ジヒドロフラボノールが生成する．

　フラボノールシンターゼ（FLS）は，ジヒドロフラボノールの C-2 位と C-3 位間に二重結合を導入する酵素である．一方，ジヒドロフラボノールの C-4 位カルボニル基がジヒドロフラボノール 4- レダクターゼ（DFR）によって還元されると，ロイコアントシアニジンが生成する．ロイコアントシアニジンは，ロイコアントシアニジンレダクターゼ（LAR）により還元されカテキンに，またアントシアニジンシンターゼ（ANS）によってアントシアニジンに変換される．アントシアニジンはグルコシルトランスフェラーゼ（GT）によりアントシアニンに変換される．

　フラボノイド類の芳香核はさまざまに水酸基が置換している．A 環の C-5 位と C-7 位水酸基はカルコンが生合成される時点で導入され，B 環の C-4' 位水酸基は CHS の基質である 4- クマロイル CoA 由来である．一般に，B 環 C-3' 位および C-5' 位水酸基はフラボノイド骨格（C_{15}）が完成したあとに導入される．フラボノイド 3'- ヒドロキシラーゼ(F3'H)とフラボノイド 3',5'- ヒドロキシラーゼ（F3'5'H）がこれらの反応を触媒する．これら B 環の水酸基置換パターンは，花のアントシアニン系色素の色調と深い関係がある．実際，フラボノイドの生合成を制御することにより花色を変化させた組換え植物が実用化されている．イソフラボノイドは，フラバノンからイソフラボン合成酵素により生成する[4]．

　スチルベノイド（stilbenoid）は，1,2- ジフェニルエタン（C_6-C_2-C_6）型化合

物を総称しており，スチルベン（1,2-ジフェニルエテン）やそのオリゴマー，ビベンジル，フェナンスレンなどが含まれる．スチルベンの生合成においてもフラボノイドの場合と同様，まず p-クマロイル CoA が 3 分子のマロニル CoA と脱炭酸を伴い縮合する．次いで，ポリケチド鎖が，脱炭酸を伴いベンゼン核へと閉環する結果，フラボノイドと比べると炭素数が 1 個少ないスチルベンが生成する（図 1-31）[4]．なお，この反応を触媒する酵素は，スチルベンシンターゼ（STS）と呼ばれている．

5）タンニン生合成

タンニンは縮合型タンニン（condensed tannin）（プロアントシアニジン，proanthocyanidin）と加水分解型タンニン（hydrolysable tannin）に分けられる．

縮合型タンニンは，カテキン（フラバン-3-オール）類を単位構造とする重合物であり，カテキンにロイコアントシアニジン（フラバン-3,4-ジオール）が付加すれば生成すると考えられるが（図 1-31），この反応を触媒する酵素は未だ知られていない[5]．

加水分解型タンニンは，グルコースなどに没食子酸などのフェノール酸が多数エステル結合したものである．代表的な加水分解型タンニンである 1,2,3,4,6-ペンタガロイルグルコースは，以下の機構で生成することが明らかにされている．すなわち，まず UDP-グルコースと没食子酸から β-グルコガリンが生成し，次いで，β-グルコガリンのガロイル基が別の β-グルコガリン分子に順次転移することにより 1,2,3,4,6-ペンタガロイルグルコースが生成する（図 1-32）[5]．

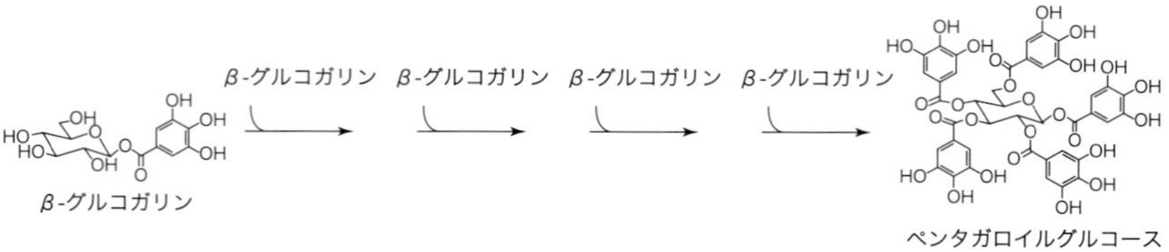

図1-32 加水分解型タンニンの生合成

6. 樹液の化学

　樹液とは，樹木の体内に存在する液体の総称であり，その内容は多岐にわたっている．すなわち，①木部の道管（広葉樹）や仮道管（針葉樹）を伝って上昇する液体，②内樹皮の師部組織の師管を通って下降する液体，③放射柔細胞を通って流れる液体，⑤生活組織細胞中の細胞質の液体，⑥生活組織細胞中の液胞内の液体，⑦傷害に伴って溢出する液体，⑧心材などに溜まる液体など，樹体内に存在するすべての液体が樹液であるといえる．個々の液体を区別して採取し分析することは，きわめて困難である．

　ここでは，⑦溢出樹液を中心に，その中に含まれる化学成分，生理学的意義，樹液の利用法，生理活性などについて述べる．

1）上昇樹液流

　根から吸い上げられた水は，各種の陽イオンおよび陰イオンを含有している．これらは，水分とともに毛根細胞の細胞壁，細胞膜，原形質膜，トノプラストを通過し，細胞質に入る．外部の水に含まれるすべての無機物をそのままの組成で吸入するのではなく，イオンの吸入には選択性がある．例えば，大量に存在するNaはどちらかというと排除し，少ないKを積極的に摂取する．しかしながら，土壌無機成分組成の影響も受ける．表1-3に，必須無機元素および微量無機元素と，それらの主な役割とを示した[1, 2]．

　根から葉に向かって流れる樹液には，無機イオンのほかに，貯蔵物質由来の糖類，アミノ酸，タンパク質，ビタミン類，ホルモン類が含まれている．

2）下降樹液流

　基本的には，葉で光合成された糖類の内樹皮師部組織中のsymplast移動の流れである．流転物質と称されるスクロースが80〜90％を占め，各種ホルモン，ビタミン類を含む．秋には，貯蔵タンパクを合成するためにアミノ酸，

表 1-3 樹木・樹液中の無機元素とその役割 [1, 2]

無機元素	主な含有成分とその役割
N（窒素）	プリン・ピリミジン核，アミノ酸，タンパク質，核酸
P（リン）	核酸，リンタンパク，リン脂質，ヌクレオチド，リン化合物，フィチン，高エネルギー化合物（ATP）
K（カリウム）	イオン，水の吸収および移動，光合成，光リン酸化
Mg（マグネシウム）	クロロフィル，リン酸の関与する反応触媒酵素の活性化
Ca（カルシウム）	ペクチン酸塩，フィチン，カチオン吸収，シュウ酸塩
S（硫黄）	シスチン，メチオニン，SH 酵素，コエンザイム A
Fe（鉄）	チトクローム，フェレドキシン，カタラーゼ，ペルオキシダーゼ
Mn（マンガン）	アルギナーゼ，ホスホトランスフェラーゼ，水の光分解，SOD
B（ホウ素）	細胞壁の合成
Cu（銅）	チトクロームオキシダーゼ，アスコルビン酸酸化酵素，チロシナーゼ，ラッカーゼ，カテコールオキシダーゼ，SOD
Mo（モリブデン）	硝酸還元酵素，窒素固定酵素
Zn（亜鉛）	アルコール脱水素酵素，カルボニックアンヒドラーゼ，カルボキシルペプチダーゼ，インドール酢酸生成，SOD
Ce（セレン）	グルタチオンペルオキシダーゼ
その他	Al（アルミニウム），Cl（塩素），Na（ナトリウム），Si（ケイ素）

ATP：アデノシントリホスフェート，SOD：スーパーオキシドアニオンラジカルジスムターゼ．

アミン類を含む．また，落葉を控えて，葉中の含有無機成分が内樹皮や根に転流され貯蔵される．

3）水平樹液流

　放射柔細胞を通って，樹幹内を水平方向に流れる樹液があり（symplast 移動），上昇樹液流と下降樹液流との混合樹液である．内樹皮方向と材部への流れに分かれる．

　心材に隣接する移行材部は，生物活性が存在する．酵素の働きを助ける役割を有する各種の水溶性ビタミン類が検出され，冬季の成長休止期にあって，移行材部にリンゴ酸脱水素酵素，グルコース -6- リン酸脱水素酵素の活性が観察される．呼吸をしていることや，ペントースリン酸系に偏った代謝，エチレンの生成なども観察されている．移行材部を，エチレンや炭酸ガスを含む空気中に置くと心材成分である pinosylvin[①]が誘導生成される．

　針葉樹の形成層付近の木部をスクラッピングすると，大量の coniferin[②] と

ともに，pinoresinol[③]や dehydrodiconiferyl alcohol[④]，guaicylglycerol-β-O-4-coniferyl ether[⑤]および guaicylglycerol-β-O-4-pinoresinol ether[⑥]などのリグニン中間体が見出されている[3)]．リグニン合成の前駆体のプール形態と考えられている配糖体 coniferin[②]は，内樹皮側からは検出されない．形成層近くの木化中の細胞で生合成されていることは間違いないとして，これが，水平樹液流の流れに乗って樹幹内部に流転しているのかどうかについては，議論の余地がある．

4）溢 出 樹 液

樹液として実際に分析できるほどの量を入手できるのは，早春に樹幹に穿することで得られる傷害樹液，すなわち溢出樹液である．樹幹に穿孔して樹液が溢出することがわかっているのは，サトウカエデ，イタヤカエデなどのカエデ科カエデ属樹木のほかに，シラカンバ，ダケカンバ，ウダイカンバなどのカバノキ属樹木，アサダのアサダ属樹木，ケヤマハンノキなどハンノキ属樹木などカバノキ科樹木に多く見られる．そのほかに，ミズキ（ミズキ科ミズキ属）などが溢出樹液を産することが知られているが，樹液が利用された例はない．

表 1-4 にシラカンバ溢出樹液の比重，pH，屈折率，偏光，糖度，酸度，ミネラル，ビタミン，アミノ酸量について示した[4, 5)]．表 1-5 に，シラカンバ溢出樹液中

表 1-4 シラカンバ溢出樹液の物理的性質と含有化学成分[4, 5)]

	長白山[4)]	小興安嶺[5)]	北海道
比重（g/ml）	1.0006	—	1.122〜1.124
pH	5.3〜6.5	4.95	5.7〜4.1
屈折率	1.333	—	—
偏　光	−0.46	—	—
糖度（mg/ml）	10.53	8.0	6.5〜9.5
酸　度	—	0.36	—
ミネラル	188 μg/ml	0.40%	0.67〜0.7%
ビタミン*	—	—	—
アミノ酸量	21.05 mg/d	7.93×10〜3%	＋**

*ビタミンC：0.014mg/dl，ビタミンB_1：0.178mg/dl．
**溢出初期にはほとんど存在せず，溢出後期に向かって濃度上昇．

表 1-5 シラカンバ樹液と原水中のミネラル組成の比較 [4, 6, 7]

ミネラル	灘の宮水	加古川	天塩川	シラカンバ樹液（mg/100ml)				
				A		B	C	D
				初期	後期			
SiO_2	25.1	116	14.7	—	—	—	—	—
Al	2.0	—	—	0.6	1.7	0.02	0.02	—
Fe	0.2	0.03	2.7	1.0	5.1	t	0.01	1.4
Ca	43.3	9.0	5.3	19.0	69.0	13.8	18.8	19.8
Mg	12.9	1.3	2.2	5.0	17.5	3.2	2.7	3.8
Na	59.4	9.0	7.0	1.2	5.0	—	0.04	4.5
K	17.3	1.6	1.2	27.0	95.0	—	1.2	1.5
Mn	—	—	—	0.5	0.8	0.6	0.8	0.6
Cu	—	—	—	—	—	t	0.02	0.05
Zn	—	—	—	—	—	0.3	2.1	0.6
Cr	—	—	—	—	—	t	—	t
SO_4	25.2	9.7	4.0	0.5	1.4	—	—	—
Cl	98.0	37.9	8.1	1.2	0.2	—	—	—
Br	—	—	—	0.2	0.8	—	—	—
PO_4	4.0	—	—	—	—	—	—	—
遊離 CO_2	36.7	21.7	27.6	—	—	—	—	—
硬度	9.1	—	—	—	—	—	—	—

A：北海道・日本[4]，B：吉林省・中国[4]，C：ハルピン・中国[6]，D：ロシア[7].

表 1-6 シラカンバ溢出樹液中の主な糖成分 [4, 8, 9]

樹種	同定された糖類	含有量 (mg/100ml)			
		A	B	C	D
シラカンバ	グルコース	700〜300	639	510	⎱956
	フラクトース	410〜200	124	450	⎰
	スクロース	t	118	t	—
	スタキオース	—	11	—	—
	リボース	—	5	—	—
	合計	1,110〜860	897	960	956

A：北海道・日本（*Betula playphylla* var. *japonica*，含有量の経日変化を追った．溢出初期に糖濃度が高いが，後期になって糖濃度の低下が見られる．フラクトースの消失がグルコースに比べて早い），B：オルシャウセントル・ドイツ（*Betula pedula* Roth[8]），C：忠清北道・韓国（*Betula playphylla* Sukatschev[9]），D：吉林省・中国（*Betula playphylla* Sukatschev，還元糖として定量[4]）．

の主な無機成分と含量を示した[4, 6, 7]．表 1-6 に，シラカンバ溢出樹液中の主な糖成分を示した[4, 8, 9]．表 1-7 に，シラカンバ溢出樹液中の主なアミノ酸を示した[4, 5, 8, 10]．

　シラカンバ樹幹に穿孔した際に，樹液を大量に溢出することを述べたが，こ

第1章 木材の組成と生成

表1-7 シラカンバ溢出樹液中の主なアミノ酸含有量 [4, 5, 8, 10]

	Glu	Asp	Met	Val	Pro	Tyr	Phe	Ile	Leu	Lys	Gly
長白山	10.5	0.67	0.15	0.67	0.12	0.23	0.34	0.62	0.3	0.29	0.17
小興安嶺	28.9	5.53	3.26	1.59	0.78	1.79	0.40	t	0.59	t	t
ハルピン	10.6	1.52	0.58	0.77	0.28	0.11	0.39	0.64	0.50	0.47	0.38
北京	15.9	2.38	2.87	1.45	0.47	0.25	0.46	0.67	0.41	0.82	0.39
北海道	8.8〜31.3	3〜5	0.22	2.20	0.91	0.95	1.43	1.99	1.15	1.07	1.04

長白山[4]、小興安嶺[5]、ハルピン[8]、北京[10]、北海道：含有量の経日変化を追跡した．量の少ないアミノ酸は，経時変化中の最大含量を示した．一般的に，溢出初期には濃度は低く，溢出後期に濃度が高まる傾向がある．

の樹液溢出という生理反応には，根の弛みない吸水作用の働きが必要で，根へ大きな浸透圧ストレスがかかっているはずである．シラカンバ樹液タンパク質のSDS電気泳動図中，22kダルトンのタンパク質は，トウモロコシ，アサ，トマトなどに塩害などの根への浸透圧ストレスを与えた際に生成する抗菌性タンパク質との相同性が高かった（68〜74％）[11]．

シラカンバの溢出樹液中のタンパク質が，果たして根の浸透圧ストレスによって新生したものか，あるいはもともと存在していたのものか，はなはだ興味深い．また，そのほかの含有タンパク質の性状や，樹液含有タンパク質を摂取した動物への生理的影響などが研究課題として残っている．

5) 溢出樹液中の化学成分の季節変化

樹液の溢出は，開花・開葉前の1ヵ月間にのみ観察される．溢出初期に比べて溢出終期は，無機成分含量（表1-6）やアミノ酸含量が大きく増加している（表1-7）．このことが，微妙な味の変化に関連し，溢出初期にはさっぱりとした味の樹液が得られるが，溢出後期には味が濃くなり，ときに渋みを感じさせる．

雪が消えるとともに，土壌バクテリアや天然酵母が急激に増加し，樹液の変性が激しくなる．樹液飲料を製造する際の品質管理の観点から，商業的樹液採取は雪の消失とともに停止する．

開花，開葉とともに葉や花から蒸散する水分量が増大するために，樹液の溢

出は停止する．陽が出るとともに，葉からの蒸散量に応じて樹幹は収縮する．この樹幹の収縮は夜間に回復し，日の出の直前に，前日よりも少し膨張する．この膨張量が，前日の光合成により獲得した炭素を利用した樹幹の成長量となる．

6）樹液の効用

民間伝承的ながら，シラカンバの溢出樹液は，飲用することで各種の症状

表 1-8 シラカンバ樹液の国別効能一覧 [12]

症　状	日本	韓国	中国	フィンランド	ロシア	Symptoms
胃　炎		○			○	Gastritis, gastroenteric
神経痛		○				Neuralgia
産後症		○				Pain after childbirth
火傷消炎	○					Burnantiphlogistic, scald anti-flammatric
便　秘	○	○				Constipation disorder
扁桃腺炎	○	○				Tonsillitis (cf. the amygdalae)
リューマチ	○	○			○	Rheumatism
痛　風	○	○	○	○	○	Gout
利　尿	○	○	○	○		Urinary problem
止　咳	△		○			A remedy for cough
解　熱	△		○			Antiferbile (antipyretic)
高血圧	△	○		○		Hypertension, high blood pressure
関節炎		○	○	○		Arthritis
水腫（浮腫）		○	○		○	Oedema
壊血病		○		○		Scorbutus (cf. ascorbic acid)
腎　病			○	○		Kidny problem
萎縮性潰瘍（ただれ）				○	○	Atrophic ulcers
解　毒			○			A toxicide, detoxication
結核病			○			Tuberculosis
ニキビ洗顔			○			Washing water for pimpled face
肥満防止				○		Control of obesity
結合織炎				○		Control of cellulite
化膿性傷害					○	Pulurent wound

日本（森の雫の評判, 壮快, 9 月号, 1994），韓国（民間伝承, ソウル大学, 林業研究院, 1992），中国（民間伝承, 北京林業大学, 1990），フィンランド（民間伝承, *Fomes nigricans* と樹液ががんの予防に効く），ロシア（G. Drazdova；樹液の薬理効能, Proc. of the 1st ISSU, 1995）．

第1章　木材の組成と生成

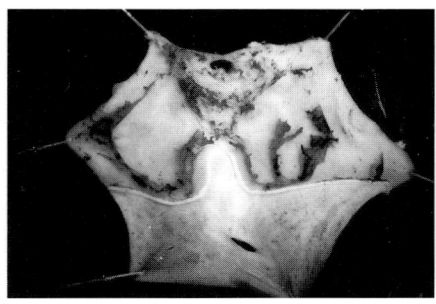

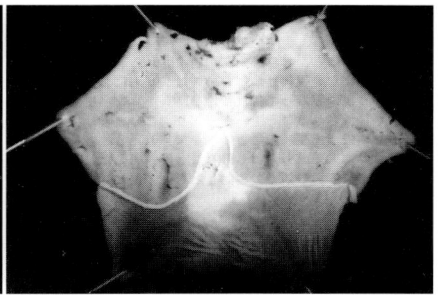

図 1-33　ラットの拘束水漬ストレス負荷による胃潰瘍性出血の比較
左：水道水を飲料として与えたラット，右：シラカンバ樹液を飲料として与えたラット．

に効くとされている（表 1-8)[12]．国によって効果の評価がかなり違う．しかしながら，これらの症状に共通するのは，いずれも活性酸素の関与が云々される点である．事実，シラカンバ樹液にはSOD様の活性（スーパーオキシドアニオンラジカル除去能，抗酸化能）が存在すること（180mlびんでSOD400〜500ユニット相当，除タンパク後にも活性の約1/2が残存)[13]，また，樹液を摂取したマウスやラットに対して，拘束浸水ストレス負荷を与えた際に，胃潰瘍生成や出血量の軽減効果（図 1-33)[13]や，強制水泳をさせた際の水泳時間の延長効果（コントロールの1.5倍）などがあることなどが証明された[13]．一方，赤血球膜中の過酸化脂質量が正常よりも高い値を示している労働条件の悪い成人男子群が，1ヵ月の樹液摂取により，過酸化脂質量が正常値に近付くなどの効果も観察されている[9, 14]．これらの効果は，いずれも樹液の抗酸化能の存在による．これまで，民間伝承的であった樹液の効果が，含有成分による活性酸素のスカベンジ効果として科学的に実証されつつある．今後の研究課題として，さらなる成果を期待したい．

引 用 文 献

1. 木材の組成

1) 原口隆英ら：木材の化学，文永堂出版，1985．
2) 右田伸彦ら（編）：木材化学（上），共立出版，1968．

2. セルロースの生合成

1) Okuda, K. et al.：β-Glucan synthesis in the cotton fiber. I. Identification of (1→4)-β- and (1→3)-β-glucans synthesized in vitro. Plant Physiol. 101:1131-1142, 1993.
2) Lai Kee Him, J. et al.：In vitro versus in vivo cellulose microfibrils from plant primary wall synthases: structural differences. J. Biol. Chem. 277:36931-36939, 2002.
3) Khan, A. W. and Colvin, J. R.：Synthesis of bacterial cellulose from labeled precursor. Science 133:2014-2015, 1961.
4) Hopp, H. E. et al.：Synthesis of cellulose precursors. The involvement of lipid-linked sugars. Eur. J. Biochem. 84:561-571, 1978.
5) Peng, L. et al.：Sitosterol-β-glucoside as primer for cellulose synthesis in plants. Science 295:147-150, 2002.
6) Koyama, M. et al.：Parallel-up structure evidences the molecular directionality during biosynthesis of bacterial cellulose. Proc. Natl. Acad. Sci., USA, 94:9091-9095, 1997.
7) Wong, H. C. et al.：Genetic organization of the cellulose synthase operon in Acetobacter xylinum. Proc. Natl. Acad. Sci., USA, 87:8130-8134, 1990.
8) Pear, J. R. et al.：Higher plants contain homologs of the bacterial celA genes encoding the catalytic subunit of cellulose synthase. Proc. Natl. Acad. Sci., USA, 93:12637-12642, 1996.
9) Arioli, T. et al.：Molecular analysis of cellulose biosynthesis in Arabidopsis. Science 279:717-720, 1998.
10) Lane, D. R. et al.：Temperature-sensitive alleles od RSW2 link the KORRIGAN endo-1,4-β-glucanase to cellulose synthesis and cytokinesis in Arabidopsis. Plant Physiol. 126:278-288, 2001.
11) Hayashi, T. et al.：Cellulose metabolism in plants International Review of Cytology, 2005 印刷中.
12) Nakai, T. et al.：An increase in apparent affinity for sucrose of mung bean sucrose synthase is caused by in vitro phosphorylation or directed mutagenesis of Ser[11]. Plant Cell Physiol. 39:1337-1341, 1998.
13) Ross, P. et al.：Regulation of cellulose synthesis in Acetobacter xylinum by cyclic diguanylic acid. Nature 325:279-281, 1987.
14) Hara, M. et al.：Inhibition of the biosynthesis of plant cell wall materials, especially cellulose biosynthesis, by coumarin. Plant Cell Physiol. 14:11-28, 1973.

3. ヘミセルロースの生合成

1) Reiter, W.-D.：Current Opinion in Plant Biol., 11, 236-243, 2008.

2) Konishi, T. et al.：Glycobiology, 17, 345-354, 2007.
3) Mohnen, D.：Current Opinion in Plant Biol., 11, 266-277, 2008.
4) Stering, J. D. et al.：Proc. Natl. Acad. Sci., USA, 103, 5236-5241, 2006.
5) O'Neill, M. A. et al.：Annu. Rev. Plant Biol., 55, 109-139. 2004.
6) Egelund, J. et al.：Plant Cell, 18, 2593-2607, 2006.
7) Pauly, M. and Keegstra, K.：Plant J., 54, 559-568, 2008.
8) York, W. S. and O'Neill, M. A.：Opinion in Plant Biol., 11, 258-265, 2008.
9) Ishii, T.：Plant Sci., 127, 111-127, 1997.

4．リグニンの生合成

1) Jung, H. G. and Deetz, D. A.：Forage cell wall structure and digestibility.（eds. by Jung, H. G. et al.）ASA-CSSA-SSSA, p.315-346, 1993.
2) Takabe, K. et al.：Mokuzai Gakkaishi, 12, 813-820, 1981.
3) Fukushima, K. and Terashima, N.：Holzforschung, 45, 87-94, 1991.
4) 堤　祐司：木質の形成, 福島和彦ら（編）, 海青社, 大津, pp.219-230, 2003.
5) Chapple, C.：Plant Mol. Biol., 49, 311-343, 1998.
6) Shoch, G. et al.：J. Biol. Chem. 276, 36566-36574, 2001.
7) Humpphreys, J. and Chapple, C.：Curr. Opin. Plant Biol. 5, 224-229, 2002.
8) Grand, C.：FEBS Lett., 169, 7-11, 1984.
9) Meyer, K. et al.：Proc. Natl. Acad. Sci. USA, 93, 6869-74, 1996.
10) Higuchi, T.：Wood Sci. Technol., 24, 23-63, 1990.
11) Ye, Z. H. et al.：Plant Cell, 1427-1439, 1994.
12) Li, L. et al.：J. Biol. Chem., 275, 6537-6545, 2000.
13) Humphreys, J. M. et al.：Proc. Natl. Acad. Sci. U S A, 96, 10045-50, 1999.
14) Chen, F. et al.：Planta, 207, 597-603, 1999.
15) Matsui, N. et al.：Planta, 210, 831-835, 2000.
16) Kutsuki, H. et al：Phytochemistry, 21, 267-271, 1982.
17) Yamauchi, K. et al.：Planta, 216, 496-501, 2003.
18) Hamada, K. Et al.：Journal of Plant Research, 117, 303-310, 2004.
19) Gross, G. G. and Kreiten, W.：FEBS Lett., 54, 259-262, 1975.
20) Sarni, F., et al.：Eur. J. Biochem., 139, 259-265, 1984.
21) Goffner, D. et al.：Plant Physiol., 106, 625-632, 1994.
22) Luderitz, T. and Grisebach, H.：Eur. J. Biochem., 119, 115-24, 1981.
23) Dixon, R. A. et al.：Phytochemistry, 57, 1069-1084, 2001.
24) Li, L. et al.：Plant Cell, 13, 1567-1586, 2001.

25) Tsuji, Y. et al.：Planta, 222, 58-69, 2005.
26) 重松幹二：木質の形成, 福島和彦ら（編）, 海青社, 大津, pp.231-239,2003.
27) Karhunen, P. et al.：Tetrahedron Lett., 36, 169-170, 1995.
28) Ralph, J. et al.：Tetrahedron Lett., 39, 4963-4964, 1998.
29) Sakakibara, A.：Wood Sci. Technol., 14, 89-100, 1980.
30) Akiyama, T. et al.：Holzforschung, 59, 276-281, 2005.

5．抽出成分の生合成
1) 梅澤俊明：化学と生物 43, 461-467, 2005.
2) 三川　潮：代謝（山谷知行 編）, 朝倉書店, 東京, pp.136-144, 2001.
3) 高橋征司, 古山種俊：化学と生物 43, 296-304, 2005.
4) 河合真吾：木質の形成（福島和彦ら 編）, 海青社, 大津, pp.290-296, 2003.
5) 光永　徹：木質の形成（福島和彦ら 編）, 海青社, 大津, pp.296-300, 2003.

6．樹液の化学
1) 佐藤大七郎, 堤　利夫（編）：樹木 - 形態と機能 -, 文永堂, 1978.
2) 畑野健一, 佐々木惠彦：樹木の生長と環境, 養賢堂, 1987.
3) Terazawa, M. et al.：Phenolic Compounds in the Living Tissues of Woods I. Phenolic-β-glucosides of 4-hydroxycinnamiyl alcohol derivatives in the cambial sap of woods, Mokuzai Gakkaishi, 30(4), 322-328, 1984.
4) 吉林省中医中薬研究院中薬研究所薬理研究室, 白樺樹液の理化学的分析
5) 国龍江省軽工業化学研究所, 小興安嶺地区白樺樹液分析結果
6) Nie, S. et al.：The Development and Utilization of Birch Resources and Birch Sap of Heilongjiang Province, China, in "Tree Sap"(eds. by Terazawa, M. et al.), Hokkaido University Press, pp.23-28, 1995.
7) Drazova, G. A.：Biological Activity of Birch Sap, in "Tree Sap II "(ed. by Terazawa, M.), Hokkaido University Press, pp.153-140, 2000.
8) Sauter, J. J. and Ambrosius, T.：Changes in the Partitioning of Carbohydrates in the Wood during Bud Break in Betula pendula Roth, J. Plant Physiol., 123, 31-43, 1986.
9) Seung-Lak and Jong-Soo, Jo：Sap Utilization and Sap Tapping Species in Korea in "Tree Sap"(eds. by Terazawa, M. et al.), Hokkaido University Press, pp.23-28, 1995.
10) Li, J. and Gao, R.：Chemical Constituents and Preservation of Birch Sap, in "Tree Sap"（eds. by Terazawa, M. et al.), Hokkaido University Press, pp.99-103, 1995.
11) Jiang, H. et al.：Proteins in the Exudation Sap from Birch Trees, Betula platyphylla var. japonica Hara and Betula verrucosa Her., Eurasian J. of Forest Research, 2:59-64, 2001.

12) Terazawa, M. : Shirakamba Birch, Splendid Forest Biomass-Potential of Living Tree Tissues-, in "Tree Sap"(eds. by Terazawa, M. et al.), Hokkaido University Press, pp.7-12, 1995.
13) Shen, Y. et al. : Preventative Properties of Birch Sap Against Oxidative Stress in Rats, in "Tree Sap II "(eds. by Terazawa, M. et al.), Hokkaido University Press, pp.149-153, 2000.
14) Galina, A. et al. : Some Aspect of Pharmacological Activity of Birch Sap and Birch Drug-Preparations, in "Tree Sap"(eds. by Terazawa, M. et al.), Hokkaido University Press, pp.85-89, 1995.

第2章 セルロースの化学

1. セルロースの化学構造

　セルロースは植物乾燥重量の 40 〜 70％を占める主成分であり，D-ブドウ糖（D-グルコース, D-glucose）からなる多糖で，「D-グルコピラノース（6員環）が β-1,4 グリコシド結合した鎖状ホモ多糖」と定義できる．1839 年に Payen が植物細胞膜の主成分を「セルロース（cellulose）」と命名し，1928 年に報告された Haworth らの酸加水分解物の構造解析などによってセルロースの基本化学構造が決定された．しかし，実際のセルロース素材・材料を扱ううえでは，「還元性末端の存在」，「グリコシド結合の特性」，「水酸基の特性」，「分子量，分子量分布（あるいは重合度，重合度分布）」，「セルロース純度」，「微量カルボキシル基量，アルデヒド基量」などが化学構造に関連して重要になる．さらには，立体配座，分子内・分子間水素結合，疎水結合形成，結晶構造，非晶領域分布など，高次構造を含む多くの因子が最終的にセルロースの特性および性能を支配する．

1）基本化学構造

　単糖であるブドウ糖の大部分は，水溶液中で C-1 位のアルデヒド基と分子内の C-5 位の水酸基間で β 型あるいは α 型のヘミアセタール（hemiacetal）結合

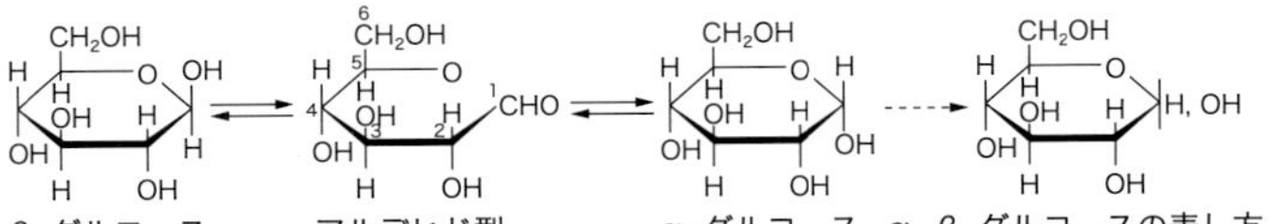

図2-1 水溶液中でのブドウ糖の化学構造

を形成し，6員環（ピラノース）として存在している（図2-1）．ヘミアセタールを形成しているブドウ糖は，水溶液中で平衡状態にあるアルデヒド基として挙動し，還元性を示す．

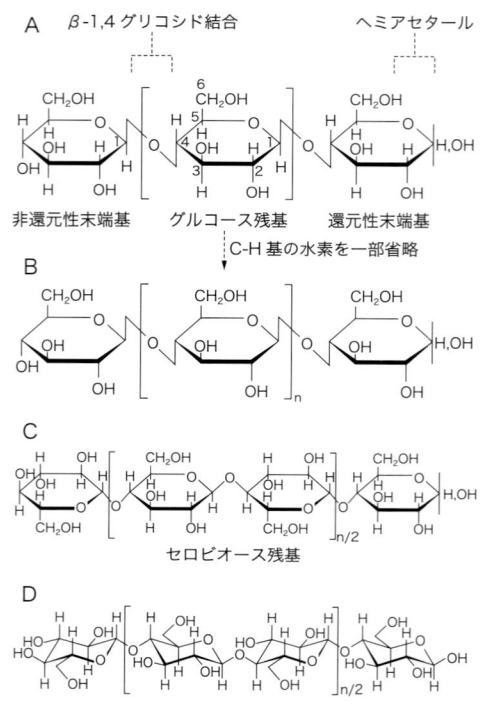

　一方，多糖であるセルロースの基本化学構造の代表的な記述例を図2-2A〜Dに示すが，立体的なセルロース分子の構造を紙面のような平面上に一義的に記述するには限界がある．セルロース1分子は，ヘミアセタールとして還元性を示す還元末端（reducing end）と還元性を示さない非還元末端（non-reducing end）を両端に有し，中間のブドウ糖残基のC-2位，C-3位に2級の，C-6位に1級のアルコール性水酸基を持つ．それそれのブドウ糖残基間はアセタール（acetal）の一種であるβ-(1→4)-グリコシド結合（glycoside bond）

図2-2 セルロースの基本化学構造

で結ばれている．したがって，グリコシド結合は酸性下で開裂して低分子化しやすく，中性～アルカリ性条件下では安定という特徴を有する[1]．

セルロース中のブドウ糖残基の3水酸基は，図2-2Dのようにすべて外側（エカトリアル）に向けて配座し，C-H基は軸上（アキシャル）型に配座したイス型構造をとるのがエネルギー的に安定である．セルロース中のブドウ糖残基が図2-2Dのような立体配座をとった場合には，セルロース鎖はC-H基の多い疎水性部分とO-H基の多い親水性部分からなる．

図中の（n + 2）がセルロース分子の重合度（degree of polymerization, DP）となり，162 × DP + 18 がセルロースの分子量（molecular mass）となる．セルロースの重合度，分子量測定については本章 4.「セルロースの高分子的性質」で説明する．

2）セルロース含有量測定

木材など植物中のセルロース含有量の測定法はJISに準拠している[2]．有機溶剤可溶成分を抽出および除去したのち，pH4～5の水溶液中，亜塩素酸ナトリウムで，場合によっては繰返し加熱処理してリグニン成分を選択的に分解および除去する．得られたホロセルロース（holocellulose）を17.5％水酸化ナトリウム水溶液に浸漬し，可溶部分を除去した不溶残渣部分の重量を α - セルロース含有量（％）として，セルロース含有量あるいはセルロース純度の目安とする．詳細については，3.「セルロースの分離と精製」で説明する．

3）各種セルロース試料と特徴

世界共通の標準セルロース試料はないが，木材漂白化学パルプあるいは綿リンターを希酸加水分解した微結晶セルロース，精製した綿リンター由来の濾紙パルプなどが市販の標準的高純度セルロースとして扱われている．また，さまざまな特徴のあるセルロース試料が，実験室レベルで単離および精製あるいは調製されている．代表的なセルロース試料とその特徴を表 2-1 に示す．

表 2-1 に示すセルロース試料の多くは，非セルロース成分の存在を無視して

表 2-1 各種セルロース試料の特徴 [1]

試料	起源	α-セルロース	結晶形 (%)	結晶化度 (%)	重合度 DP
<市販品>					
リンターセルロース	綿	>95	セルロースI	80	500〜5,000
漂白クラフトパルプ	針葉樹材	>85	セルロースI	60	1,000〜2,000
	広葉樹材	>85	セルロースI	60	800〜1,500
微結晶セルロース粉末	綿	>98	セルロースI	85	200〜300
微結晶セルロース粉末	針葉樹材	>96	セルロースI	80	200〜300
ビスコースレーヨン	針葉樹材	>95	セルロースII	24	約400
銅アンモニアレーヨン	綿	>95	セルロースII	46	約600
<非市販品>					
バクテリアセルロース	酢酸菌	>95	セルロースI	80	>5,000
藻類のセルロース	藻類	>95	セルロースI	95	>5,000
ホヤセルロース	ホヤ	>95	セルロースI	95	>5,000
低重合度セルロース	綿, 木材	>98	セルロースII	80	7, 15
ボールミル粉砕非晶セルロース	綿, 木材	>98	非晶	0	>50

扱っても問題ない場合が多い．しかし，厳密にはどのように精製しても完全に純粋なセルロースを得るのは難しい．すなわち，酸加水分解による構成糖分析では，ブドウ糖のほかに微量のキシロース，マンノースなどが常に検出される．その原因として，これらの残存非セルロース成分とセルロース主成分間の化学結合の可能性，強固な物理吸着の可能性などが検討されている．

4) セルロース中のカルボキシル基およびアルデヒド基量

図2-2で示されるセルロースの基本化学構造の官能基としては還元末端のアルデヒド基と無数の水酸基のみである．しかし，実際のセルロース試料中にはそれら以外にもケトン基，カルボキシル基などの官能基がわずかながらに存在する．カルボキシル基はセルロースの単離（パルプ化），精製（漂白）の過程で，還元末端のアルデヒド基の酸化あるいはC-6位の1級水酸基の酸化によって主に生成する．カルボキシル基のpKaは4.5付近であり，pHが5以上の水中では解離して-COO⁻型になることにより，固体セルロースがマイナスの表面荷電を有する原因となる．固体セルロースの水中でのイオン交換能，カチオン性成分の静電的な相互作用による吸着挙動などは，カルボキシル基に支配さ

第2章 セルロースの化学

表 2-2 各種セルロース試料中のカルボキシル基,アルデヒド基含有量 [1)]

	α-セルロース (%)	カルボキシル基量 (meq/100g)	アルデヒド基量 (meq/100g)
針葉樹漂白亜硫酸パルプ	88.5～96.0	2.67～3.69	0.39～1.38
針葉樹漂白クラフトパルプ	86.0～94.2	1.88～3.04	0.00～0.52
広葉樹漂白亜硫酸パルプ	90.0～91.0	3.40～3.83	0.87～1.20
広葉樹漂白クラフトパルプ	85.7～87.8	4.70～8.72	1.08～2.26
リンターセルロース	＞98.0	＜1.00	＜1.00

れる.アルデヒド基,ケトン基の存在は,着色やアルカリ性条件下でのセルロースの分子量低下などに関与する.中和滴定,伝導度滴定によって得られた各種セルロース(パルプ)中のカルボキシル基量,アルデヒド基量の例を表2-2に示す.

2. セルロースの結晶・微細構造

1)セルロース I

　天然セルロース,セルロース I (cellulose I)は,原形質膜上のセルロース合成酵素複合体で重合されたのち結晶化していく.合成酵素はアミノ酸配列に相同性の高いCesAと呼ばれる酵素群の集合体であり,β-1,4結合を形成する糖転移反応を行っている.バクテリアのセルロース合成では伸張するセルロース分子の非還元末端側にモノマーであるUDP-グルコースが付加重合される[1)].高等植物の場合は細胞膜にUDP-グルコースの供給を促進するスクロース合成酵素の存在も知られ,効率的にこの過程を活性化する仕組みが存在する.高等植物では,ロゼット型のセルロース合成酵素複合体から約36本の分子鎖が合成されているというモデルが一般的であり,幅3～4nmのミクロフィブリルが基本単位であると考えられている.一方,海藻やホヤでは分子鎖1,000本以上からなる太いミクロフィブリルを合成する.一例として,木材と緑藻海藻のセルロースミクロフィブリルの比較を図2-3に示す.

　永い間,セルロースはセルロース I という固有の結晶構造で説明されてき

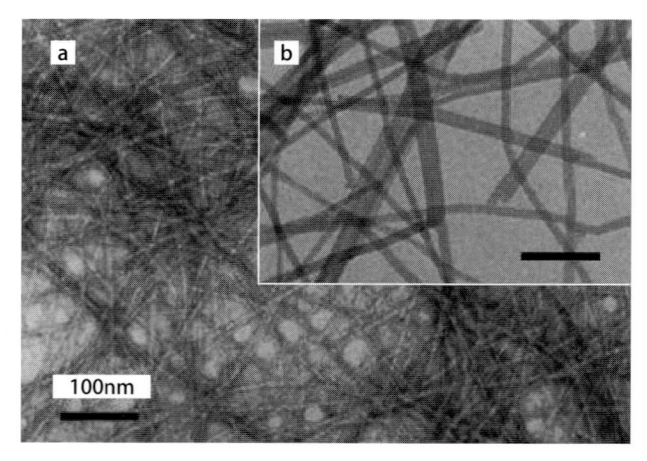

図 2-3 木材ホロセルロース (a) と緑藻バロニア (b) のミクロフィブリルの比較
(Hult, E. L. et al., 2003 より改変)

たが，1980年代の初め，高分解能の固体NMRが得られるようになって，天然セルロースはI_αとI_βの混合物であると提案された[2]．この考えは，電子線回折によりそれぞれの結晶単位格子が明らかにされたことで一般に受け入れられ[3]，今日の天然セルロースのモデルが提案されるに至っている．

また，I_αの成分はバクテリアや緑藻海藻，I_βの成分は高等植物やホヤセルロースの主成分である．また，I_αは200℃以上の高温下に置かれると，約6%の結晶格子の膨張を経てI_βに不可逆的に変態する．

2）セルロースⅡ

美しく強靭なシルクを人工的に作る試みは，19世紀以来多くの試みがなされており，その中でマーセル化（mercerization）が最もよく知られている．この処理により，絹光沢や強度および染色性の向上がもたらされる．マーセル化のプロセスは英国人のJohn Mercerにより1844年に発見され，天然セルロース繊維を濃アルカリ溶液で短時間処理したのち，これを水洗，乾燥させるという簡単な原理に基づく．その際の変化は顕微鏡で見ると著しく，綿，靭皮繊維，

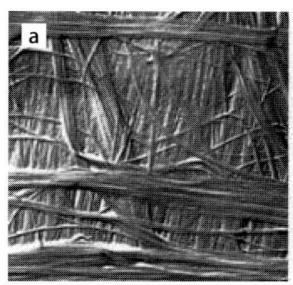

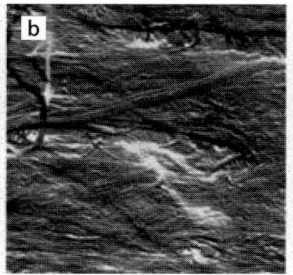

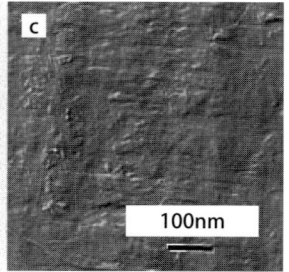

図 2-4 バロニアの細胞壁を 8N 水酸化ナトリウムで処理したときの形態変化
(Kim, N. H. et al., 2006)

木材繊維などは直径方向に大きく膨潤し，長さ方向に旋回しながら縮む[4]．膨潤はセルロース結晶の内部にまで進行して（ミセル内膨潤）セルロース‐アルカリ複合体（cellulose-alkali complex）を形成する．複合体にはいくつかの遷移状態の構造が知られており[5]，水洗してアルカリを除いて乾燥させることでマーセル化が完了する．また，銅アンモニア溶液や銅エチレンジアミン溶液にセルロースを一度溶解したのち，酸で中和してもセルロースが再生される．一般に，セルロース溶液から貧溶媒に投入することでセルロースが再生する．

これらはセルロースⅡ（cellulose Ⅱ）と呼ばれる結晶構造を形成し，前者をマーセル化セルロースⅡ（mercerized cellulose Ⅱ），後者を再生セルロースⅡ（regenerated cellulose Ⅱ）と区別することがある．一度セルロースⅡが形成するとセルロースⅠには再変態しないので，このプロセスは不可逆的である．マーセル化処理により，セルロースミクロフィブリルは本来の形態を失うほど変化する．セルロース微結晶を処理した場合は，球状，塊状または扁平なリボン状のような構造物が生ずる．例えば，マーセル化の過程を海藻の細胞壁で調べてみると，図 2-4 のようにフィブリルが融合するかに見える[6]．このように，マーセル化の過程で観察されるミクロフィブリルレベルでの変化は，次に述べるセルロースⅢと大きく異なる．

3) セルロース Ⅲ

一方，液体アンモニアによる処理も，古くは綿繊維の染色性としなやかさの向上に，また形状記憶の衣類などの処理に工業的に用いられている．この処理では繊維の形態に変化がないことがマーセル化と大きく異なるが，結晶内部では著しい膨潤が進行し，セルロース-アミン複合体（cellulose-amine complex）を形成する．液体アンモニアによる処理は，複合体形成後にアンモニアが気化することによって，またアルキルアミン，ジアミン類もセルロースⅠの単斜晶でいう（1$\bar{1}$0）面が広がるように挿入配位して複合体を形成し，これを水またはアルコールで洗浄したのち乾燥させるとセルロースⅢが形成される．セルロースⅠとⅡから調製したセルロースⅢを区別して，Ⅲ$_I$，Ⅲ$_{II}$と表す．セルロースミクロフィブリルレベルでは，膨潤と解膨潤またその繰返し処理により，細繊化（結晶領域の長さ方向に亀裂が入る）が起こるが，熱水処理によっ

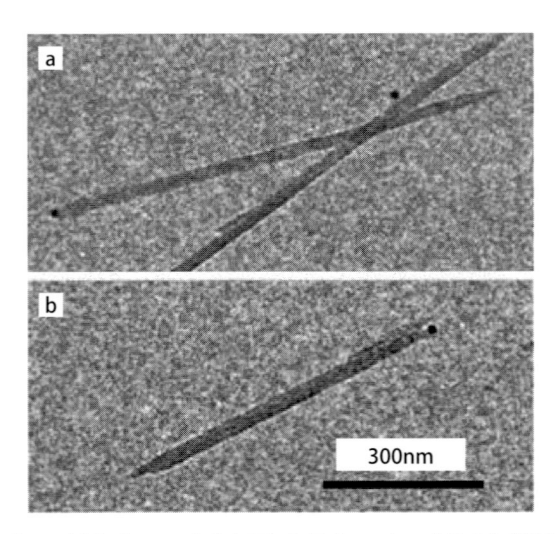

図 2-5 バロニアセルロースⅠとⅢ$_I$のミクロフィブリルに還元末端ラベルを施したもの
片端にラベルが見られるので，分子は同じ向きに充填されている．（Kim, N. H. et al., 2006）

てⅢ型は元の結晶型に戻るので，Ⅲの形成プロセスは可逆的である．

超臨界状態の液体アンモニア処理は処理による結晶性の低下がないため[7]，海藻セルロースにこの処理を施し，220℃の高温水蒸気処理（hydrothermal treatment）で元に戻すという，Ⅰ→Ⅲ$_I$→Ⅰの変態過程を調べると，すべての結晶変態が1本のミクロフィブリル内部で進行することがわかる[6]．

セルロースⅣは，グリセロール中で280℃に加熱するなどして得られる[8]．特にⅠ型を出発とした場合，分析的には結晶性に乏しいⅠ$_β$型に類似した情報を与えるため，Ⅳ$_I$は存在しないとする見方もある[9]．Ⅳ$_{II}$型に関しては，低分子量のセルロースから単結晶が調製されているので[10]，その存在には疑いはないが結晶性の高いサンプルが調製されないため不明な点が多い．

4）多形間での可逆性および不可逆性

すでに述べたように，セルロースの多形間では可逆的なプロセスと不可逆的なプロセスがある．可逆的反応はⅠ$_β$からⅢ$_I$，ⅡからⅢ$_{II}$であり，不可逆的変態はⅠ$_α$からⅠ$_β$，Ⅰ$_α$およびⅠ$_β$からⅡへのプロセスである．Ⅰ$_α$からⅢ$_I$についても最終的にⅠ$_β$が形成されるので不可逆である[11]．それらをまとめたのが図2-6であるが，Ⅰ型を出発とするグループとⅡ型を出発とするグループ間で可逆性がなく，このプロセスは分子の充填様式が平行鎖（parallel packing），逆平行鎖（antiparallel packing）と異なることに起因すると推定されている．グルー

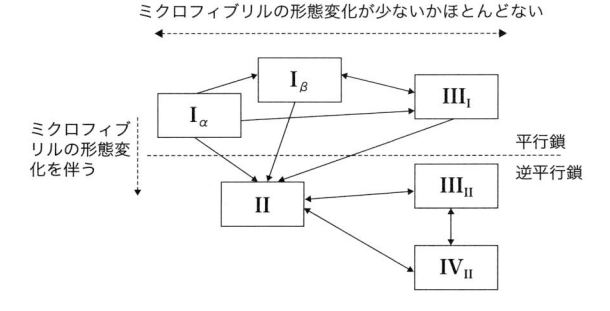

図2-6 セルロース結晶多形間での相互変態について

プ内では，I_αとI_βが不可逆である点が未解決であり，生合成や結晶化の仕組みを考えるうえで重要と推定される．

5）分光法による解析

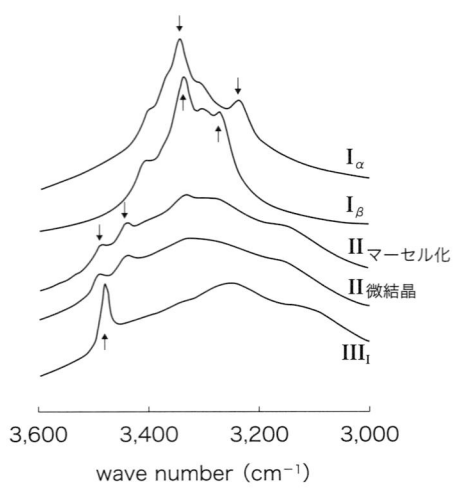

赤外分光法（infrared spectroscopy）によるセルロースの水素結合（hydrogen bonding）に関する研究は古い．特に 3,600cm^{-1} から 3,000cm^{-1} の OH 伸縮振動の領域（OH stretching region）において，セルロース結晶の多形（polymorphs）には図2-7に示すように大きな差が認められる．これらの吸収バンドは分子内・分子間水素結合の違いを反映している．また，偏光を用いて吸収バンドの配向が調べられ，分子鎖方向に平行な吸収を∥，垂直な吸収を⊥と表記する．セルロースⅠについては強い吸収が 3,340〜3,350（∥）cm^{-1} に，I_α，I_βを問わず見られる．一方，セルロースⅡでは 3,488（∥）と 3,447（∥）cm^{-1} に2本認められ，セルロースⅢ$_1$では，3,481（∥）cm^{-1} に鋭い1本の吸収のみが認められるのが特徴である[12]．同様な特徴はラマン分光においても認められる．また，I_α，I_β それぞれに特徴的なバンドが 3,270（∥）cm^{-1} 付近（I_β）と 3,240（⊥）cm^{-1}（I_α）付近にある[13]．

図2-7 セルロース結晶多形の赤外線吸収スペクトル

試料は灰色藻類のグラウコキスティス（I_αが90％以上）[15]，尾索動物のホヤ（ほぼI_β），マーセル化ラミーセルロース，重合度15のセルロースⅡ単結晶，超臨界アンモニア処理で調製した結晶性の高いセルロースⅢ$_1$である．（堀川祥生氏，和田昌久氏提供）

第 2 章 セルロースの化学

マーセル化ラミーには 3,350 ～ 3,200cm^{-1} にピークが認められるが，これは残存するセルロース I に起因する．一般に，マーセル化を完全に行うには反応温度を下げる，あるいは処理を繰り返し行う．

図 2-8 は同様の試料の ^{13}C NMR（^{13}C nuclear magnetic resonance）スペクトルである．ここでは，グルコースの C1 から C6 の 6 種類の炭素の共鳴線が現れている．化学シフトの大きいものから C1，C4，C2, 3, 5 の一群，最後に C6 と帰属される．各カーボンについて化学シフトをまとめたのが表 2-3 である．セルロース III$_I$ 以外はすべて 1 ないし 2 つの共鳴ピークがあることがわかる．これは，結晶の単位周期内に同じ炭素番号であるが性質の異なるものが 2 種類ある，すなわち 2 種類のグルコース単位があることを意味する（詳細な帰属は Kono らによる）[15, 16]．逆に，セルロース III$_I$ は共鳴線が 6 本しかないので，1 種類のグルコース単位が基本であることがわかる．

さらに，これら結晶多形に特徴的なことは，C6 の化学シフトである．図からも明らかなように 65ppm 付近の I 型と，62 ～ 3ppm 付近の II，III 型に区別される．コンホメーション角と化学シフトの相関を調べたところ [17]，C6 の位置は前者が *tg*，後者が *gt* であると推定される．ここで，*tg* とは O6 の C5-C6 周りの回転で，O5 に対してトランス（t），C4 に対してゴーシュ（g）

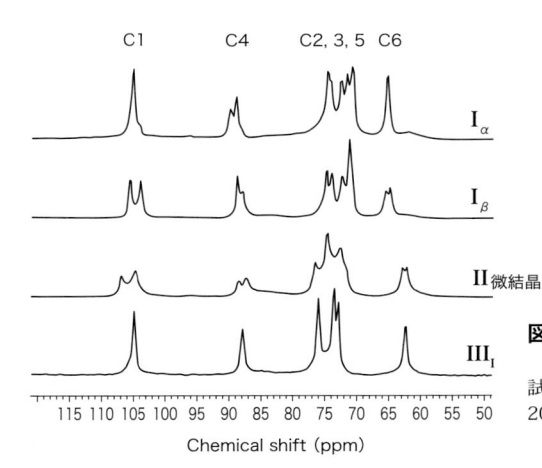

図2-8 セルロース結晶多形の ^{13}C NMR スペクトル [16]
試料は図 2-7 に同じ．（Wada, M. et al., 2001）

表 2-3 セルロース結晶多形の化学シフト

セルロース結晶多形	化学シフト (ppm)		
	C1	C4	C6
I$_\alpha$	105.0	89.7, 88.8	65.3
I$_\beta$	105.7, 103.9	88.7, 88.0	65.5, 64.9
II	107.0, 104.7	88.4, 87.3	62.9, 62.2
III$_I$	104.8	87.8	62.3

の位置にある場合をいう.

6) 電子線, X線, 中性子回折法による解析

図 2-9 に, セルロース結晶多形の X 線繊維回折 (X-ray fiber diffraction) 図を示す. I$_\alpha$ と I$_\beta$ においては第一層線, 第三層線に強度の異なる回折点が見られることと, I$_\alpha$ の方が回折点が少ないことが特徴である. 一方, II と III$_I$ では子午線反射に注目すると, III$_I$ では 002 が強いのに対して, II では 004 が強い, さらに赤道反射では II には 3 つの強い回折が見られるのに対し, III$_I$ では 2 つであることから見分けることができる.

このような繊維図より, 各回折点の位置情報から単位格子 (unit cell) を決定し, 強度情報から単位格子内部の原子の座標を求める. ここで用いる回折理論は, 線源に用いる電磁波の性質によらず共通の理論が適用される. しかし, 電磁波の種類によって見える対象が異なり, 例えば中性子回折 (neutron diffraction) は核との作用であり, また水素と重水素の位相が反対でしかも大きな散乱をもたらすため, 電子線回折 (electron diffraction) や X 線回折では見えない水素の位置を特定することができ, セルロースの水素結合様式の精密化に多大な貢献をした [18, 19, 20, 21].

7) セルロース結晶多形のモデル

表 2-4 に各多形の格子定数 (lattice constant) を示す. また, 併せて平行鎖, 逆平行鎖の区別, 格子内部に含まれる分子の数, 結晶密度も示す. 平行鎖の場合は, 還元末端 (reducing end) の向きと c 軸の向きが一致するパラレルアッ

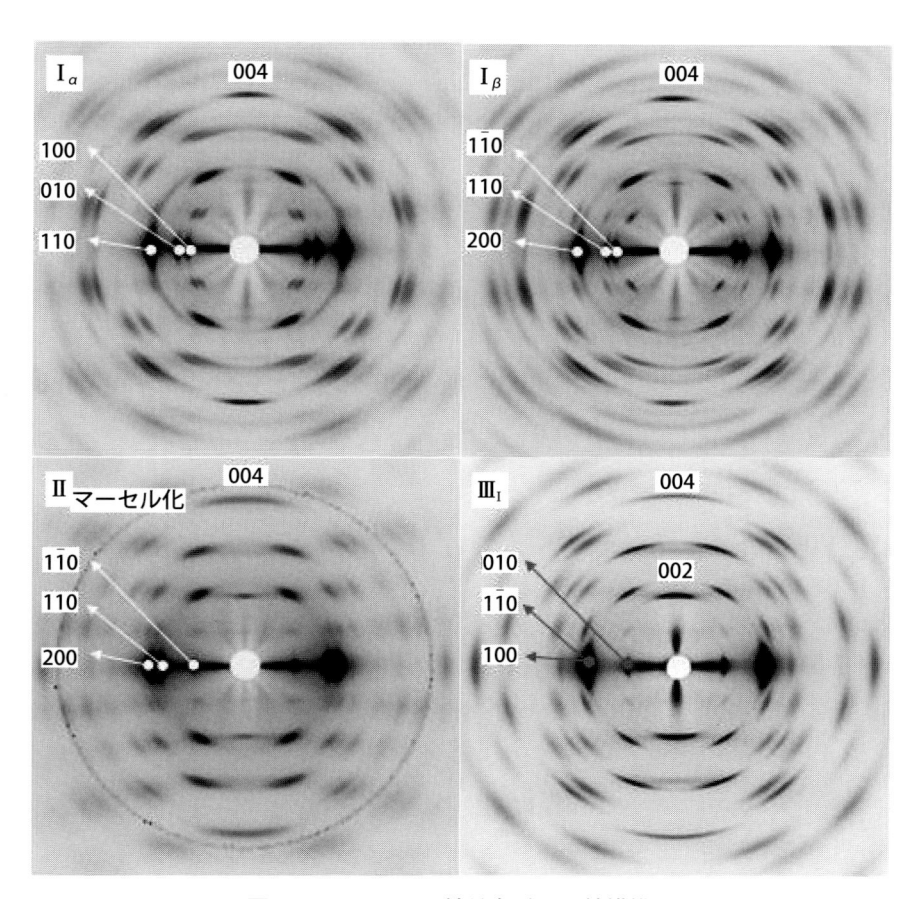

図 2-9 セルロース結晶多形のX線繊維図
試料は図 2-7 に同じ．（写真提供：和田昌久氏）

表 2-4 セルロース結晶多形の格子定数

		分子鎖の本数	格子定数（Å, degree）						結晶の密度	文献
			a	b	c	α	β	γ		
I_α	P "up"	1	6.717	5.962	10.400	118.08	114.80	80.37	1.61	18)
I_β	P "up"	2	7.784	8.201	10.380	90.00	90.00	96.50	1.63	19)
II	AP	2	8.010	9.040	10.360	90.00	90.00	117.10	1.60	20)
III_I	P "up"	1	4.450	7.850	10.310	90.00	90.00	105.10	1.54	21)

プ（parallel up）構造である．

結晶の分子鎖方向の投影を図2-10に示す．I_αとI_βに関しては，ミクロフィブリルの矩形断面の角に当たる部分に相当する．図より明らかなように，セルロースI型にはセルロース分子シート（molecular sheet）内にのみ水素結合が認められる．一方，IIおよびIII$_1$では分子シート間にも存在する．また，I型の分子平面はきわめて平面性が高いのに対して，IIおよびIII$_1$では波打っている（ジグザグ分子シート）のが特徴となっている．

セルロースI_αは三斜晶（triclinic）で，単位格子の容積ではI_βの約半分である．三斜晶で全く対称要素がないため，2種類のグルコースで構成される1つのセロビオース単位を含む．図2-11に示すように，いずれのO6もtgの位置にあり，そのため分子内にはO3-H⋯O5とO2-H⋯O6の強い2つの水素結合がある．

セルロースI_βは単斜晶（monoclinic）で，2つのセロビオース単位を含む．この2つは独立な2回らせん軸上に位置するので等しい必要がなく，別個のグルコース骨格が構成単位となる．つまり，1本の分子鎖を見るとすべて同じ

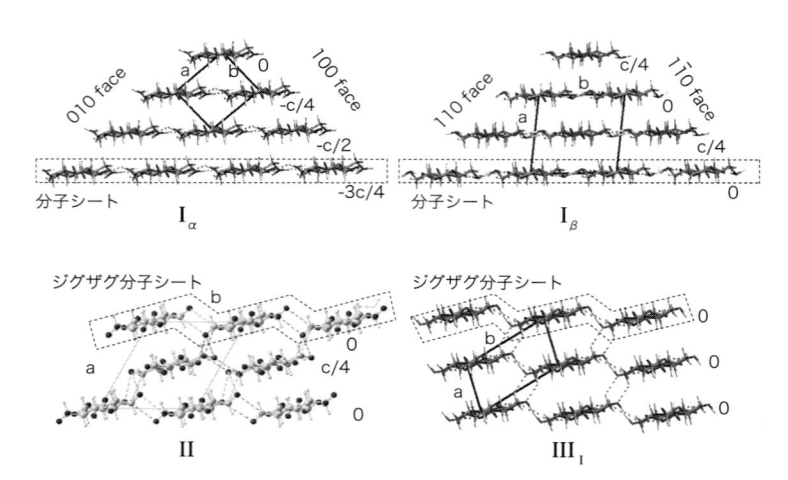

図2-10 セルロース多形間の分子充填と水素結合の違い
分子鎖方向からの投影図．各図の右端の数字は分子シートの分子鎖方向のずれを示す．（表2-4に示した文献より改変，Mazeau, K. 氏提供）

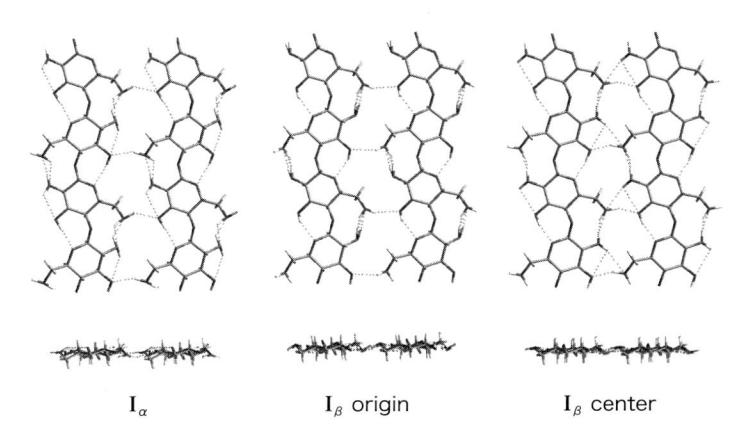

図2-11 分子シート内におけるI_αとI_βの分子内・分子間水素結合様式
（表2-4に示した文献より改変，Mazeau, K. 氏提供）

グルコースであるが，2本を比べると異なる．一般には，単位格子のオリジン（軸の原点の意味）とセンターに位置するという意味でoやcなどの添え字表記で区別される．I_αと同様に，いずれのO6もtgの位置にあり，その結果，分子内にO3-H…O5とO2-H…O6の強い2つの水素結合がある．

分子間水素結合は，I_αもI_βも，セルロースの分子シート内にO3-H…O6が存在する．興味深いことにO6のプロトンの位置には複数の可能性があるため，水素結合様式に乱れが存在する（図において水素結合が2重になっている部分など）．分子鎖の還元末端の方位は，いずれの結晶形の場合もc軸の方位と一致する．

また，分子シート間では，分子鎖方向にc軸長の1/4のずれがある．ただし，I_αでは1方向にずれていくのに対し，I_βではジグザグにずれる．シート間には水素結合はなく，疎水的な相互作用（hydrophobic interaction）やファンデルワールス力（Van der Waals force）が働いている．

セルロースIIは単斜晶で，単位格子の容積はI_βより若干大きい．I_βと同様に，2種類のグルコースを構成単位とする独立な2つのセロビオースがある．

また，2つのセロビオースは互いに，逆方向にc軸長の1/4ずれて充填されている．図2-12に示すように O6 は *gt* の位置にあるため，I型では O5 とのみ作用するプロトンドナーの O3 が，O3-H…O5（主）と O3-H…O6（副）と2方向に分かれて分子内水素結合を形成している．

セルロースIII$_I$は単斜晶で，その中に1つのセロビオースを含む．分子（1種類のグルコース）の骨格はセルロースIIのセンター鎖と類似し，O6 は *gt* の位置にあり，その結果，分子内水素結合は O3-H…O5（主）と O3-H…O6（副）に二股化している．セルロースIIに比べるとドナーとアクセプタ原子間距離の差が小さいので，より等分に分岐していると考えられる．ほかの結晶多形に特徴的な分子鎖方向のずれはなく，分子鎖には直角方向に等価なグルコースが位置している．

分子間の関係を見ると，IIではジグザグ分子シート内に O2-H…O6，O6-H…O2 が，分子シート間では O6-H…O6，O2-H…O2 に分子間水素結合があるのに対し，III$_I$では O2-H…O6，O6-H…O2 分子間水素結合がシート間，シート内で隣接分子鎖を交互につないでいる．また，III$_I$ではI型で見られるような水素結合の乱れは検出されず，赤外線吸収において，きわめて半値幅の小さ

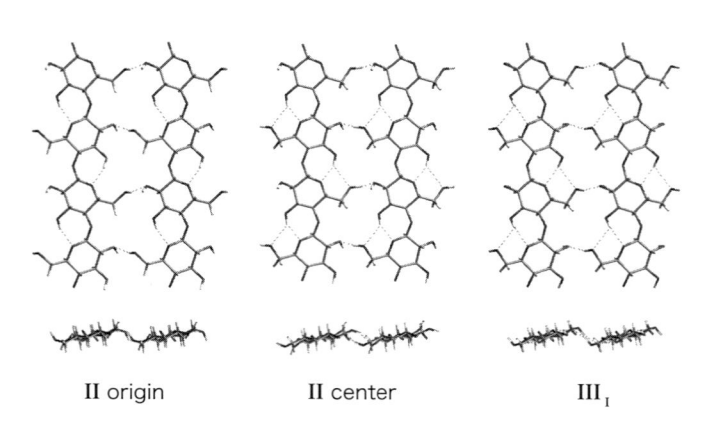

図2-12 ジグザグ分子シート内における I$_α$ と I$_β$ の分子内・分子間水素結合様式
（表2-4に示した文献より改変，Mazeau, K. 氏提供）

な，鋭い1本のピークを与える要因と考えられている．

結晶の密度を比べると，I_βは最も分子が密に充填されている．構造解析の結果は，分子シート間に疎水的な結合やファンデルワールス力が働くことを示している．一方，一番密度の低いIII_1では，ジグザグシート間の距離がやや遠いために疎水的な相互作用のかわりに，比較的強い水素結合が存在する．このような差が，同じ平行鎖構造でありながら熱的性質やアクセシビリティーの差を生む要因であると考えられる．

3．セルロースの分離と精製

セルロースは高等植物の細胞壁の主要構成成分で，この地上におけるバイオマスの中で最大の蓄積量を持ち，かつ再生産可能であり，その資源的価値は今後ますます重要となる．しかし，人間が生活に利用してきたのは細くて長い細胞，いわゆる繊維としてであり，なかでも産出量が多く，分離が容易で，かつ形状の有利なものが選ばれ，衣料として実用に供されてきた．種子繊維（綿，カポック繊維，ボンバックス繊維），靭皮繊維（亜麻，大麻，苧麻，黄麻，和紙の原料であるコウゾ，ミツマタ，ガンピ），葉繊維（マニラ麻，ザイル麻）などがこれに当たる．

また，木材繊維は木本科植物の木部繊維が紙として利用され，ヘミセルロースおよびリグニンとの複合材料である木材は，家具や建築材料として多量に利用されている．さらに，分離した繊維を精製して再生繊維（再生セルロース）あるいはセルロース誘導体がつくられて利用されているが，将来のより広い利用（例えばエネルギー，食料，飼料，高機能性材料）に向けて，セルロースの基礎・応用研究がますます活発化している．

1）非木材繊維からのセルロースの分離および精製

(1) 種子繊維

アオイ科（*Malvaceae*）のワタ属（*Gossypium*）の種子に生ずる茸毛で，種

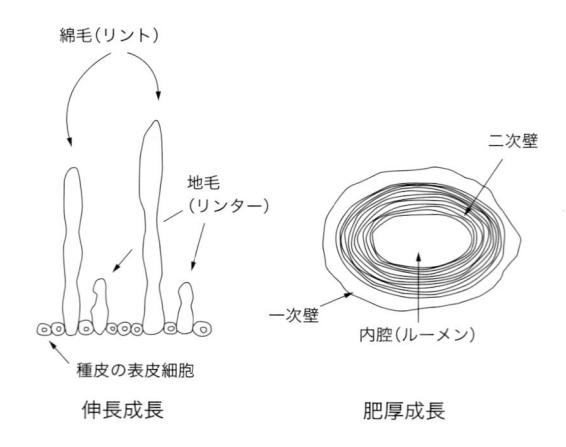

図2-13 綿繊維細胞の生成過程
（繊維学会（編）：繊維便覧，丸善，p.143，2004を改変）

子の表面細胞が変形してできたものであることは，図2-13に見られる通りである．すなわち，一年生の植物で秋に開花するが，その落花ののち，さく果を生じ，その中に約30個程度の種子を生ずる．この種子の表面細胞に第一次突起を生ずるが，これが綿毛（長さ15～60mm，リント（lint））である．世界で年間約2,000万t生産され，綿繊維として利用されている．

また，ある種の綿では，その後もある期間継続して第二次突起を生ずるが，これらは細胞分裂により形成された嬢細胞であり，通常，地毛（長さ約5mm，fuzz）と呼ばれる．綿毛は種子に着いた状態で採取され，土砂，葉，枝などが除かれたのち，繰綿機（gin）にかけられて綿実と綿毛に分離される．ただし，種類によっては，綿実に着く地毛も特殊な繰綿機（脱リンター機）によって採取されるが，これはリンター（cotton linter）と呼ばれ，精製，漂白すればセルロース誘導体の優れた製造原料となる．

繊維は扁平でリボン状をなし，かつ独得の捩れ（120～240回/インチ）を持つ．種類によって異なるが，幅は12～25μm，長さ15～56mm，繊維の中央にルーメンがあって，長く繊維を貫いている．表面はクチクラ（culicle）によって覆われているが，セルロース純度は諸セルロース繊維の中できわめて

高く（90～95％），希アルカリ溶液（1% NaOH）で煮沸して共存するタンパク質，ペクチン，ワックスを除去したのち，次亜塩素酸漂白を行うと，ほぼ純粋なセルロース（98～99.5％）となる．

(2) 靱皮繊維

靱皮繊維（bast fiber, soft fiber）は双子葉植物の靱皮部に発生した強靱な繊維で，亜麻（flax, *Limum ustitatissimum*），大麻（hemp, *Cannabis sativa*），苧麻（ramie, *Boehmerie nieva*），黄麻（jute, *Corchorus capsulaaris*）などがその例であり，古くから衣料原料として賞用されてきた．大麻を例にとり，茎中での存在状態を図2-14に示したが，このような組織から繊維を分離するには，いわゆる「retting」法を用いる．すなわち，刈り取った茎を溜水，流水，ときには温水に浸漬して発酵させ，繊維を膠着しているペクチン質を除く．次いで水洗，乾燥したのち打麻機にかけ，繊維以外の樹皮部および木質部を除き，また屑繊維を分離する．さらに，残存するペクチン，樹脂，脂質，そのほかの成分を除去するために，アルカリ処理をして乾燥する．黄麻は年間約130万t使用され，木材，綿に次ぐ大きなセルロース原料となっている．

以上の操作で得られる靱皮繊維は，個々の繊維ではなく繊維束条であり，こ

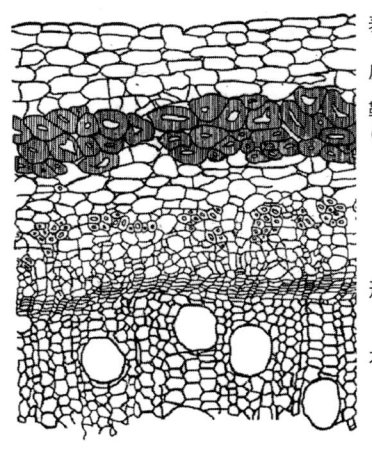

図2-14 大麻茎の横断面の一部
（平井信三：セルロースハンドブック，朝倉書店，p.22, 1958）

の状態で紡績され織布とされる.

(3) 葉　繊　維

葉繊維（leaf fiber, hard fiber）は，バショウ科（Musaceae）に属する多年生草本，マニラ麻（manila hemp, *Musa textilis*）によって代表されるが，これは宿根草より採取される．すなわち，葉鞘を切り取り，不純物を手作業や機械処理により取り除いて精練する．繊維束条は強靭，粗剛で，船舶用ロープなど綱，紐に好んで使用される．ただし，セルロース純度は比較的低く，リグニン，ヘミセルロースをかなり含む.

(4) 藻類セルロース，動物セルロース，バクテリアセルロース

①**藻類セルロース**（algal cellulose）…バロニア（Valonia），クロレラ（Chlorella），チリモ（Desmidium）などの緑藻，コンブ（Laminaria）などの褐藻がその例である．バロニアのそれは高結晶，高配向で学術的に興味深く，小胞の細胞膜となって存在する．採取した細胞膜を1% NaOH処理（煮沸，2～3時間，数回），続いて0.05N-HCl処理（室温，23時間）して精製する[1].

②**動物セルロース**（animal cellulose）…海生動物の一種である被囊類（ホヤ）の外套膜に，いわゆるチュニシン（tunicin）と呼称されるセルロースの例がある．5% KOHで処理（80℃，3時間，数回）したのち，アセトンで脱色して精製する[2].

③**バクテリアセルロース**（bacteria cellulose）…バクテリアによる好気的培養により合成される．よく知られたバクテリアは *Acetobacter xylinum* である．これを適当な培地で培養すると，次第に表面に皮膜を生じ，4～5日経過すると厚さもかなりのものになる．得られた皮膜を1% NaOHで処理（100℃，2～3時間を数回）し，菌体を除去して精製する．高純度，高重合度，高結晶化度，高弾性率であるなど，そのほかのセルロースとは異なる特性を持ち，特殊な用途（音響板，特殊フィルムなど）への応用利用が指向され，最近特に活発に研究が進められている．天然系セルロース原料の中で最も純度が高い.

2）木材繊維からのセルロースの分離および精製

　木本植物の木部に存在する繊維を木材繊維と呼称する．木材繊維は，主にリグニンにより接着されて木部を形成する．木材繊維からセルロースを分離，精製するのは容易なことではなく，非木材天然セルロース原料から分離，生成するよりはるかに困難である．

　木材繊維の主要化学成分の主成分はセルロース（約 40 〜 50％），ヘミセルロース（20 〜 30％），リグニン（30 〜 20％）であるが，それらの 3 成分を純粋な化合物として単離，精製するのは不可能に近い．なぜならば，それらの 3 成分が互いに化学結合（恐らく共有結合）しているからであろうが，現在のところ，その結合の実態について実験的な直接的証明はない．すなわち，天然セルロースを分離，精製できたとしても，厳密には単離はできないと考えるのが妥当であろう．この点については，綿，靭皮繊維，葉繊維などの，そのほかのセルロース材料についても同様である．

　したがって，セルロースの分離，精製とは，限りなく純粋に近いセルロースを，天然セルロース材料から得ることを意味する．すなわち，まさに純粋なセルロースは，化学合成または酵素合成によってのみ得られるものである．セルロースの物理的性質は，ごくわずかな化学構造の変化により左右される．例えば，カルボキシエチルセルロースの水溶性を示す最低置換度は，0.15 であることが報告されている[3]．これは，セルロース分子の 20 個の水酸基のうち，たった 1 個の水酸基がカルボキシエチル化されると，水不溶のセルロースが水溶性になることを意味する．すなわち，天然由来のセルロースの純度は，その物理的性質を左右する，きわめて重要な要因であることを考慮すべきである．

　以下に，セルロースの歴史的分離・精製法，実験室的方法，工業的方法，将来の方法について記載するが，その分離，精製は基本的にはリグニンとヘミセルロースを化学変換し，溶解による脱リグニンと脱ヘミセルロースを行うことである．

(1) 歴史的なセルロースの分離と精製

セルロースの化学研究は，フランスの植物学者 A. Payen に始まる．当時，木綿を加水分解するとグルコースが生成することが知られていたが，一般の植物体での加水分解物の元素分析値はグルコースのそれに一致しなかった．この不一致について Payen は，共存する包被物質（incrusting material）が十分に除かれていないことに起因するとし，その分離法を模索した．そして遂に，Payen は植物体を硝酸（リグニンのニトロ化），次いでアルカリで処理（ニトロリグニンおよびヘミセルロースの溶出）すると不溶性の繊維状残渣が得られることを見出し，1838 年その物質にセルロース（cellulose）という名称を与えた．これがセルロース化学的研究の始まりであるが，世界初の歴史的なセルロースの分離，精製である．これを期に，木材の細胞壁成分の化学的研究が展開することとなる．しかし，今日までにセルロース研究は約 170 年，リグニン研究は約 150 年，ヘミセルロースは 110 年以上，絶え間なく続けられてきているが，未だに未知の部分が多い．

(2) 実験室でのセルロースの分離と精製

木粉を塩素水または塩素ガスで処理してリグニンを塩素化し，これを亜硫酸ナトリウム水溶液に溶解して，同時にヘミセルロースを溶解除去する Cross-Bevan 法では，ほとんどのリグニンは除くことができても，かなりの量のヘミセルロースが残存する．そこで，実験室では以下の方法でセルロースを分離，精製する．脱脂木粉（40～80 メッシュ）を亜塩素酸（$HClO_2$：$NaClO_2$ + CH_3COOH）で処理（リグニンの酸化低分子化など）し，濾過後，冷水/アセトンで洗浄し，ホロセルロースを得る．次いで，ホロセルロースを 17.5% NaOH 溶液に浸漬，膨潤させたのち，水を加えてアルカリ濃度を 8.3% に下げ，不溶部と可溶部に分別する（ヘミセルロースの溶解除去）．不溶部をセルロースと称し，ほとんどはセルロースであるが，多少のヘミセルロースを含む．セルロースの重合度（degree of polymerization, DP）は 1,000～3,000 程度で

表 2-5 *Pinus taeda* より得られるホロセルロースの比較（抽出物を除いた材料に対する%）

	収率(%)	リグニン(%)	アセチル基(%)	カルボキシル基(meq/g)	カルボニル基(meq/g)	グルカン(%)	ガラクタン(%)	マンナン(%)	アラバン(%)	キシラン(%)	ペントーサン(%)	DP
木材	100	28.5	1.7	0.20	0.15	46.3	1.6	10.4	1.1	6.9	7.9	4,500
亜塩素酸塩法ホロセルロース	74.8	3.2	1.3	0.40	0.01	45.0	1.4	10.2	0.8	6.6	7.5	2,280
塩素・エタノールアミン法ホロセルロース	77.3	2.0	0.5	0.29	0.00	45.5	1.6	10.0	1.0	5.9	7.2	2,580
過酢酸法ホロセルロース	75.3	2.6	1.2	0.26	0.20	45.0	1.3	9.5	1.0	6.8	7.8	2,420
過酢酸法に NaBH₄還元を併用したホロセルロース	—	—	—	0.24	0.02	45.3	1.2	9.9	1.0	6.7	—	2,530

（本田 収・越島哲夫：木材化学（上），共立出版，p.259，1968を改変）

ある．さらに，可溶部を酢酸で酸性化して得られる不溶部を β-セルロース，可溶部を γ-セルロースと称する．β-セルロースはDP約100のセルロースと著量のヘミセルロース，γ-セルロースはDP10以下のセルロース（セロオリゴ糖）と著量のヘミセルロースからなる．α-, β-, γ-セルロースの分類における学問的意義は乏しいが，α-セルロース含量はセルロース原料の評価の対象となり，溶解パルプでは90%以上，アセテート用のそれは95%以上，精製リンターは99%前後の α-セルロース含有率を持つ．そのほかの分離・精製法として，塩素モノエタノールアミンおよび過酢酸を用いる方法もある．各種の脱リグニン法によって得られたホロセルロースの組成を表2-5に示す．

(3) 工業的なセルロースの分離と精製

　木材繊維からセルロースを工業的に分離，精製するためには，一般的にまず機械的処理または化学的処理により，木材繊維を単繊維化する必要がある．その単繊維化をパルプ化といい，単繊維化された繊維の集合体をパルプという．パルプは工業的に中間資材であり，それ自体が最終用途に供されることはない．パルプは使用目的，製造方法，原料によって分類されている．

a．使用目的によるパルプの分類（製紙パルプと溶解パルプ）

パルプは用途別に製紙パルプ（paper pulp, PP）と溶解パルプ（dissolving pulp, DP）に大別される．前者は紙を製造するのに用いられ，紙の諸特性はパルプ繊維の形態，化学成分などにより大きく影響される．後者はセルロース化学工業原料として，ビスコース法や銅アンモニア法などによる再生繊維および各種セルロース誘導体の製造原料として用いられ，パルプ繊維の化学的純度（一般的には 90〜95％以上の α-セルロース含有率が要求される），化学反応性が重要である．パルプの分類を表 2-6 に示した．わが国のパルプ生産量は年間約 1,100 万 t であり，パルプ消費量は年間約 3,000 万 t であるから，その差を古紙パルプで補っている現状である．その年間のパルプ生産量のほとんど（99.2％）が製紙パルプであり，残りわずか 0.8％（約 9 万 t）が溶解パルプである．

ビスコース法にかわる環境に負荷を与えないクリーンな再生繊維およびセルロース誘導体調製法として，すでに稼働している NMMNO（N-methylmorphorin N-oxide）法（商品名：テンセルあるいはリオセル）はもとより，最近発表された水系の尿素/NaOH法[4]およびグリーンソルベントを用いるイオン液体法[5]などが工業化すると，DP の将来も大きく開かれることとなる．

表 2-6　パルプの分類

用途別分類	製造方法別分類		生産量 (％)[1]	収率 (％)[2]
製紙パルプ (99.2％)	機械パルプ（MP）(11.6％)	砕木パルプ（GP）	2.4	93〜98
		リファイナ砕木パルプ（RGP）	2.2	
		サーモメカニカルパル（TMP）	7.0	
	半化学パルプ（SCP）(0.5％)	ケミグランドパルプ（CGP）	0.2	80〜90
		セミケミカルパルプ（SCP）	0.3	60〜90
	化学パルプ (87.73％)	クラストパルプ（KP）	87.7	40〜55
		亜硫酸パルプ（SP）	0.03	40〜60
溶解パルプ (0.8％)				

[1] 生産量（日本製紙連合会，2004 のデータを参照）．約 0.17％のかすおよびそのほかのパルプが含まれず．　[2] Rydholm, S.A., 1965 のデータを参照．

b．製造方法によるパルプの分類

木材パルプを製造方法別に分類すると，機械パルプ（mechanical pulp, MP），化学パルプ（chemical pulp, CP），機械的処理と化学処理を併用した半化学パルプ（semichemical pulp, SCP）に大別される．

機械パルプは丸太あるいはチップにせん弾力を加え，木材繊維の中間層を破壊して単繊維化するパルプ化法である．ストーングラインダー（円筒形の天然石，現在はセラミックス）の表面に木材を押し付け，湿潤状態ですりおろして得られるものが砕木パルプ（groundwood pulp, GP あるいは GW）であり，丸太のかわりにチップ（約 2cm×2cm×3mm の小木片）を原料とし，リファイナでパルプ化するのがリファイナ砕木パルプ（refiner gournwood pulp, RGP），摩砕に先立ちチップを蒸気圧力 $1\sim2.5kg/cm^2$，温度 110〜125℃ で 2〜3 分間前処理し軟化させてから摩砕するのがサーモメカニカルパルプ（thermomechanical pulp, TMP）である．TMP は，前処理により摩砕時における繊維の切断が少なく，紙力の高いパルプが得られるので，1980 年以来，GP および RGP にかわり急速に生産量が増加した．さらに，亜硫酸ナトリウムなどの薬品で軽い化学的前処理を行うのが CTMP である．

木材の中間層にあるリグニンを，化学薬品処理により分解，溶出させて木材繊維を単繊維化して得られるのが化学パルプである．機械パルプが木材成分の全量をほとんどそのままを利用しているのに対し（未晒しパルプ収率 93〜98％，表 2-6），化学パルプでは化学的な脱リグニンの結果，パルプ収率は低下する（40〜60％）もののセルロースに富んだパルプとなる．

化学パルプはその製造方法により，クラフトパルプ（craft pulp, KP あるいは硫酸塩パルプ（sulfate pulp））と亜硫酸パルプ（sulfite pulp, SP）に分けられる．KP での蒸解薬液の主体は水酸化ナトリウムと硫化ナトリウム（NaOH/Na$_2$S）であり，リグニンを低分子化し，アルカリ可溶化により脱リグニンを行うが，残存リグニンはアルカリ性で濃色化し，縮合度も高く，低反応性で漂白が困難であった．SP での蒸解薬液の主体は亜硫酸と重亜硫酸塩の混合溶液であり，リグニンをスルホン化，酸加水分解可溶化により脱リグニンを行う．

わが国における SP は 1950 年代までは KP より優位であったが，1960 年以降，KP は原料の樹種に限定がない，漂白技術および薬液の回収技術などの進歩，KP の用途拡大などの利点により，現在では圧倒的に KP が優位であることは表 2-6 に見られる通りである．しかしながら，木材を構成する化学成分のすべてを有機資源として利用する観点から，SP またはこれに匹敵するパルプ化法は，今後見直されるべきである．

3）将来のセルロースの分離および精製

最近，資源，エネルギー，環境問題を考慮したセルロースの分離・精製法として，以下の各種の方法が提案されており，将来のセルロースの分離・精製法として，あるいは木材成分の総合利用という観点から注目に値する．

①蒸煮・爆砕法…木材チップを耐圧釜中，180 〜 230℃の飽和水蒸気で 2 〜 20 分間蒸煮し，その後，急速に外部に放出して繊維化する方法である．その粗繊維から水抽出によりヘミセルロースを，さらにアルカリ抽出によりリグニンを除くと残渣としてセルロースが得られる．

②マイクロ波加熱法…木粉を水の存在下約 220℃でマイクロ波加熱（電子レンジと同じ原理）し，選択的に加水分解したヘミセルロース（オリゴ糖を含む）を水抽出により除き，残渣中のリグニンを希アルカリまたは有機溶媒で抽出すると，セルロースが残渣として得られる．

③加溶媒分解法…木材チップをアルコール類，フェノール類あるいは各種の有機酸（酢酸など）に浸漬して 150℃以上の温度で 1 〜 4 時間蒸解し，リグニンとヘミセルロースを分解溶出させると，セルロースが残渣として得られる．

④酵素分離法…微生物そのもの，あるいは微生物産生リグニン分解酵素を用いて脱リグニンを行う．いわゆる，バイオパルピング（biopulping）やバイオブリーチング（biobleaching）と呼ばれる環境にやさしい新しいパルプ製造法およびパルプ漂白法である．この方法を確立するために，1980 年代から精力的に研究がなされ多くの基礎的な知識が蓄積されたが，実用には至っていない．ただし，わが国でキシラナーゼを用いた漂白法が 1 例稼働している．

第2章　セルロースの化学

⑤酸加水分解法…木材糖化に関連したセルロースおよびヘミセルロースの酸加水分解法として重要ではあるが，現在のところセルロースの分離・精製法の範疇ではない．

　紙は文化のバロメータとして，その国の経済発展とともに消費量が増大する．現在，中国の紙の年間消費量はわが国と同等で，約3,000万tである．国民1人当たりの年間消費量は約1/10(中国約28kg,日本では250kg)である．仮に，中国が日本に匹敵する国民1人当たりの紙を消費すると，その年間消費量は現在の全世界の紙の消費量（3億t）になる．すなわち，中国が全世界の紙を消費することになる．これは極端な話であるが，今後，限りある資源を有効に活用するためにも，環境に負荷を与えないクリーンな，紙力低下を惹起しない（何回もリサイクル利用可能な），新しい温和な高収率パルプ化および漂白法の開発がきわめて重要である．

4．セルロースの高分子的性質

　セルロースが高分子，すなわち巨大分子（macromolecule）として認識されたのは1926〜1936年頃である．これは，セルロースに限らず当時用いられていたすべての高分子（例えば天然ゴム）についてもいえることである．それ以前はセルロース，ゴム，そのほか現在では高分子物質と呼ばれている多くの物質は，副原子価で会合したコロイド粒子とみる方が有力であった．これに異を唱えたのが H. Staudinger である[1]．彼はセルロースおよびセルロース誘導体溶液の極限粘度数 $[\eta]$ が，末端基定量法および浸透圧法で測定したそれらの分子量にほぼ正確に比例することを見出した．また，セルロースおよびその誘導体溶液の $[\eta]$ や分子量が，化学修飾前後で変化しないことなどを，精緻なデータで示したのである．これによって，Staudinger はセルロースが低分子の会合体でなく，低分子化合物が共有結合で結合した巨大分子であることを確信したのである．彼が実験試料としてセルロース系高分子を用いた理由は明らかでないが，彼の深い洞察力に基づく幸運でもあった．なぜなら，セルロース

およびその誘導体溶液では $[\eta] \propto M^a$ において，近似的に $a=1$ が成り立つからである[2]（ここで M は分子量，一般的には a は 0〜2 まで変化する[3]）．

　上の記述は，分子量（分子質量）は物質の基本的な特性であり，高分子物質は分子を個々に引き離して（溶解させて），初めてその本質を知ることができるということを示唆している．このような背景から，この節ではセルロースの分子量について，および巨大分子であることから生じるセルロースの特性について概説する．

1）分子量について

　一般的に，高分子物質の分子量は分布を持つ．したがって，何らかの平均をとる必要がある．分子量の分布関数を $n(M)$ とし，$n(M)dM$ を分子量 $M \sim M+dM$ を持つ分子の数分率すると，k 次の平均は次式で与えられる．

$$M_k = \frac{\int_0^\infty M^k n(M) dM}{\int_0^\infty M^{k-1} n(M) dM} \quad (2\text{-}1)$$

ここで，$\int_0^\infty n(M)dM = 1$ である．k は任意の正の整数値をとれるが，一般的には $k=1, 2, 3$ の平均を用い，それぞれ数平均分子量 M_n，重量平均分子量 M_w および z 平均分子量 M_z という．

　高次の平均になるほど，高分子量成分の寄与率が大きくなる．すなわち，

$$M_n = \frac{\int_0^\infty M n(M) dM}{\int_0^\infty n(M) dM} \quad (2\text{-}2)$$

$$M_w = \frac{\int_0^\infty M^2 n(M) dM}{\int_0^\infty M n(M) dM} \quad (2\text{-}3)$$

$$M_z = \frac{\int_0^\infty M^3 n(M) dM}{\int_0^\infty M^2 n(M) dM} \quad (2\text{-}4)$$

不連続分布の場合は，n_i，w_iをそれぞれ分子量M_iを持つ分子種のモル分率および重量分率とすれば，(2-1)式は

$$M_k = \frac{\sum_i n_i M_i^k}{\sum_i n_i M_i^{k-1}} = \frac{\sum_i w_i M_i^{k-1}}{\sum_i w_i M_i^{k-2}} \tag{2-1'}$$

となり，$k=1$，2，3がそれぞれM_n，M_w，M_zに相当する．

分子量に分布がなければ$M_n = M_w = M_z$であり，したがって，M_w/M_nは分子量分布の広さの目安となる．

ここでは，分子量測定法として最も一般的に用いられている，光散乱法と粘度法について述べる．

(1) 光 散 乱 法[4]

高分子溶液では，溶媒の密度揺らぎと，溶質分子の熱運動による濃度揺らぎに伴う，局所的な屈折率の不均質性によって光の散乱が起きる．光散乱について，図2-15を用いて説明しよう．自然光がx軸に沿って入射され，原点に置かれた粒子によって散乱されるとする．また，散乱の原因となる粒子は光の波長に比べて，十分小さいとする．原点から距離rにおける，溶媒分子からの散乱の寄与を除いた散乱光強度は，Rayleigh散乱の次式によって表される．

$$I_\theta = I_0 \frac{2\pi^2}{r^2 \lambda_0^4 N_A} n_0^2 \left(\frac{dn}{dc}\right)_0^2 (1 + \cos^2\theta) Mc \tag{2-5}$$

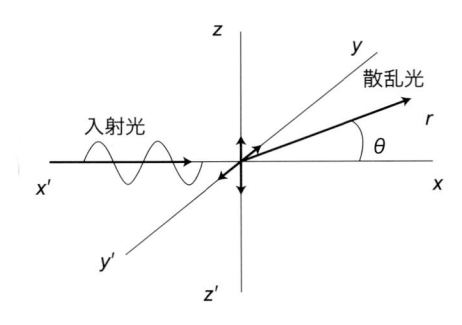

図2-15 光散乱座標

ここで，θ：x軸からの散乱角，λ_0：真空中の光の波長，I_0：入射光の強度，n_0：溶媒の屈折率，$(dn/dc)_0$：屈折率増分，N_A：アボガドロ数，M および c：溶質の分子量および濃度（g/ml）である．

ここで，（過剰）レイリー比 R_θ を次のように定義する．

$$R_\theta = \frac{I_\theta r^2}{I_0(1+\cos^2\theta)} \tag{2-6}$$

したがって，

$$K = \frac{2\pi^2 n_0^2 (dn/dc)_0^2}{\lambda_0^4 N_A} \tag{2-7}$$

とすれば，

$$\frac{Kc}{R_\theta} = \frac{1}{M} \tag{2-8}$$

となり，R_θ を測定することにより分子量が求まる．高分子溶液の場合は，分子間相互作用が強いので，次のようにビリアル展開により，無限希釈の条件で求めることが必要になる．

$$\frac{Kc}{R_\theta} = \frac{1}{M} + 2A_2 c + 3A_3 c^2 + \cdots \tag{2-9}$$

ここで，(2-5)式の右辺（$1+\cos^2\theta$）の項について，簡単に述べておこう．(2-5)式は自然光に関する式である．自然光は図 2-15 を参照にして，zz' および yy' を偏光面とする 2 つの等価な平面偏光の和で表される．それらの偏光の強度は，$I_z = I_y = (1/2)I_0$ である．そして，I_z 成分からの散乱光への寄与は（$1+\cos^2\theta$）の 1 に，I_y 成分からの寄与は $\cos^2\theta$ に相当する．分子量測定には平面偏光を用いる場合が多い．したがって，その場合は (2-5)式の $\cos^2\theta$ の項は不要であり，I_z からの寄与のみを考えればよい．ただし，もともと偏光しているので，強度は I_z の 2 倍になり，(2-7)式右辺の係数 2 を 4 にかえる必要がある．

高分子は巨大分子であるから，溶媒中で分子鎖はかなり広がった状態にあると考えられる．したがって，散乱体は光の波長と比べて，十分小さいという

Rayleigh 散乱の条件は満たされているといえない．このような場合，分子内の異なった場所からの散乱光の干渉を考慮に入れる必要がある．干渉の程度は散乱角に依存し，その効果を粒子散乱関数 $P(\theta)$ を用いて表し，

$$P(\theta) = \frac{干渉のある場合の散乱強度}{干渉のない場合の散乱強度} \tag{2-10}$$

と定義する．分子内干渉の効果を入れると，(2-9)式は

$$\frac{Kc}{R_\theta} = \frac{1}{MP(\theta)} + 2A_2c + 3A_3c^2 + \cdots \tag{2-11}$$

と表される．$P(\theta)$ は散乱粒子の形状によって異なる．しかし，散乱角の十分小さい領域では，散乱粒子の形状にかかわらず，次のように近似できる．

$$P(\theta) = 1 - \frac{1}{3}<R_g^2>q^2 + \cdots \tag{2-12}$$

$$q = \frac{4\pi\sin(\theta/2)}{\lambda} \tag{2-13}$$

ここで，$<R_g^2>$：二乗平均回転半径（mean square radius of gyration, 溶液中における分子鎖の広がりの目安），λ：溶液中の光の波長である．

(2-12)式を用いれば，(2-11)式は

$$\frac{Kc}{R_\theta} = \frac{1}{M}\left(1 + \frac{1}{3}<R_g^2>q^2 + \cdots\right) + 2A_2c + 3A_3c^2 + \cdots \tag{2-14}$$

となる．したがって，Kc/R_θ を，$[\sin^2(\theta/2) + kc]$（ここで k は任意の定数）に対しプロット（Zimm プロットという）すれば，$c=0$ へ外挿した直線の勾配から二乗平均回転半径 $<R_g^2>$ を，$\theta=0$ へ外挿した直線の勾配から，第二ビリアル係数 A_2 を求めることができる．また，両直線の縦軸の切片から，分子量を求めることができる．分子量分布のある場合は，その平均分子量として，(2-8)式より

$$R_\theta = K\sum_i M_ic_i = K\overline{M}c \tag{2-15}$$

また，

$$\overline{M} = \frac{\sum_i M_i c_i}{c} = \sum_i w_i M_i \tag{2-16}$$

となり，$\overline{M}$ は重量平均分子量となる．

図2-16には，コットンセルロースの8% LiCl/DMAc（ジメチルアセトアミド）溶液に対するZimmプロットを示す．この図から，コットンセルロースの M_w は 170×10^4，$<R_g^2>^{1/2}$ は109nmと求まる[5]．このほか最近では，サイズ排除クロマトグラフィーと光散乱を組み合わせて（SEC-MALS），セスロースおよびその誘導体に関して，回転半径と分子量の関係など，多くのデータが得られている．

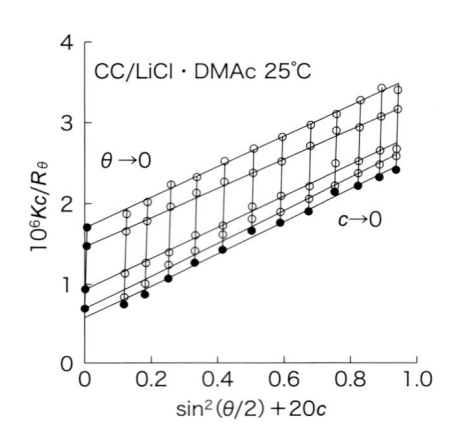

図2-16 コットンセルロース・LiCl/DMAc 溶液のZimmプロット

これによるとセルロース分子は良溶媒中で，半屈曲性高分子として挙動していることが示されている[6,7]．さらに，動的光散乱による測定も行われている[8]．

(2) 粘　度　法

極限粘度数 $[\eta]$（limiting viscosity number）（あるいは固有粘度（intrinsic viscosity）という）は，一般的に分子量と次のMark-Houwink-桜田の式によって関係付けられる．

$$[\eta] = KM^\alpha \tag{2-17}$$

ここで，K, α：高分子と溶媒の組合せ，および温度によって定まる定数である．

現在，多くの高分子-溶媒系に関して，膨大な K, α に関するデータが蓄積されている[9]．溶液の粘度を η, 溶媒の粘度を η_m とすれば，相対粘度（relative viscosity）η_r は $\eta_r = \eta/\eta_m$ で，また比粘度（specific viscosity）η_{sp} は $\eta_{sp} = \eta_r - 1$ で定義される．そこで，極限粘度数は次のように定義される．

第2章 セルロースの化学

$$[\eta] = \lim_{c \to 0} \frac{\eta_{sp}}{c} = \lim_{c \to 0} \frac{\ln \eta_r}{c} \tag{2-18}$$

ここで，c は溶質の濃度であるが，単位は g/ml あるいは g/dl で表す場合が多い．

したがって，η_{sp}/c あるいは $\ln \eta_r/c$ を濃度 c に対してプロットし，$c=0$ へ外挿すれば，縦軸の切片として $[\eta]$ を求めることができる．

セルロース溶液に対しては，McCormick らによって

$$[\eta] = 1.278 \times 10^{-4} M^{1.19} \tag{2-19}$$

が提出されている[2]．

ここで，$[\eta]$ の意味について考えてみる．濃度の単位を g/ml とすれば，$[\eta]$ の単位は ml/g である．$[\eta]$ の呼称に粘度という言葉が入っているが，$[\eta]$ は粘度の次元を持たずに，比容の次元を持つ．ちなみに粘度の次元は応力×時間であるから，その単位は MKS 系では Pa s となる．それでは $[\eta]$ は何を表す量であろうか．

希薄溶液の粘度は一般的に次式で表される．

$$\eta = \eta_m(1 + k\psi) \tag{2-20}$$

ここで，k：分散粒子の形状に依存する定数で，剛体球形粒子では 2.5 であり，回転楕円体粒子では粒子の軸比の関数になる[10]．ψ：分散粒子の体積分率である．

(2-20)式から

$$\eta_{sp} = k\psi = k\frac{c}{\rho} \tag{2-21}$$

ここで，ρ：分散粒子の密度で，粒子の体積を v，分子量を M とすれば，$\rho = M/vN_A$ である．
となる．したがって，極限粘度数は

$$[\eta] = \frac{kvN_A}{M} = \frac{V_h N_A}{M} \tag{2-22}$$

ここで，V_h ($= kv$)：分散粒子の流体力学的体積 (hydrodynamic volume) に関する量で，粒子の粘度増加への流体力学的寄与の程度を表す．

と表される．すなわち $[\eta]$ は，分散媒中での粒子の流体力学的広がりの程度を表す量である．ある溶媒と溶質の組合せで，分子量既知の試料であらかじ

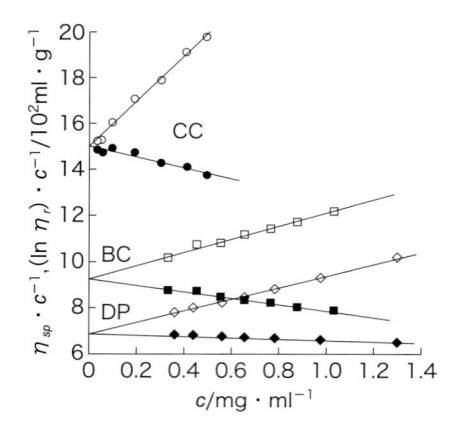

図2-17 コットンセルロース(CC)，バクテリアセルロース(BC)，溶解パルプ(DP)の LiCl/DMAc 溶液の η_{sp}/c および $\ln \eta_r/c$ の濃度依存性

め $[\eta]$ を測定し，(2-17)式の K と α の値を求めておけば，分子量未知の試料の $[\eta]$ を測定することによって，その分子量を求めることができる．図2-17にはいくつかのセルロースに関する η_{sp}/c および $\ln \eta_r/c$ の c 依存性を示す．それぞれの試料で，2つの直線の $c = 0$ への外挿値は一致し，その値が $[\eta]$ となる．

表2-7には，ホヤセルロース(TC)，溶解パルプ(DP)，コットンセルロース(CC)およびバクテリアセルロース(BC)について，光散乱法によっ

表2-7 各種セルロース試料の分子特性

試料	solvent	$10^{-4}M_w$	$<R_g^2>_z^{1/2}$ (nm)	$10^3 A_2$ (g^{-2}ml·mol)	$[\eta]$ (ml/g)
TC	LiCl/DMI	413	114	0.923	2,645
DP	LiCl/DMI				756
CC	LiCl/DMAc	170	109	1.33	1,504
DP	LiCl/DMAc	98.2		2.16	704
BC	LiCl/DMAc	192	98.1	1.12	935

て求めた重量平均分子量，回転半径，第二ビリアル係数を，極限粘度数とともに示す[11]．表中 DMI はジメチルイミダゾリジノンを示す．

2）セルロース溶液の粘弾性

一般に，高分子溶液は粘性と弾性を併せ持ち，粘弾性を示す．粘性は主に高分子同士および高分子と溶媒分子間の摩擦抵抗に起因する．一方，弾性は分子がひも状に長い巨大分子であることから生じる特徴である．図2-18に模式的に示すように，ひも状の長い分子は，溶媒中で分子の各部分（セグメントという）

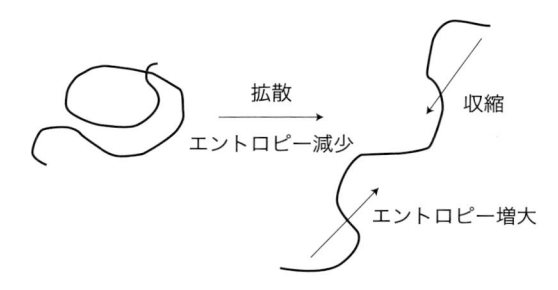

図2-18 高分子鎖の各セグメントの拡散と伸長に伴うエントロピー変化の模式図

の拡散のために広がろうとする．もし，それぞれのセグメントが連結されていなければ，セグメントは溶液全体に均質に分布するまで拡散するであろう．しかし，実際には各セグメントは共有結合で結ばれているため，あまり広がると分子鎖のエントロピーが減少するため，逆に縮まって，エントロピーを増大させようとする．すなわち，外力によって伸長された分子鎖は，エントロピーを増大させようとして収縮しようとする．これが高分子鎖の弾性（エントロピー弾性）の原因である．したがって，セルロース分子もある程度長くなると，その溶液は典型的な粘弾性体となる．

粘性は，σを応力，$\dot{\gamma}$をひずみ速度とすれば，次のニュートンの粘性法則によって表される．

$$\sigma = \eta \dot{\gamma} \tag{2-23}$$

ここで，粘度η：定数である．

一方弾性は，γをひずみとして，次のフックの法則によって表される．

$$\sigma = G \gamma \tag{2-24}$$

ここで，弾性率G：定数である．

粘弾性体の特徴は，そのものの粘弾性的特性が，測定のタイムスケールに依存する点である．そのものの力学的緩和時間と比較して，早い刺激に対しては弾性的に応答し，遅い刺激に対しては粘性的に応答する（この辺りのことは文献10の2章参照）．

このような粘弾性を表すために，(2-24)式に対応させて，ひずみとして複素ひずみ

$$\gamma = \gamma_0 e^{i\omega t} = \gamma_0 (\cos\omega t + i\sin\omega t) \tag{2-25}$$

ここで，ω：角周波数で，$i=\sqrt{-1}$である．
に対する応答を見よう．すなわち，

$$\sigma = G^* \gamma \tag{2-26}$$

ここで，G^*：複素弾性率（complex modulus）である．
とおく．また，

$$G^* = G' + iG'' \tag{2-27}$$

で表される．これらの関係から応力σも複素数になるが，実際に測定される量はその実数部σ_Rである．したがって，実数部のみに注目すれば，

$$\sigma_R = G'\gamma_0\cos\omega t - G''\gamma_0\sin\omega t \tag{2-28}$$

となる．あるいは，ひずみの実数部$\gamma_R = \gamma_0\cos\omega t$を用いれば，

$$\sigma_R = G'\gamma_R + \frac{G''}{\omega}\dot{\gamma}_R \tag{2-29}$$

となる．(2-29)式の右辺第一項はフックの法則を，第二項は$(G''/\omega) = \eta'$（動的粘度）とおけばニュートンの粘性法則を表している．したがって，第一項は弾性項であり，エネルギーの貯蔵に関する項で，G'は貯蔵弾性率（storage modulus）と呼ばれる．第二項は粘性項であり，エネルギーの熱としての散逸に関する項で，G''は損失弾性率（loss modulus）と呼ばれる．G'およびG''は，一般にωの関数になる．

図 2-19 には，コットン由来のセルロースの LiCl/DMAc 溶液について，種々の濃度におけるG'およびG''の角周波数依存性を示す[5]．データは典型的な均質系高分子溶液の動的粘弾性挙動を示している．すなわち，低周波数側でG'はω^2に，G''はωに比例する．これは，系がこの周波数領域で，ほぼ流動領域にあることを意味する．この領域で系は一定の粘度を示す．この粘度を零せん断粘度という．また，特に濃度の高い系で顕著であるが，高周波数側でG'およびG''ともに周波数軸に対し，ほぼ水平になる．いわゆる高分子鎖のからみ

合いに起因するゴム状平坦部を示す.これは,系がこの周波数領域で,近似的に架橋高分子のように挙動していることを意味する.同様のデータは,木材由来のセルロースおよびホヤ由来のセルロース溶液に対しても得られている[11].また,G'とG''の交点の角周波数の逆数は時間の次元を持ち,その系の代表的な緩和時間の目安でもある[10].

図 2-20 には,種々のセルロース溶液について,零せん断粘度から求めた比粘度 η_{sp} と濃度の両対数プロットを示す.ただし,濃度は溶媒の違いや分子量

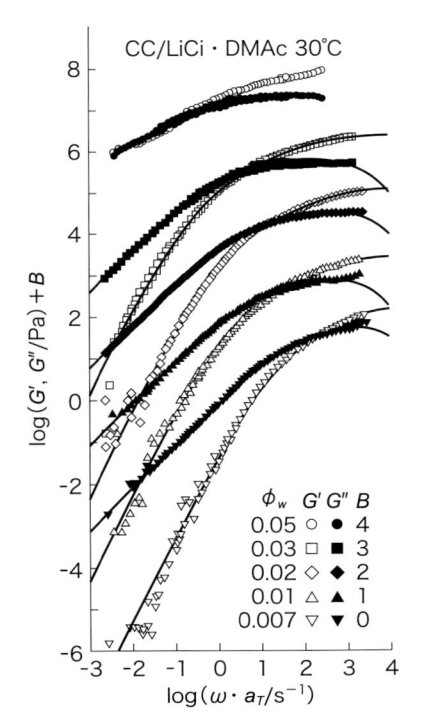

図2-19 コットンセルロース・LiCl/DMAc 溶液の種々の濃度における動的弾性率 G' と G'' の角周波数依存性

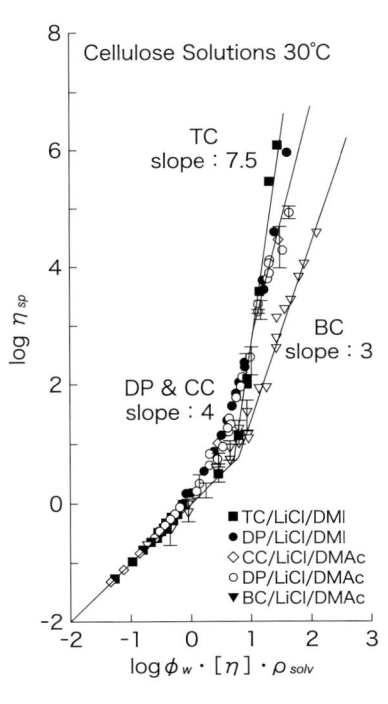

図2-20 コットンセルロース(CC),溶解パルプ(DP),バクテリアセルロース(BC)およびホヤセルロース(TC)の LiCl/DMAc 溶液あるいは LiCl/DMI 溶液の比粘度と換算濃度の関係

ϕ_w:溶質の重量分率.

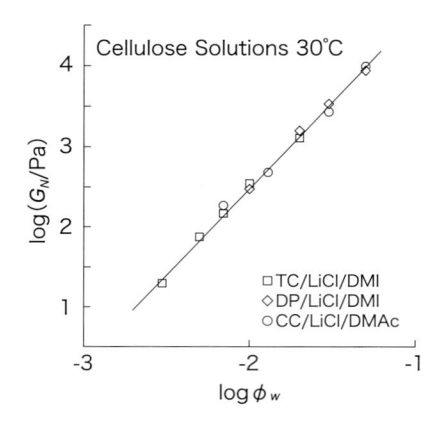

図2-21 溶解パルプ，コットンセルロースおよびホヤセルロース溶液の擬平衡弾性率の濃度依存性

の違いを補償するために，極限粘度数および溶媒の密度（ρ_{solv}）で補正してある．図からわかるように，低濃度領域ではすべての系のη_{sp}は重なり，濃度の1乗で増加する．しかし，ある濃度以上になると，植物由来のセルロース（DPおよびCC），バクテリアセルロース（BC），ホヤ由来のセルロース（TC）のデータは，それぞれ濃度の4乗，3乗および7.5乗の冪数で増加する．これは，分子間相互作用が無視できる低濃度領域では，いずれの系でも粘度は濃度に比例するが，分子間相互作用が顕著になる高濃度領域では，それぞれ由来の異なるセルロース系で，分子間相互作用の粘度に対する影響が異なることを意味する．

図2-21には，いくつかのセルロース溶液に対して，高周波数側におけるG'の平坦部の値G_N（擬平衡弾性率とみなせる）の濃度依存性を示す[11]．この関係は，勾配ほぼ2の直線で表される．ゴム弾性理論によれば，平衡弾性率G_Eは，

$$G_E = \nu\, kT \tag{2-30}$$

ここで，ν：単位体積当たりの架橋数（架橋密度），k, T：ボルツマン定数と絶対温度である．で表される．これをからみ合いのある溶液系に適用すれば，からみ合い点間分子量をM_eとして，

$$G_E = \frac{c}{M_e} RT \tag{2-31}$$

となる．一般的に$M_e \propto c^{-1}$と考えられるから，G_Eはcの2乗に比例することになり，図2-21に示した実験結果と一致する．したがって，セルロース分子は溶液中で相互にからみ合い，そのからみ合い点が擬似的な架橋点として，弾性力を支えていると考えられる．これもセルロースが巨大分子であることによ

る高分子物質としての特徴である．

5．セルロースの誘導体

　セルロースは結晶性高分子であり，天然ではミクロフィブリルと呼ばれる微小結晶繊維を形成して存在する．この天然素材を利用する場合，繊維形態を保持したまま構造用材料として利用するか，あるいは溶解させて繊維構造をいったん破壊して分子状態にしたのち，新たに分子集合体を再構築させて再生繊維，フィルムという形態で用いることになる．すなわち，工業原料としてセルロースは，建材，木質材料，紙およびパルプ，繊維などに代表される天然素材の繊維構造を生かした形での構造用材料として，あるいは一部化学処理が施されて天然由来の構造が変換され，または誘導体化されたのち，再び繊維，フィルムの形態で高機能性材料として使われる．前者は，利用の歴史が古く，セルロースの使用量も多く全利用木材の95％以上を占めているが，社会環境に影響される．ちなみに，木材からのセルロースの価格は約50円/kgである．これに対し後者は，一般的に市場規模は小さく，高価なものになる．最近では，光学的等方性を利用した液晶ディスプレイに用いられる偏光板用三酢酸セルロースやセルロース系生分解性プラスチック，血漿からウイルスを除去する中空糸膜などで，合成高分子に見られないセルロースの特性が使われている．ここで，「セ

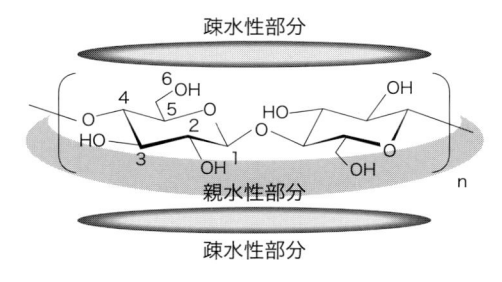

図2-22　セルロースの一次構造（化学構造）とその疎水および親水サイト

ルロース誘導体」とは，セルロースのグルコース残基内のC-2位，3位，および6位の3個の水酸基（図2-22）が，種々の置換基で直接化学修飾された高分子を示す．

　セルロース誘導体の歴史は，人造繊維の出現から始まる．人造繊維は，繊維として優れた性質を示す絹の細さ，輝き，しなやかさ，強度・弾力性の高さを模倣した繊維を造り出そうという意図から生まれた．1884年フランスのシャルドンネが，硝酸セルロースから人造絹糸の工業化に成功したのがその創始とされている．1892年には，イギリスのクロス，ベバン，ビードルの3人が，いわゆるビスコース溶液を作り，それより人造絹糸を製造することを発明した．これが人造セルロース系繊維（レーヨン）の始まりである．

　第一次大戦後，非常に燃えやすい硝酸セルロースのかわりに酢酸セルロースが繊維やフィルムに使われるようになった．1919年にはセラニーズ社から本格的な製品が発売された．これらいずれも繊維1本1本が途切れることなく非常に長い人造繊維であるが，第一次大戦中，綿花の不足に悩んだドイツは，この人造繊維を適当に短く切って綿の代用にした（ステープル・ファイバー）．その後も，繊維資源を持たないドイツではナチスの天下になるとともに研究が継続され，またドイツとほぼ似た国情にあったイタリアおよび日本も国家として人造繊維を取り上げ，その技術ならびに工業は質的，量的にも短期間に目覚しい進歩を遂げた．1930年代からは合成繊維が登場し，人造繊維を含めた天然材料からの繊維を次第に凌駕していくことになる．

　しかし，1990年代から21世紀に入り，代替エネルギー，循環型社会の構築といった環境関連が重要な問題となり，持続可能な資源であるセルロースが，本来の環境に優しい材料という性質に加えて，バイオマスエネルギーの供給源という別の形で注目されるようになってきている．このような背景の下，セルロースに高付加価値を加えるための誘導体化を以下に記していく．

1）構造から見る誘導体化の方法

　天然で結晶構造を形成してミクロフィブリル形態をとっているセルロース

においては，その結晶構造を有する微小繊維への不均一反応が，誘導体化の第1歩である．まず，セルロース分子の化学構造（一次構造）を見ると（図2-22），グルコース残基がβ-1,4グルコシド結合したもの，すなわちグルコースが2回らせんして連結した，セロビオースユニットを1単位とした鎖状高分子である．分子構成単位であるグルコース残基は，C-2，C-3およびC-6位に水酸基を有し，2，3位の水酸基は二級，6位の水酸基は一級水酸基となっている．また，セルロース分子の両末端のグルコース残基は，中間の残基と異なり，片末端のC-1位の水酸基は還元性を示すので還元性末端基（reducing end group）と称し，アルデヒド基と同じような挙動をするので，この部分を狙って化学改質をすることがある（ここでは，これを誘導体としては扱わない）．他方のグルコース末端基では，C-4位の水酸基は還元性を示さないので，非還元性末端基（non reducing end group）と称し，還元性末端に比べて反応性は低い．グルコース残基は，6員環であるグルコピラノース環を形成しており，その正常な原子価角を維持するために6個の炭素原子は同一平面上にない．セルロースはエネルギー的に最も安定なイス形立体配座（C1形）をとり，すべてのC-H結合は鉛直軸と平行なアキシャル（axial, a）結合となり，逆にすべての水酸基の結合は放射状に外側に向かっているエクアトリアル（equatorial, e）結合となる．そのため，図2-22で示すように，グルコピラノース面に対してアキシャルな方向は，C-H結合のために疎水性を示し，反対にエクアトリアルな方向は水酸基のため親水性を示す．多糖高分子は，全体として一般的に親水性を示すが，このようにセルロースでは局部的な性質の違いが存在する．これが，セルロースの物性に大きな影響を及ぼす水酸基を介する水素結合形成によるシート構造形成や，それらシート構造同士の疎水結合（ファンデルワールス結合）による積層構造の構築を促進し，結晶化（ミクロフィブリル形成）へと発展する．

ミクロフィブリルは，幾重にも相互作用が交差したものである．表面への反応は別として，不均一な状態にあるこのミクロフィブリルの全体を化学改質させる場合，反応試薬の浸透を向上させなくてはならない．すなわち，親水性，

疎水性のどちらかの分子間相互作用を弱めるように，反応系を工夫する必要がある．この処理のことを「セルロースを膨潤させる」という．さらに，反応性を向上させるには，完全に溶媒に溶解させて，溶液にして，分子中のすべての官能基を活性化する．セルロース繊維やフィルムの溶解性は一般に低く，通常，完全に溶解させるためには，単一溶媒ではなく，特殊な溶媒系を必要とする[1]．しかしこの場合は，反応性が高い反面，もともとの繊維形態を失うことになり，材料として用いる場合は，さらに構造の再構築プロセスを追加しなくてはならない．

　以上のことをふまえて，一次構造に対する化学反応を図2-23に示す[2]．水酸基を反応点とした誘導体化における代表的なセルロースの化学反応は，エステル化，エーテル化である．これらの置換反応は脱水反応であるため，反応効率を向上させるには，系内からなるべく水を除き，添加試薬の水との副反応による消費を極力抑制することが大切である．また，反応後に得られるセルロース誘導体において，グルコース残基中に存在する3つの水酸基のうち，何個がその官能基で置換されているかを示す指標として，置換度（degree of substitution，DS）を用い，また，置換基がグルコースのC-2，3，6のどの位置に

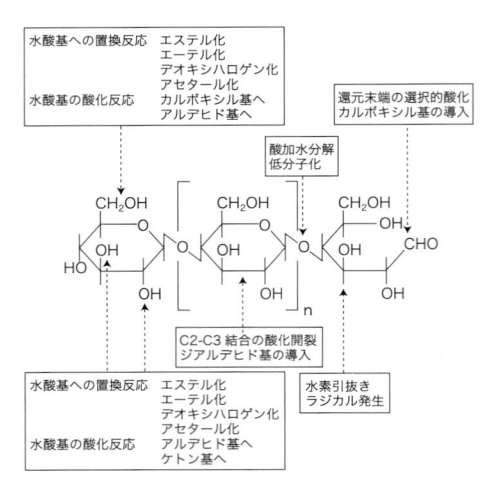

図2-23 セルロース分子への化学反応

どの程度分布しているかを示す用語として，置換基分布（distribution of substituent）を使う．

高置換度の誘導体を得るには，系内からの水分除去に加えて，分子間および分子内水素結合の切断が効果的である．特に，3位水酸基と5位の環酸素との間（OH(3)-O(5)）の分子内水素

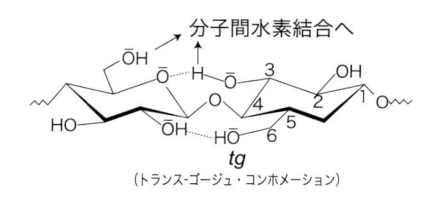

図2-24 二量体セロビオース単位における天然セルロース中の水素結合
破線が分子内水素結合．

結合が強固であるため，それにより3位の水酸基の反応性が低下する．二量体セロビオース単位における水素結合のわかりやすい例を図2-24に示す．6位の-CH_2OHは，C5-C6の結合に関して天然セルロース結晶（cellulose I）ではトランス-ゴーシュ（tg），再生セルロース結晶（cellulose II）ではゴーシュ-トランス（gt）という立体配座をとる．tgコンホメーションでは，図のような（OH(3)-O(5)）のほかに，分子間に加えて（OH(2)-O(6)）の分子内水素結合も形成される．また，C-1位の炭素は，グリコシド結合している酸素および5位の環酸素と結合しているため，電子密度が低く，アノメリック炭素と呼ばれ，2位の水酸基から電子を強く引き付ける．その結果，2位の水酸基の解離が促進され，反応性が向上する．以上のように，3つの水酸基は，一次構造からでも高次構造からでも影響を受け，それぞれ異なる極性，反応性を示すことになる．これにより，置換基の分布を持つことになり，それが得られる誘導体の性質に大きく影響する．したがって，誘導体に関しては，置換基分布を明らかにすることが重要である．

2）セルロース誘導体

(1) セルロースエステル

エステル化は図2-25に示すように，酸触媒（硫酸，トルエンスルホン酸，塩化水素など）存在下での酸とアルコールとの直接脱水反応であり，可逆反応でもある．そのため，エステル，水，酸とセルロースの間で最終的には反応平

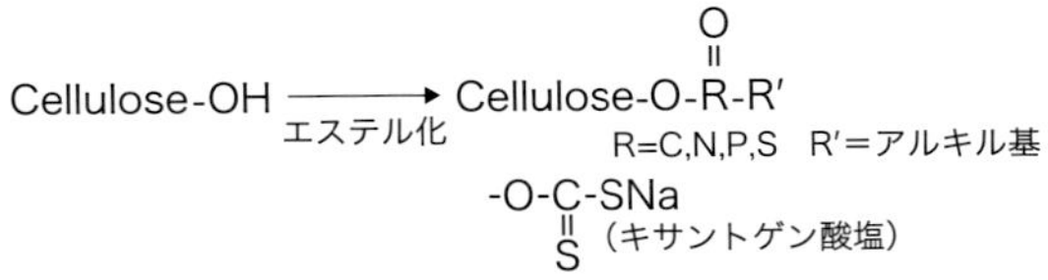

$$\text{Cellulose-OH} \xrightarrow{\text{エステル化}} \text{Cellulose-O-R-R'}$$

R=C,N,P,S　R'=アルキル基

-O-C-SNa
　∥
　S　（キサントゲン酸塩）

図2-25 セルロースのエステル化

衡に到達する．硫酸などの触媒の主な役割は脱水作用で，平衡をエステル側に誘導する働きをする．反応最終生成物は，酸の水素原子を炭化水素基（R）で置換したものとなる．

セルロースのエステル誘導体には，硝酸セルロース，セルロースキサントゲン酸塩のような無機酸エステルと，酢酸セルロースのような有機酸エステルがあり，これまで多種類のセルロースエステル誘導体の調製および生成物の解析が報告されている．その詳細は成書[3]を参照されたい．

エステル化反応は，前述のグルコース残基における水酸基の極性，反応性の違いにそれほど影響されず，完全置換体（DS = 3.0）を比較的容易に与える．換言すれば，エステル化反応そのものを系統的に制御することは困難である．かわりに，完全置換体から部分的にエステル基を脱離させて，希望する置換度や置換基分布に近いものを得る．

a．無機酸エステル

数多くのセルロース無機酸エステルが（例えば，硫酸エステルやリン酸エステル）が研究開発されてきた．ここでは，今なお工業的に商業生産されており，150年以上の歴史がある，水酸基が$-NO_2$で置換された硝化綿（硝酸セルロース（cellulose nitrate）：Cellulose-O-NO_2）を例にあげる（以降は，セルロース分子をCellulose-OHで表す）．

硝化綿の主な用途は工業用ラッカーであり，火薬や推進薬，ほか多数ある．比較的高い置換度を有する硝化綿は，爆発性を示すことから，軍用のみならず鉱山やトンネル発破用薬剤として多量に使用されている．比較的低い置換度の硝化綿は，工業用硝酸セルロースと呼ばれ，JIS溶剤やアルコールなどに高い溶解性を示し，フィルム形成のためのコーティングまたはバインダー剤として

常用されている．これらの製造には，硝酸，硫酸と水との古典的な混酸システムが使われている．不均一系での硝化反応は未だ完全には解明されていないが，硝酸エステル置換はC-6とC-3位で優先的に起こると考えられている．

b．有機酸エステル

現在，工業的に生産されている有機酸エステルのうち，最も生産量が多いのは酢酸セルロース（セルロースアセテート（cellulose acetate）：Cellulose-O-COCH$_3$）である．酢酸セルロースは図2-26に示すように，セルロースのβ-(1,4)グルカン鎖中の水酸基が，アセチル基でエステル化された半合成高分子である．置換度に応じて性質は大きくかわるが，酢化度がおよそ55％（置換度2.4）および61％（置換度2.9）の酢酸セルロースが工業的に製造されている．それぞれは慣例上，セルロースジアセテート（二酢酸セルロース），セルローストリアセテート（三酢酸セルロース）と呼ばれている．酢化度と置換度の関係は，以下のようになっている．

$$置換度＝酢化度\times 3.86 /(142.9 －酢化度)$$

工業的には，溶媒として酢酸を用い，硫酸触媒で無水酢酸によりセルロースは酢化される．原料セルロースは溶媒である酢酸や塩化メチレンに溶解しないので，反応の初期は固液不均一系で進行するが，反応の進行とともに，置換度が上昇した生成物は溶媒に溶解するようになり，反応途中から一部均一系の反応も競争的に生じる．このようにして，まずセルローストリアセテートが製造される．これを加水分解により，部分的に脱アセチル化（慣例上，熟成と呼ばれる）し，所定の置換度に達した段階で反応を停止する．この方法により，セルロースジアセテートが製造される．

R＝COCH$_3$ or H

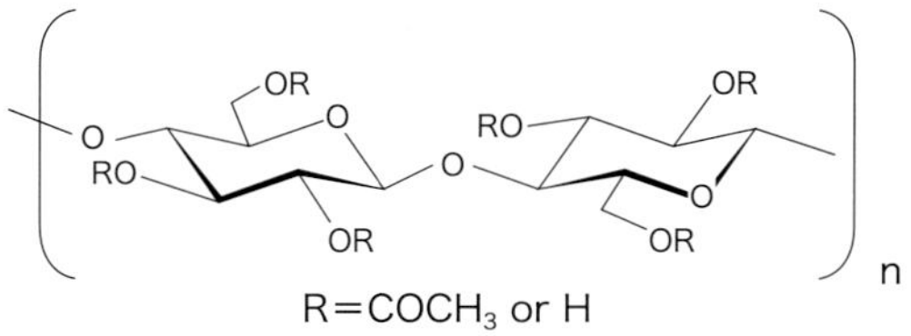

図2-26 酢酸セルロースの一次構造

酢酸セルロースは，さまざまな分野で利用されている．主用途は，①繊維，②フィルム，③たばこフィルターである[5]．いずれの場合も，化学反応で生成された酢酸セルロースが，その疎水性有機溶剤への溶解性の高さから，溶解ののち，構造の再構築が容易に行われ，材料の形態に変換されている．

①アセテート繊維は，乾式紡糸より製造されているため，断面と側面に多数のランダムな溝を持ち，また，適度な吸湿性ならびに全繊維中で最も低い屈折率を示し，さらに優れた光沢，風合い，発色性およびセット性も示し，各種婦人衣料，和装用，インテリア素材として幅広く使用されており，多品種少量生産を要求する今日の要求に適した繊維という地位を確立している．

②フィルムへの成形では，トリアセテートが融解よりも先に熱分解を始めるため，塩化メチレンを主成分とする溶媒にフレーク状のトリアセテートを溶解させ，そのドープを流延する溶液製膜法により製造されている．トリアセテートフィルムは，50年以上前から感光用材料支持体として使われてきたが，現在PET（ポリエチレンテレフタレート）に押され，写真用フィルム用途に限られてきた．それとは逆に，最近トリアセテートの新たな用途が出現した．酢酸基が分子鎖方向に直交した方向にあるため，主鎖が配向しても複屈折がほとんど生じないというトリアセテートの分子構造上の特性（偏光に対する光学的不活性，光学的等方性）を活かした偏光板の保護フィルムとして，現在，液晶ディスプレイに使われている．

③たばこのフィルターは酢酸セルロースの最大の用途である．これには，セルロースジアセテートが使われている．ジアセテートをアセトンに溶解させて精製し，乾式紡糸，捲縮をかけたのち，円柱状のたばこフィルターに巻き上げられる．口金の形，大きさ（径）をかえることで，さまざまな断面形状，断面積を持つフィラメントが製造されている．

混合エステルを製造する目的は，各エステルの特性を相乗的に利用して，付加価値を高めようとするものである．混合エステルを製造するには，無水酢酸と高級脂肪酸（プロピオン酸，酪酸）の混酸，または無水酢酸と高級脂肪酸無水物の混酸でエステル化してまずトリエステルをつくり，加水分解によって所

定の置換度にする．一般に，混合エステルは酢酸セルロースより溶剤への溶解性に優れることから，可塑剤やほかの樹脂との相溶性に優れ，印刷インキ，塗料の添加剤，樹脂の変形材料として幅広く使われている．

(2) セルロースエーテル

セルロースのエーテル誘導体は，基本的にはナトリウムのアルコキシドをハロゲン化炭化水素と処理する，いわゆるウィリアムソン合成により合成される（図2-27）．そのため，水分があると反応効率はきわめて低くなる．反応効率を上げ，高置換度のセルロースエーテル誘導体を得るためには，非水系溶媒中で均一反応を行うか，あるいは脱水触媒を添加する必要がある．しかし，セルロースエステルの場合とは異なり，グルコース残基中での水酸基それぞれの極性の違いがそのまま反応性の違いに反映し，ある程度は反応の制御が可能である．水系溶媒中でのエーテル化反応代表例として，2位，3位，6位のアルキル化に関する反応性は，OH-2 ＞ OH-6 ＞ OH-3 と報告されている．一方，非水系均一系溶媒中の各水酸基の反応性は，OH-6 ≧ OH-2 ≧ OH-3 あるいは OH-2 ≧ OH-6 ≧ OH-3 と考えられている．OH-2の反応性が高いのは，まさに1)「構造から見る誘導体化の方法」で述べたアノメリック効果が顕著であることにほかならない．また，均一系溶媒中では，系内の溶媒分子がセルロースの水酸基に強く相互作用をして水素結合を弱め，完全溶解させているとともに，各水酸基の反応性の差を解消させていることもある．

最近では，その各水酸基の反応性の違いを利用して，位置選択的にアルキル基を導入して，水素結合形成を制御するとともに，構造と物性の相関を明らかにしようとする基礎研究も行われている[6]．

これらエーテル類は，反応した置換基のイオン性，非イオン性によって分類され，イオン性の場合にはアニオン性とカチオン性に，非イオン性の場合には置換基の種類と反応の違いによりアルキルセルロースとヒドロキシアルキルセル

$$\text{Cellulose-OH} \xrightarrow[\text{エーテル化}]{\text{NaOH/H}_2\text{O}} \text{Cellulose-O-R}$$

図2-27 セルロースのエーテル化

ロースに分けられる．その置換度や置換基分布，置換基の種類によって，溶解性が異なり，有機溶剤や水，アルカリ水溶液などへの溶解性の違いによって，その用途が分かれている．

a．アルキルセルロース

アルキルセルロースの工業生産は 1910 年に検討が始まり，特にメチルセルロース（Cellulose-OCH$_3$）はヨーロッパで 1925 年に，アメリカで 1938 年に製造が開始された．セルロースエステル類が繊維やフィルムなどの構造材料用途に主として用いられる傾向があるのに比べて，メチルセルロースに代表されるアルキルセルロースは，ファインケミカルスや添加剤のようにケミカルスとして用いられることが多い．その意味では，1)「構造から見る誘導体化の方法」で述べたように，誘導体化の際に要求される構造の再構築に関しては，エステル類とは違う見方ができる．

市販メチルセルロースは，漂白精製された溶解用パルプにアルカリを含侵させてアルカリセルロースとしたのち，エーテル化試薬と反応させる．洗浄ののち，粉砕工程を経て製造される．製造の過程で重合度は低下していくため，分子量分布は比較的広い．市販のメチルセルロース（DS1.6 程度）は，透明性が高く，流動性を持った水溶液となる．これを加熱すると，白濁したゲル状となり流動性がなくなる．これを冷却すると，再びもとの透明性の高い流動性のある水溶液に戻る（熱可逆ゲル）．この特性により，メチルセルロースはほかの水溶性高分子にない保水性や保形成を示し，さまざまな用途に用いられている[7]．

b．ヒドロキシアルキルセルロース

ヒドロキシエチルセルロース（Cellulose-OCH$_2$CH$_2$OH，HEC），ヒドロキシプロピルセルロース（Cellulose-CH$_2$CH(OH)CH$_3$，HPC）は，いずれも非イオン性の水溶性セルロースエーテルである．アルカリセルロースにそれぞれエチレンオキシド，プロピレンオキシドを反応させて合成される．一般に市販されている HEC は，付加モル数 MS（molar substitution）が 1.5 ～ 3.0 で，置換度は 0.9 ～ 1.4 の範囲にある．冷水，温水に溶解し，耐 pH 性，温度安定性，

耐塩性，耐薬品性に優れ，増粘，粘着，乳化分散，保水，保護コロイドなどの機能を有し，広範囲の粘度の溶液調製に使用することができる．HEC水溶液はゲル化を起こすことなく，その流動特性は擬塑性流動を示す．置換度 2〜3 の HPC は，水および低級アルコールに溶解する．水溶液濃度が 20% 以上になると，玉虫色を示すコレステリック（カイラルネマティック）液晶を示すことは，よく知られている．

6. セルロースの分解

多くの天然セルロースおよびフィルム状や繊維状に成形した再生セルロースは，結晶構造を有する比較的安定な多糖である．しかし，条件によってセルロースは化学構造変化を伴いながら重合度が低下し，元の性質が変化する．セルロースの分解には製造あるいは使用過程で起こる制御すべき分解および劣化と，目的のために意図的に進める分解がある．本項では生分解以外のセルロースの分解について概説する．詳細は成書にまとめられている[1]．

1）酸　分　解

セルロースは，D-グルコピラノースが β-(1→4)-グリコシド結合した鎖状多糖である．グリコシド結合は一種のアセタール結合であり，含水酸性条件下ではグリコシド結合が加水分解を受けてセルロースの重合度が低下する．グリコシド結合の酸加水分解は図 2-28 に示すように，プロトン（H^+）がグリコシド結合している酸素原子の不対電子対に結合することにより進む．なお，有機溶剤中での酸加水分解は加溶媒分解の項に記載する．

セルロースの水系酸加水分解挙動は，セルロースの固体構造（結晶形，結晶化度，結晶の大きさ，非晶分布など），共存する非セルロース成分の構造や量，酸加水分解の条件（用いる酸の種類や濃度，温度，処理時間，添加順序，装置など）に大きく影響される．また，条件によって程度の差はあるが，セルロースのグリコシド結合の酸加水分解以外の脱水などによる副反応が避けられな

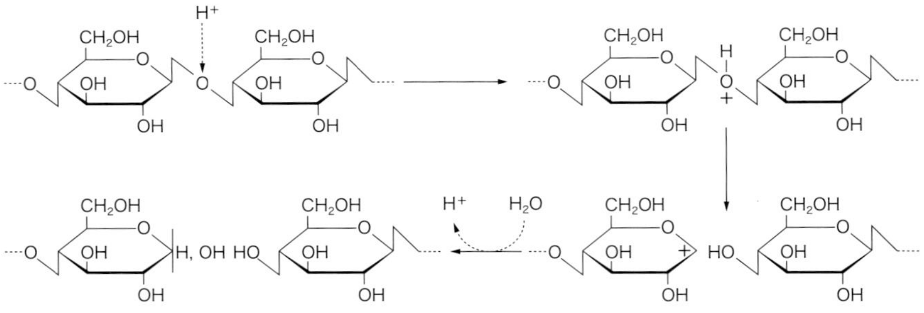

図2-28 セルロースの加水分解による重合度低下機構

い．

　酸性紙の保存過程での劣化，亜硫酸パルプ化処理などの酸性下でのパルプ化工程でのセルロースの重合度低下，未漂白クラフトパルプの希酸処理によるヘキセンウロン酸基除去過程でのセルロースの重合度低下，濃硫酸を触媒とする三酢酸セルロース調製過程でのセルロースの重合度低下，三酢酸セルロースから二酢酸セルロース製造過程での重合度低下などは，制御すべきセルロースの酸加水分解である．酸性紙の劣化を抑えるためには，各種の中和処理が検討されている．また，パルプ化および漂白過程での重合度低下を抑えるためには，pH，処理温度，処理時間を制御している．酢酸セルロース製造の際の重合度低下についても，含水量，温度，時間などを詳細に制御している．

　特に，高等植物由来のセルロース（漂白木材クラフトパルプ，綿セルロース，ラミーなど）には図2-29に示すように，1本のミクロフィブリルに沿って結晶領域と非晶領域が交互に分布する固体構造モデルが提唱されており[2]，結晶領域に比べて非晶領域の酸加水分解速度が大きい．したがって，この高等植物セルロースの固体構造を反映し，希酸加水分解によって重合度は急激に低下して常にほぼ一定の200〜300になる．この重合度をレベルオフ重合度（LODP）という．高等植物由来のセルロースを希酸加水分解（例えば3%硫酸中に浸漬し，80〜120℃で加熱処理）すると，収率の低下は緩やかであるが，重合度は急激にLODPに達する（図2-30）．このLODP挙動により，わずかな酸加水

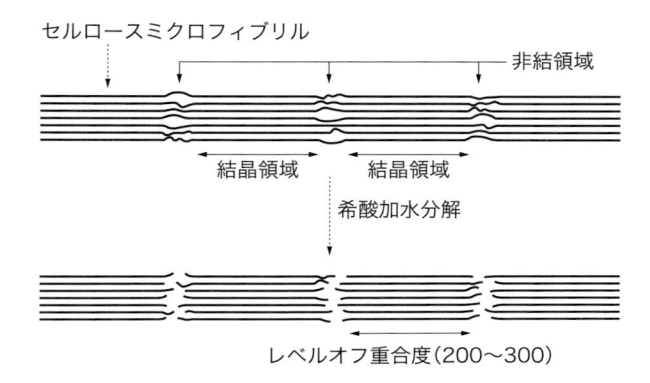

図2-29 高等植物セルロースミクロフィブリル中の結晶・非結晶分布モデル

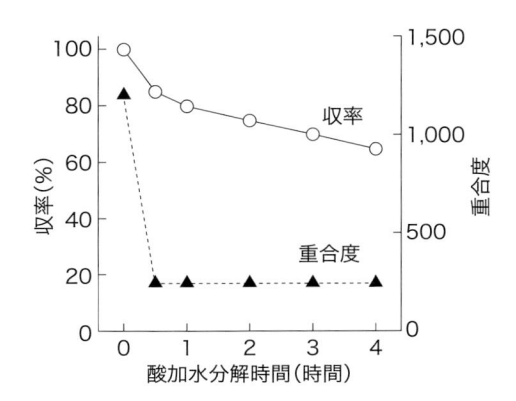

図2-30 高等植物セルロースの希酸加水分解処理時間と重合度および収率の変化

分解処理でもセルロースの重合度が低下して材料としての強度が低下する．

なお，高結晶性でほぼ純粋なセルロースI_β型のホヤセルロース，通常のバクテリアセルロース，バロニアやクラドフォラなどの藻類の高結晶性でセルロースI_αの含有率が高いセルロースには，LODPが存在しないといわれている．また，再生セルロース繊維のLODPは約40，天然セルロースや再生セルロースを20% NaOHで膨潤処理したセルロースのLODPは約80と報告されてい

る．リグノセルロースを100℃以上の高温水中で処理（＝蒸煮処理，オートヒドロリシス，爆砕処理など）すると，リグノセルロース中に含まれる微量の酢酸エステル基が加水分解されて酢酸が生成する．この酢酸が高温含水条件で非晶セルロース領域やヘミセルロースの希酸加水分解を進める結果，セルロース成分の重合度の値はLODPとなる．

高等植物由来のセルロースの希酸加水分解によるLODP挙動を利用して，微結晶セルロースが工業的に製造されている．木材セルロースの希酸加水分解後に粉砕処理して得られるアビセル®，リンターの希酸加水分解で得られるWhatman CF®あるいはAdvantecのセルロース粉末は，実験用のカラム充填剤，濾過助剤，食品添加物，錠剤などとして利用されている[3]．

一方，セルロースは72％硫酸，41％塩酸，85％リン酸などの高濃度の鉱酸に溶解する．含水量が低いために，溶解過程あるいは溶解後の酸加水分解速度は遅い．したがって，構成糖分析でセルロース試料を効率的に単糖に変換するには，72％硫酸に溶解後に水を添加して3％程度の硫酸濃度に希釈調整後（この希酸状態でもセルロースは析出しない），均一溶解状態を維持したまま，例えば120℃で1時間希酸加水分解処理する．

セルロースを85％リン酸に溶解させ，6週間後に水を加えて析出する部分を水およびアセトンで洗浄すると，重合度15の低重合度セルロースが高収率で得られる．また，その第1洗浄液にメタノールを添加すると，重合度7のセルロースオリゴマーが析出する[2]．

構成糖分析では，多糖成分を高収率で単糖に変換する条件を採用している．しかし，酸加水分解処理では生成した単糖は安定ではなく，酸による脱水反応によってヒドロキシメチルフルフラール，レブリン酸（levulinic acid），ギ酸などにまで変質していく（図2-31）．したがって，セルロースの酸糖化処理では，副反応を抑えてできるだけ単糖の収率を向上させるために，さまざまな前処理方法，酸加水分解方法が提案されている．高温での高圧水処理である超臨界水処理，亜臨界水処理，内部加熱効果のあるマイクロ波加熱処理，蒸煮処理，短時間の高温高圧水蒸気処理後に一気に常圧に戻す爆砕処理などは，効率的な

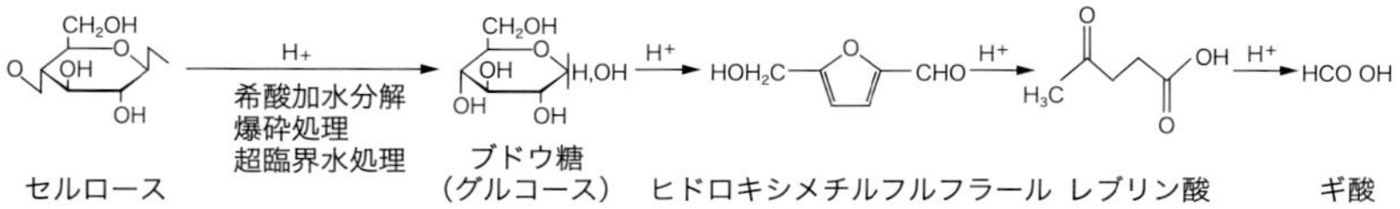

第2章 セルロースの化学

図2-31 セルロースの酸加水分解処理過程で生成するブドウ糖の酸処理によるさらなる化学構造変化

糖化処理方法あるいは糖化前処理方法として検討されている．これらの処理では，酸加水分解機構によってオリゴマーや単糖，フルフラールなどが生成する[4,5]．一方，セルロースから高収率でヒドロキシメチルフルフラール，あるいはレブリン酸を得る酸処理条件についても検討されている[6]．

2）アルカリ分解

セルロース中のグリコシド結合は，アルカリ性条件では比較的安定である．しかし，条件によっては，セルロース（およびヘミセルロース）の化学構造あるいはセルロース水酸基の酸化に起因する特有のアルカリ分解反応が起こる[1,2]．セルロース（およびヘミセルロース）のアルカリ分解の多くは，木材のクラフトパルプ化過程，アルカリ性下での未漂白パルプの各種漂白処理，ビスコースレーヨン製造の前処理やカルボキシメチルセルロースなどのセルロースエーテル類誘導体製造の際の前処理である20% NaOH浸漬処理，マーセル化による綿製品の改質などとの関連で検討されてきた．

セルロースの還元末端にはアルデヒド基があるために，アルカリ性条件下で還元末端からグルコース残基が1つずつグルコイソサッカリン酸（glucoisosaccharinic acid）として外れていくピーリング反応（peeling reaction）が起こる（図2-32）．特に木材のクラフトパルプ化過程で起こるために，ピーリング反応はパルプの収率低下になる．末端から外れるグルコース残基の量は，パルプ中のセルロースの重合度に比べればわずかであるため，パルプの重合度への影響，すなわち紙の強度への影響は少ないといわれている．ピーリング反応に進まない停止反応も起こるが，比率的には少ない．アントラキノン添加アルカ

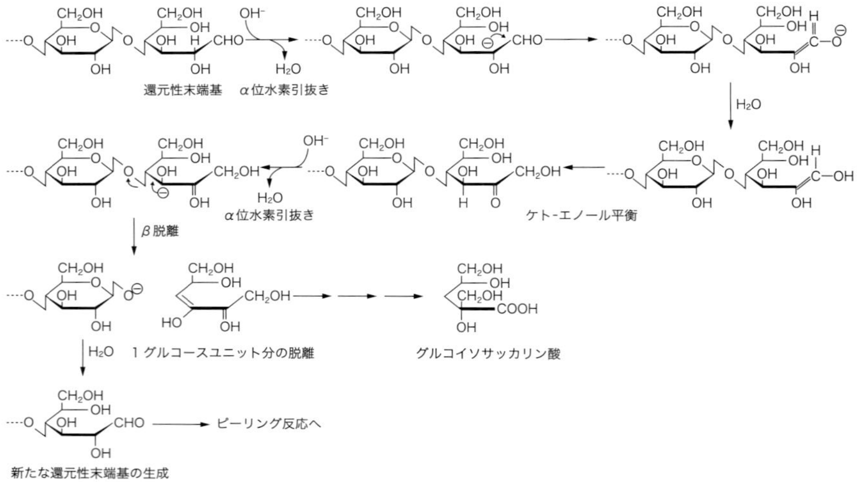

図2-32 セルロースのピーリング反応

りあるいはクラフト蒸解では，アントラキノンがセルロース，ヘミセルロースの還元末端のアルデヒド基を酸化してカルボキシル基に変換するために，ピーリング反応が抑えられてパルプ収率が向上する．また，ポリスルフィド蒸解でもポリスルフィドは酸化剤であり，同様の機構でピーリング反応を抑えてパルプ収率が上がる[1]．

　一方，高温アルカリ条件下では，リグニンのβ-O-4結合の開裂反応と同様の機構で，C-2位の水酸基の解離に始まるグリコシド結合の開裂反応（アルカリ加水分解）が起こる（図2-33）．この反応の頻度は低いが，起こった場合には，セルロースの希酸加水分解同様，ミクロフィブリルに沿って周期的に分布している非晶領域（図2-29）でランダムに起こるので，重合度の低下，紙の強度低下につながる．また，新たな還元末端が生成するためにピーリング反応の開始点となる．さらに，アルカリ加水分解によるセルロースおよびヘミセルロースの重合度の低下は，低分子量多糖のアルカリ性蒸解液への溶解，除去によるパルプの収率低下の要因にもなる．

　パルプの漂白過程でセルロース，ヘミセルロースのC-2位あるいはC-3位

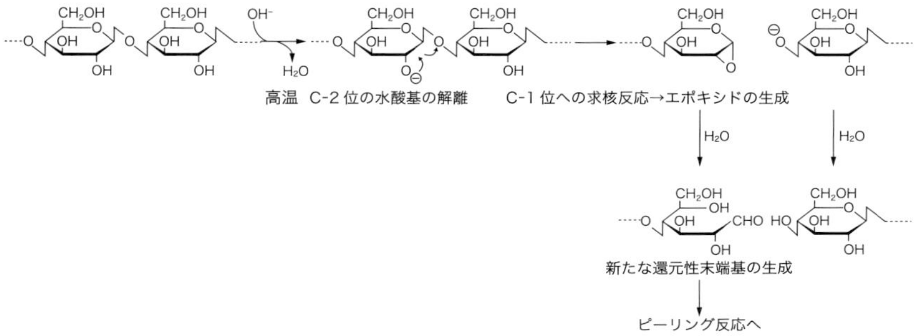

第2章　セルロースの化学

図2-33　セルロースのランダムアルカリ加水分解

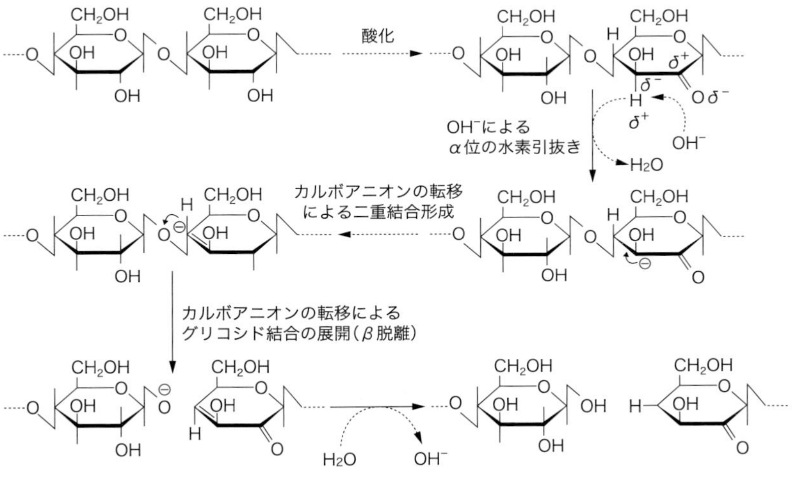

図2-34　C-2 あるいは C-3 位がケトンに酸化されたセルロースのアルカリ条件での β 脱離反応による重合度低下機構と $NaBH_4$ による還元反応との競合

の水酸基がケトンに酸化された場合，常温でもアルカリ性条件下で迅速に β 脱離反応が進む（図 2-34）．セルロースの場合には，C-2 位あるいは C-3 位のケトンへの酸化は非晶領域で起こるため（図 2-29），重合度低下，紙の強度低下につながる．最近の報告では，弱アルカリ性下での水素化ホウ素ナトリウム（$NaBH_4$）による還元処理過程でも，ケトンをアルコール性水酸基に還元す

る前に，β脱離反応で重合度低下が進むことが報告されている．この結果は，C-2位あるいはC-3位にケトン基を有する酸化漂白処理パルプの銅エチレンジアミン溶液（アルカリ性）に溶解させることによる粘度測定，重合度測定では，たとえ水素化ホウ素ナトリウムを添加しても溶解過程および溶液の粘度測定過程での重合度低下が避けられない（すなわち，パルプの正確な重合度測定ができない）ことを示している．一方，ビスコースレーヨン製造あるいは各種セルロースエーテル類製造の際に前処理として行われる20% NaOH浸漬処理では，酸素存在下でセルロースの酸化およびβ脱離による重合度の低下を故意に進め（老化処理），ビスコース溶液粘度やセルロース誘導体の物性を制御している．

3）酸 化 分 解

パルプの漂白処理では酸化剤を用いることが多い．塩素（Cl_2），二酸化塩素（ClO_2），亜塩素酸（$HClO_2$），次亜塩素酸など（$HClO$）が塩素系漂白剤として利用され，一方，酸素（O_2），オゾン（O_3），過酸化水素（H_2O_2），過硫酸（H_2SO_5），過有機酸（例えば過酢酸，CH_3CO_3H）などが酸素系漂白剤として実用化あるいは実験室レベルで検討されている[1]．これらの漂白剤は，多糖とは反応せずにパルプ中の残存リグニンあるいは着色成分とのみ選択的に反応して，それらを分解および除去するのが理想である．しかし，実際には多糖の分解反応も避けられず，その反応選択性は酸化剤によって異なる．特に，漂白処理が進んで分解すべき着色成分のパルプ中の含有量が少なくなってくると，圧倒的に比率の大きい多糖成分への反応および分解が避けられない．また，酸化剤そのものによる多糖の分解だけではなく，パルプ中の残存リグニン成分の漂白過程で2次的に生成する活性なラジカル成分，過酸化物などによる多糖の分解が，パルプの重合度低下の主要な機構であることが報告されている[1]．これまでに，各種酸化剤による詳細な多糖の分解機構解析，漂白処理過程における多糖の重合度低下を抑制するための金属イオン捕捉剤などが検討されている．

パルプの漂白目的以外にも，セルロースの酸化反応による各種改質が検討されている．過ヨウ素酸酸化によるジアルデヒドセルロースの調製，セルロー

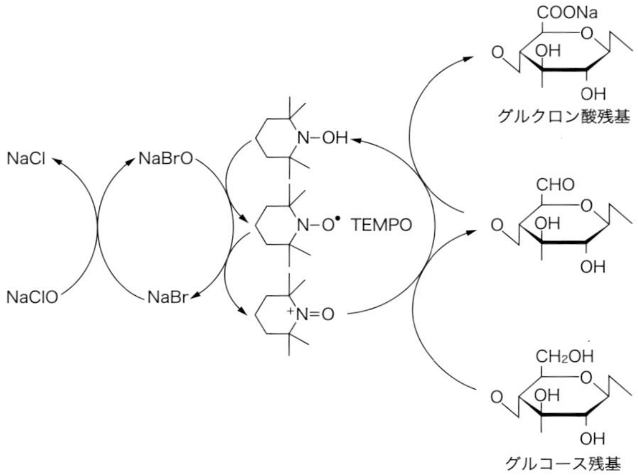

図2-35 セルロースの TEMPO 触媒酸化による C-6 位の 1 級水酸基の酸化

スをクロロホルム中に分散させ N_2O_4 処理による一部の C-6 位 1 級水酸基のカルボキシル基への酸化は従来から知られている[2]．亜塩素酸ナトリウム処理によるセルロースの段階的重合度低下処理，次亜塩素酸あるいは亜塩素酸を共酸化剤とする TEMPO 触媒酸化によるセルロースの C-6 位 1 級水酸基のカルボキシル基への酸化なども検討されている（図 2-35）[2]．これらの酸化処理過程では条件により程度は異なるが，セルロースの重合度低下は避けられない．特に，次亜塩素酸ナトリウムを共酸化剤とし，臭化ナトリウムと TEMPO による pH10 での再生セルロース，アルカリ膨潤処理天然セルロースの酸化によるセロウロン酸調製では，中間体として生成する C-6 位のアルデヒド基による β 脱離反応あるいは副生する活性ラジカルにより，それぞれの固体構造に対応したセロウロン酸の重合度の低下挙動が報告されている．

4）加 溶 媒 分 解

　セルロースを水系媒体ではなく，有機溶剤を主成分とする媒体に分散させ，濃硫酸，濃塩酸を少量添加することにより，有機溶剤成分と反応させながらセ

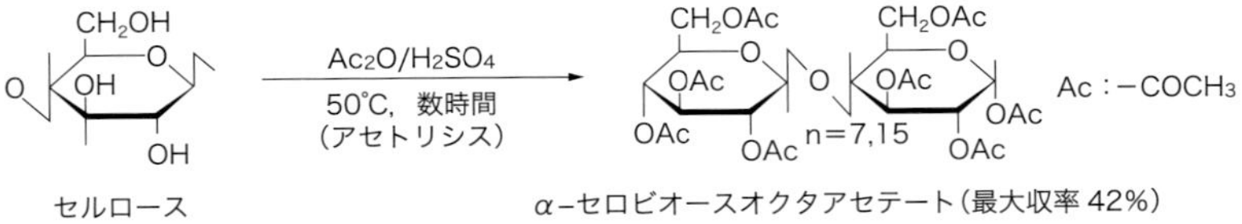

図2-36 セルロースのアセトリシスによるα-セロビオースオクタアセテートの生成

ルロースの重合度低下を進める反応を加溶媒分解という．従来から，アセトリシス，メタノリシスが代表的な加溶媒分解として知られている（図2-36）[2]．無水酢酸と濃硫酸中において，セルロースを50℃で14日程度処理するアセトリシスでは，最大収率42%でα-セロビオースオクタアセテートが得られる．

また，近年ではリグノセルロースの液化を目的として各種の加溶媒分解が検討されている[6]．代表的な例として，エチレングリコール/ポリエチレングリコール/濃硫酸中での加熱処理によるセルロースの加溶媒分解，環状カーボネート中での加熱処理によるセルロースの加溶媒分解が報告されている．これらの加溶媒分解処理を経ることにより，条件によっては70〜90%収率でレブリン酸が得られる．

5）熱　分　解

高純度のセルロースは，不活性ガス中では300℃付近で，空気中では200℃付近から熱分解が開始し，CO_2，CO，H_2などの気体分解物を放出して重量が減少し，炭化物やタールを生成する．特に，セルロースを真空中で加熱処理すると熱分解過程で揮発性のレボグルコサン（levoglucosan）を生成し，条件によってはその収率は70%に達する（図2-37）[1,2]．

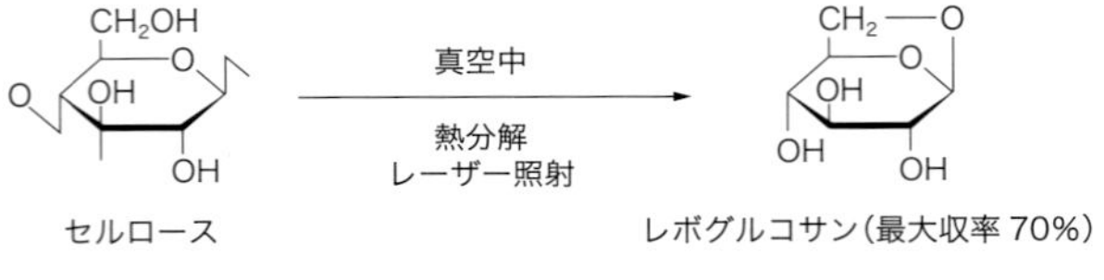

図2-37 セルロースの熱分解によるレボグルコサンの生成

セルロースを不活性ガス中で還元的に燃焼させて，セルロース中の水素と酸素のみを H_2O として除去できれば 44.4％ の理論収率で炭化物が得られるはずである．しかし，実際には気体成分やレボグルコサン，タールなどの生成を完全には制御できず，炭化物の収率は低下する．1,000℃以下では非晶性の炭となるが，熱処理温度上げると 1,500℃以上でグラファイト構造が形成し，2,500℃程度で最大量のグラファイト化が達成される[7]．セルロースのミクロフィブリル構造を維持させながら炭化させることにより，ナノサイズ幅のカーボンナノ材料が得られ，キャパシタ電極や燃料電池用触媒担体としての応用が期待されている[7]．

レーザー光照射処理によるセルロース分解の主な機構は熱分解であり，レボグルコサンのほか，さまざまな熱分解物を与える[1]．

6）光分解，電子線分解

セルロース製品の中でも紙は，保存や使用環境によっては可視〜紫外光や電子線照射を受ける場合があり，条件によっては力学物性が低下し，着色などの劣化を起こす．高純度のセルロースは波長 300nm 以上の紫外〜可視光を吸収

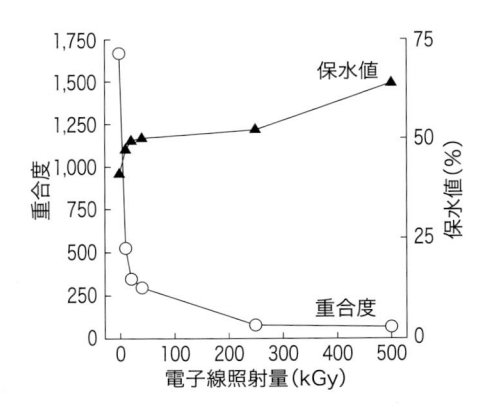

図2-38 電子線照射によるリンターセルロースの重合度低下と保水値の変化
(Klemm, D. et al., 1998)

することはない．しかし，印刷による染料・顔料成分や，製紙用添加剤成分，あるいはパルプに含まれているリグニン・パルプ化漂白過程でのリグニン分解物成分などの非セルロース成分が共存する場合には，それらが光を吸収してラジカルなどを発生させながらセルロース分子鎖の切断 - 重合度低下が起こり，酸素存在下では相乗効果によってさらにその速度が加速される．

また，ある種の印刷インキは，電子線照射によって紙を硬化させる場合がある．電子線照射が紙の内部に至る場合には，セルロース分子鎖の切断 - 重合度低下が起こる．図 2-38 に示すように [8]，電子線照射条件により元のリンターセルロースの重合度は著しく低下し，保水値はわずかに上昇する傾向を示す．ガンマ線照射でも同様の重合度低下および保水値微増の傾向を示す．

7）機械的処理による分解

水存在下で天然セルロース繊維にズリあるいはせん断力をかけることにより，外部フィブリル化や内部フィブリル化が起こり，漂白クラフトパルプでは一部の細胞壁外層の S1 層が剥離する現象はよく知られている．製紙用パルプの叩解処理による紙の物性制御，ミクロフィブリル化セルロース調製はこのフィブリル化に当たる．ミクロフィブリル化セルロース（例えば，ダイセル化学工業のセリッシュ®，図 2-39）は，木材セルロースを水に分散させ，何回かの高圧ホモジナイザー処理を繰り返すことにより，高度に水で膨潤したゲルとして得られる．これらの水中での叩解あるいはフィブリル化処理は，木材由来の漂白化学パルプ繊維がミクロフィブリルというセルロース分子が 30 〜 50 本集まった結晶性の束をエレメントにして，さらにそのエレメン

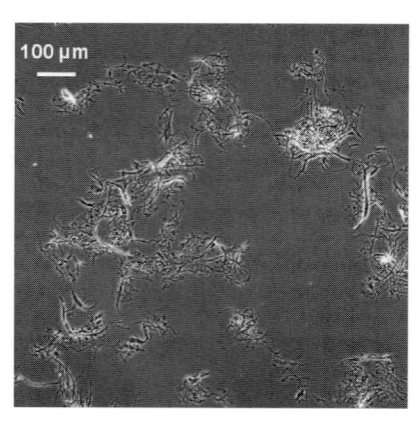

図 2-39 ミクロフィブリル化セルロースの含水状態での位相差顕微鏡写真

トが複数の束になって集合している階層構造を利用している．超音波処理を含むこれらの含水状態での機械処理条件では，ヘミセルロースが10％程度含まれている漂白クラフトパルプ繊維の形態的な変化は著しいが，セルロースの重合度低下は多くの場合はわずかである．一方，リンターセルロースのようにヘミセルロース含有量が低く，結晶化度が高く，保水性の低いセルロース，すなわち水膨潤性の低い高結晶性で高純度セルロースの場合には，叩解処理過程でも重合度の低下が認められる．

セルロース繊維や木粉をトルエンなどのセルロースを膨潤させない有機溶剤中や空気中でボールミル粉砕処理をすると，時間経過とともに重合度が低下し，元のセルロースの結晶化度が低下する．最終的にはX線回折パターンで元の結晶由来のピークのない非晶セルロースが得られる．近年，セルロースの酵素糖化効率をあげるための前処理や合成高分子との複合化による加工成形性付与を目的として[9]，木粉あるいはセルロース繊維の空気中での微粉砕処理が盛んに検討されている．リンターセルロースを遊星型ボールミルで粉砕した際の結晶化度の変化と重合度を図2-40に示す．粉砕処理は電気エネルギーを要するため，効率的な粉砕処理条件，粉砕装置が多数提案されている．

微粉砕処理したセルロースあるいは木粉は，反応性の阻害要因であった結晶構造が消失して非晶化し，比表面積が増大して溶媒や薬品，セルラーゼと

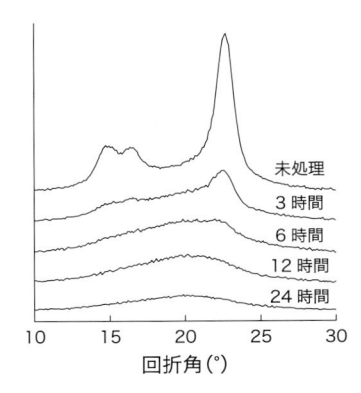

図2-40 ボールミル粉砕によるセルロースの結晶構造変化

の接触面積が増加するために，場合によっては著しい反応効率の向上が認められる．木粉を微粉砕処理すると，ジメチルスルホキシド（DMSO）中で無水酢酸とN-メチルイミダゾリジノン（NMI）によりすべての水酸基をアセチル化することができ，全量がクロロホルムなどの有機溶剤に可溶になる[10]．また，天然セルロースをTEMPO触媒酸化しても水可溶性のセロウロン酸（β-(1→4)-ポリグルクロン酸ナトリウム）は得られないが，ボールミル粉砕すると定量的にセロウロン酸が得られるようになる．

微粉砕処理過程でのセルロースの非晶化や重合度低下の詳細な機構は不明である．しかし，セルロース分子鎖がホモリティックに切断するとすれば，ラジカルが生成しており，それらのカップリングによる分子鎖間の架橋などもわずかながら起こっている可能性がある．

引 用 文 献

1. セルロースの化学構造
1) 磯貝　明：セルロースの科学, p.1-11, 朝倉書店, 2003.
2) 黒田健一：木質科学実験マニュアル, 文永堂出版, p.92-97, 2000.

2. セルロースの結晶・微細構造
1) Koyama, M. et al.：Proc. Natl. Acad. Sci. USA 94, 9091-9095, 1997.
2) Atalla, R. H. and Vanderhart, D. L.：Science 223, 283-285, 1984.
3) Sugiyama, J. et al.：Macromolecules 24(14), 4168-4175, 1991.
4) Nishiyama, Y. and Okano, T.：J. Wood Sci. 44(4), 310-313, 1998.
5) Okano, T. and Sarko, A.：J. Appl. Polym. Sci. 30(1), 325-332, 1985.
6) Kim, N. H. et al.：Biomacromolecules 7(1), 274-280, 2006.
7) Yatsu, L. Y. et al.：Text. Res. J. 56(7), 419-424, 1986.
8) Kulshreshtha, A. K.：Journal of the Textile Institute 70(1), 13-18, 1979.
9) Wada, M. et al.：Biomacromolecules 5(4), 1385-1391, 2004.
10) Buleon, A. and Chanzy, H.：J. Polym. Sci., Part B：Polym. Phys. 18(6), 1209-1217, 1980.
11) Wada, M.：Macromolecules 34(10), 3271-3275, 2001.
12) Marchessault, R. H. and Liang, C. Y.：J. Polym. Sci. 43(141), 71-84, 1960.

13) Sugiyama, J. et al.：Macromolecules 24(9), 2461-2466, 1991.
14) Imai, T. et al.：J. Struct. Biol. 127(3), 248-257, 1999.
15) Kono, H. et al.：J. Am. Chem. Soc. 124(25), 7512-7518, 2002.
16) Kono, H. et al.：Macromolecules 36(10), 3589-3592, 2003.
17) Horii, F. et al.：Polym. Bull. 10(7-8), 357-361, 1983.
18) Langan, P. et al.：J. Am. Chem. Soc. 121(43), 9940-9946, 1999.
19) Nishiyama, Y. et al.：J. Am. Chem. Soc. 124(31), 9074-9082, 2002.
20) Nishiyama, Y. et al.：J. Am. Chem. Soc. 125(47), 14300-14306, 2003.
21) Wada, M. et al.：Macromolecules 37(23), 8548-8555, 2004.

3. セルロースの分離と精製

1) 杉山淳司ら：Mokuzai Gakkaishi, 31, 61-67, 1985.
2) 巽　大輔：セルロース学会第13回年次大会要旨集, p.76, 2006.
3) Lukanoff, B. et al.：Cell. Chem. Technol., 13, 417-427, 1979.
4) Zhang, L.：Macromol. Rapid Commun., 25, 1558, 2004-1562, 2004.
5) Zhang, H.：Macromolecules, 83, 8272-8277, 2005.

4. セルロースの高分子的性質

1) Staudinger, H.：Nobel Lecture, 1953.
2) McCormick, C. L. et al.：Macromolecules, 18, 2394-2401, 1985.
3) 岡村誠三ら：高分子化学序論 第二版, p. 52, 化学同人, 1981.
4) 高分子学会（編）：高分子化学の基礎 第2版, 東京化学同人, 1995.
5) Tamai, N. et al.：Nihon Reoroji Gakkaishi, 31, 119-130, 2003.
6) Kuga, S. et al.：Cellulose, Structure and Functional Aspects(eds. by Kenedy, J. F. et al.), John Willey & Sons, NY, Chap.6, 1989.
7) Yanagizawa, M. and Isogai, A.：Biomacromolecules, 6, 1258-1265, 2005.
8) Aono, H. et al.：Nihon Reoroji Gakkaishi, 32, 169-177, 2004.
9) Brandrap, J. et al.(eds.)：Polymer Handbook, 4th ed., John Wiley & Sons, 1999.
10) 松本孝芳：コロイド科学のためのレオロジー, 丸善, 2003.
11) Tamai, N. et al.：Biomacromolecules, 5, 422-432, 2004.

5. セルロースの誘導体

1) 磯貝　明：セルロースの材料科学, p.24, 東京大学出版会, 2001.
2) 近藤哲男：セルロースの科学（磯貝　明 編), p. 84, 朝倉書店, 2003.
3) 磯貝　明, 手塚育史：セルロースの事典（セルロース学会 編), p.113, p.131, 朝倉書店, 2000.

4) 野村忠範：セルロースの事典（セルロース学会 編), p.462, 朝倉書店, 2000.
5) 西村久雄：セルロースの事典（セルロース学会 編), p.477, 朝倉書店, 2000.
6) 例えば Kondo, T.：J. Polym. Sci.B. Polym. Phys., 35:717, 1997.
7) 恩田吉郎, 早川和久：セルロースの事典（セルロース学会 編), p.481, 朝倉書店, 2000.

6. セルロースの分解

1) 石津　敦ら：セルロースの事典（セルロース学会 編), p.165-200, 2000.
2) 磯貝　明：セルロースの科学（磯貝　明 編), p.56-66, 朝倉書店, 2003.
3) 大生和博：セルロース利用技術の最先端（磯貝　明 編), シーエムシー, p.140-151, 2008.
4) 飯塚堯介：ウッドケミカルスの最新技術（飯塚堯介 編), シーエムシー, p.35-48, 2000.
5) 坂　志朗：ウッドケミカルスの新展開（飯塚堯介 編), シーエムシー, p.46-66, 2007.
6) 小野拡邦：ウッドケミカルスの新展開（飯塚堯介 編), シーエムシー, p.80-84, 2007.
7) 空閑重則：セルロースの科学（磯貝　明 編), 朝倉書店, p.154-155, 2003.
8) Klemm, D. et al.：Comprehensive Cellulose Chemistry, Viley-VCH, New York, 1998.
9) 遠藤貴士：セルロースの科学（磯貝　明 編), 朝倉書店, p.159-161, 2003.
10) Fachuang, L. and Ralph, J.：Proc. ISWPC, Madison, Vol.1, p.183, 2003.

第3章　ヘミセルロースの化学

1．ヘミセルロースの化学構造

　ヘミセルロース（hemicellulose）という名称は，植物細胞壁をアルカリ抽出して得られる多糖類の総称である．セルロースとは異なり，ヘミセルロースは種々の糖残基が多様な結合をしたヘテロポリマーであるが，ヘミセルロース（hemi，半分＋cellulose）という名称が定着している．ペントサンという名称がヘミセルロースのかわりにまれに使われる．熱水，希酸，キレート試薬などにより抽出されるペクチンは，ヘミセルロースには含まれない．ヘミセルロースは，①キシラン（xylan；グルクロノキシラン，アラビノグルクロノキシラン，アラビノキシラン），②マンナン（mannan；グルコマンナン，ガラクトグルコマンナン），③キシログルカン（xyloglucan），④グルカン（glucan；[β-(1→3)，(1→4) グルカン，カロース]）の4つに大別される．広葉樹材は20～30％のヘミセルロースを含み，そのうちの80～90％がグルクロノキシランで，残りは主にグルコマンナンである．針葉樹材の主なヘミセルロースはアラビノグルクロノキシランとグルコマンナンである．キシログルカンは広葉樹や針葉樹の一次壁に存在する．このほかに，カラマツ心材には特異的にアラビノガラクタンが含まれる．また，あて材にはガラクタンやグルカンが存在する．β(1→3，1→4) グルカンは単子葉イネ科植物に特徴的に含まれ，樹木には含まれないが，イネやソルガムなどの草本植物はバイオエタノールの原料として注目されているので，部分的に触れることにした．

1）キシラン

(1) グルクロノキシラン

　グルクロノキシラン（glucuronoxylan）の主鎖構造は，図1-8に示したようにβ-(1→4)結合したD-キシロース残基から構成され，平均重合度は150～200である．4-O-メチル-D-グルクロン酸あるいはD-グルクロン酸がキシロース残基10個当たり1個の比率で2位に結合し，それらは主鎖中にランダムに分布している．また，アセチル基がキシロース残基10個当たり5～7の比率でC-2およびC-3位に結合している．この多糖は広葉樹材に含まれるヘミセルロースの中で量的に多く，最も重要なヘミセルロースである．図3-1に示したL-ラムノース，ガラクツロン酸，キシロース残基から構成されるオリゴ糖（図3-1）が，シラカンバ[1]，トウヒ，ユーカリ，シロイヌナズナ，ケナフから単離され，それらは還元末端に存在することが示されているので，グルクロノキシランの還元末端は図3-1の構造を持つと考えられる．

$$\beta-D-Xyl-(1\to3)-\alpha-L-Rha-(1\to2)-\alpha-D-GalA-(1\to4)-D-Xyl$$

図3-1　グルクロノキシランの還元末端の構造

(2) アラビノグルクロノキシラン

　アラビノグルクロノキシラン（arabinoglucuronoxylan）は，α-(1→3)結合したL-アラビノフラノース（L-Ara$f$）が前述したグルクロノキシランのキシロース残基に結合した多糖である（☞図1-8）．この多糖は針葉樹材の主要なヘミセルロースの1つである．4-O-メチル-D-グルクロン酸の含有量は，広葉樹材のグルクロノキシランのそれよりも高く，キシロース残基5～6個当たり1個の割合で，それらの多くは隣接した2個のキシロース残基にそれぞれ結合している．シカモアカエデの培養細胞から，約5％の収率でアラビノグルクロノキシランが単離されている．これは，広葉樹からアラビノースを含むキシランが得られた例であり，4-O-メチル-グルクロン酸残基のほかにグルク

ロン酸残基を含む.

(3) アラビノキシランの化学構造

アラビノキシラン（arabinoxylan）は,主要な穀物（イネ,コムギ,オオムギ,トウモロコシ,ソルガム）やタケノコ,ライグラスなど,単子葉イネ科植物から単離されている.キシロースとアラビノースのみから構成される中性多糖と中性糖のほかにわずかにウロン酸を含む酸性多糖の2種類が存在し,後者は通常グルクロノアラビノキシランとして扱われる.アラビノキシランはキシラン主鎖に（α-L-Ara$f$）残基が3位あるいは2位,あるいは2位と3位の両方に結合している.アラビノキシラン中のアラビノフラノースの一部には,フェルラ酸や p-クマル酸がC-5位にエステル結合している.

2) マ ン ナ ン

(1) グルコマンナン

グルコマンナン（glucomannan）は,D-グルコース残基とD-マンノース残基がランダムにβ-(1→4)結合した直鎖状の多糖である（☞図1-9）.グルコースとマンノースの比は一般には1:2であるが,カバ材のグルコマンナンでは1:1になる.この多糖は,広葉樹材中ではグルクロノキシラン（20〜35％対木材）に次いで多く含まれる（3〜5％対木材）.

(2) ガラクトグルコマンナン

ガラクトグルコマンナン（galactoglucomannan）は,グルコマンナンのマンノース残基の6位にα-D-ガラクトースが1つ結合した構造を持つ（☞図1-9）.ガラクトグルコマンナンはガラクトース残基含有量が低いため水に溶けない部分と,その割合が高く水に溶ける部分に分類され,通常,前者はグルコマンナン,後者はガラクトグルコマンナンと呼ばれている.アセチル基がマンノース残基のC-2位あるいはC-3位に結合している.ガラクトグルコマンナンは針葉樹材の主要なヘミセルロースである（10〜15％,対木材当たり）.

3) キシログルカン

キシログルカン (xyloglucan) は，セルロース様 β-(1 → 4)-D-グルカンを主鎖とし，その大部分の D-グルコース残基の 6 位に α-D-キシロース残基が結合した構造を持つ（☞ 図 1-7）．キシログルカンはタマリンド種子などの貯蔵多糖として存在することが古くから知られ，デンプンと同様にヨード試薬で呈色することからアミロイドと呼ばれていた．その後，双子葉，単子葉植物を問わず，一次壁に広く存在することが明らかになった．キシログルカンは細胞壁からペクチンを除いたあとにアルカリで抽出される．通常，ヘミセルロースは 4％水酸化カリウムで抽出されるが，キシログルカンの抽出量はわずかで，大部分は高濃度のアルカリ（24％水酸化カリウム）により抽出される．この事実は，一次壁中のキシログルカンはセルロースミクロフィブリルと強い水素結合を形成していることを示す[2]．アセチル基がキシログルカンのガラクトース残基に結合している．キシログルカンの含有量は双子葉植物の一次壁では約 20％，イネ科単子葉植物のそれでは約 2％である．

4) グルカン

1) カロース

カロース (callose) は，D-グルコース残基が β-(1 → 3) 結合した多糖（図 3-2）で，主に師管や花粉管に存在するが，植物病原菌による感染などにより生成する．ブドウの木の師板の肉状体（callus）から最初に分離されたので，カロース（callose）という名前が付いている．カロースはアリニンブルーやレゾルシノールブルーで緑色蛍光を呈するので，これを利用して組織内での分布や

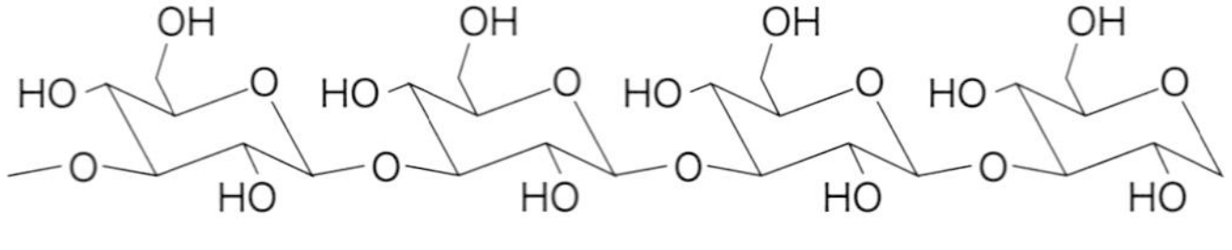

図3-2 カロースの化学構造

生成が観察できる．アメリカカラマツの圧縮あて材から得られるものは，ラリシナン（laricinan）と呼ばれる．

2） β-(1→3), (1→4) グルカン

β-(1→3), (1→4) グルカン（β-(1→3), (1→4) glucan）は，D-グルコース残基が β-(1→3) および β-(1→4) 結合で重合した直鎖状多糖（図 3-3）で，単子葉イネ科植物に広く分布している．（1→3）と（1→4）結合の比率は植物種や組織により異なるが，一次壁由来のものは約 3：7 である．この多糖は，セロトリオースおよびセロテトラオースの単位が β-(1→3) 結合で連なった直鎖状構造をとる．そのため，酵素リケナーゼ（EC 3.2.1.73）を用いて加水分解すると，3-O-β-セロビオシル-D-グルコースと 3-O-β-セロトリオシル-D-グルコースの 2 種のオリゴ糖が回収される．

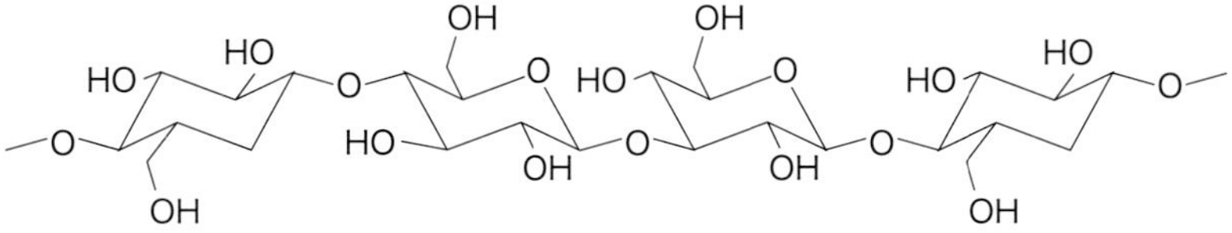

図3-3　β-(1→3), (1→4)グルカンの化学構造

2．ヘミセルロースの分布と分離および精製

1）ヘミセルロースの分布

1950 年代後半から木材細胞壁内の多糖の分布に関する研究が行われ，Meier ら[1]は，1961 年に分化中の木材繊維を M＋P，M＋P＋S_1，M＋P＋S_1＋S_2 および M＋P＋S_1＋S_2＋S_3 のフラクションに分け，それぞれを加水分解して生じた単糖をペーパークロマトグラフィーで分析した．この結果から計算された各層の多糖分布は表 3-1 のようになった．これより，M＋P 層はペ

クチン質に富み，Betula ではグルクロノキシランの大部分は S_1 および S_2 に存在した．Picea および Pinus のグルコマンナン含有量は，細胞壁の外側から内側へ向かって増加する傾向にあった．この研究では，分化中の細胞壁のヘミセルロース量は分化後も変化しないことを前提としており，また，細胞壁中で容積％と重量％は等しいとの仮定のうえに成り立っている．しかし，その後の研究から，分化中の木材細胞壁に挿入的にキシランが堆積することが明らかとなっており，この結果が木材細胞壁中の多糖の分布を正確に表しているとは言い難い．

そこで，1983 年に Vian ら[2)] は酵素が特定の基質のみと結合する性質（基質特異性）を利用して，細胞壁中の多糖の分布を明らかにすることを試みた．まず，キシラナーゼタンパク質と金コロイドの複合体を調製し（Enzyme-gold 法），それを透過電子顕微鏡観察用樹脂に包埋した Tilia platyphyllos の木部組織に作用させた．キシラナーゼ-金複合体はキシランと結合し，電子顕微鏡下で金コロイドが黒点となってキシランの細胞壁中での分布位置を示した（図

表 3-1 細胞壁の各層における多糖のパーセンテージ

多糖	M＋P	S_1	S_2 外側部分	S_2 内側部分＋S_3
カバ（Betura verrucosa）				
ガラクタン	16.9	1.2	0.7	0.0
セルロース	41.4	49.8	48.0	60.0
グルコマンナン	3.1	2.8	2.1	5.1
アラビナン	13.4	1.9	1.5	0.0
グルクロノキシラン	25.2	44.1	47.7	35.1
トウヒ（Picea abies）				
ガラクタン	16.4	8.0	0.0	0.0
セルロース	33.4	55.2	64.3	63.6
グルコマンナン	7.9	18.1	24.4	23.7
アラビナン	29.3	1.1	0.8	0.0
アラビノグルクロノキシラン	13.0	17.6	10.7	12.7
マツ（Pinus silvestris）				
ガラクタン	20.1	5.2	1.6	3.2
セルロース	35.5	61.5	66.5	47.5
グルコマンナン	7.7	16.9	24.6	27.2
アラビナン	29.4	0.6	0.0	2.4
アラビノグルクロノキシラン	7.3	15.7	7.4	19.4

3-4).その結果,キシランの分布は二次壁のみに見出され,その中で S_1 層から S_2 層へ移行する部分に存在することが明らかとなった.また,この方法を用いて Arundo donax のキシランと Picea のグルコマンナンの分布が検討され,前者は一次壁に,後者は S_2 層に顕著に存在していることが明らかとなった.

また,80 年代後半に抗原抗体反応を利用して,細胞壁中でのヘミセルロースの分布を確認する方法が開発された[3].この方法は,ウサギなどの小動物にヘミセルロースに対する抗体を作らせ,その抗体タンパク質と金コロイドの複合体を調製するものである.前述の Enzyme-gold 法と同様に,抗体は抗原と特異的に結合するので,キシランを抗原とした抗体-金コロイド複合体は透過電子顕微鏡用試料の上で,キシランと結合してその分布位置を示すことになる.こうして,ブナでは二次壁にキシランが特異的に分布しており,ポプラ,アカマツ,ヒノキではグルコマンナンが二次壁に顕著なことが明らかとなった.

これら電子顕微鏡観察による方法は,視覚的にヘミセルロースの細胞壁中での分布を捉えるには好都合であるが,定量的な情報を得ることはできない.細

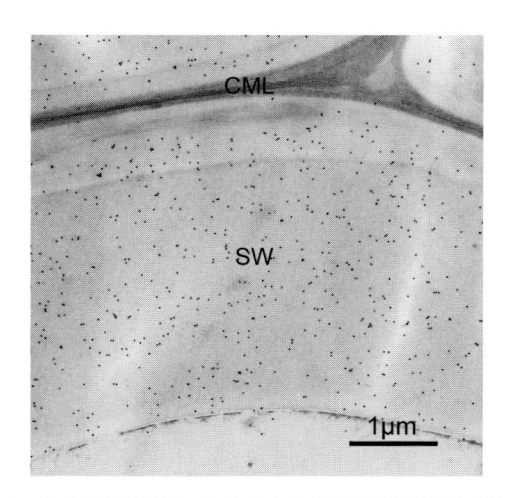

図 3-4 免疫金標識法によるブナ木部繊維の電子顕微鏡写真
二次壁(SW)に存在する黒点(抗キシラン抗血清-15nm 金コロイド標識二次抗体)は,キシランの標識を示している.複合細胞間層(CML)に標識は観察されない.(写真提供:粟野達也)

胞壁中のヘミセルロースの定量的な分布を調べるには，やはり細胞壁を構成する各層を精密に分離し，それらを加水分解して構成糖を分析する必要がある．最近の液体クロマトグラフの性能向上に伴って，微量試料を加水分解して構成糖を分離分析することは可能となっているので，今後，細胞壁を正確に分離する技術の開発が期待される．

2）ヘミセルロースの分離および精製

カラマツ材に含まれるアラビノガラクタンのような水溶性多糖では，脱リグニンを行っていない木粉から直接抽出可能である．また，広葉樹の場合，室温中木粉からヘミセルロースを24％の水酸化カリウムで直接抽出することもできるが，針葉樹では脱リグニンを行う必要がある．これは，広葉樹のリグニンが細胞間層に集まっているのに対し，針葉樹では二次壁に多く存在してヘミセルロースと密接に関連しているためと思われる．また，広葉樹からアルカリで直接抽出する場合，リグニンの一部も混入するので後の精製が複雑になる．よって，ヘミセルロースの分離を行うには，あらかじめ脱リグニンを行う必要がある．

(1) ホロセルロースの調製

木粉から選択的にリグニンを除去してホロセルロース（holocellulose）を得るには，70℃で亜塩素酸ナトリウム水溶液に酢酸を加えて二酸化塩素を発生させ，リグニンを酸化的に分解するWise法が広く用いられている．反応種である二酸化塩素はパルプ漂白にも用いられており，リグニンに対する反応選択性は非常に高い．しかし，副反応として少量の次亜塩素酸が生じるので[4]，多糖へのカルボキシル基の導入が生じる．また，この方法では反応中に液が酸性になると多糖の加水分解による脱離が生じることと，二酸化塩素の最適反応pHが4.5であることから，酢酸緩衝液を用いてpHを4〜5に保つ改良法も提案されている．

そのほかに，塩素-モノエタノールアミン法も使用される．この方法では，

0～2℃の低温下，木粉-水スラリーを激しく撹拌しながら塩素ガスを5分間吹き込み，リグニンを低分子化する．その後，直ちに濾過し，木粉を水およびエタノールで洗浄する．さらに，これを75℃以上の3％モノエタノールアミン-エチルアルコール溶液で洗浄する一連の操作を繰り返して，リグニンを選択的に除去する．塩素は二酸化塩素と同様にリグニンに対する反応選択性が非常に高いが，脱リグニンが進んでその残存量が少なくなった状態では，多糖へのカルボニル基やカルボキシル基の導入は避けられない．加えて，モノエタノールアミンによる洗浄時に，ヘミセルロースのアセチル基が転位する可能性もあり，注意を要する．また，塩素とリグニンの反応時に，リグニンの酸化分解に先んじてリグニン芳香環の塩素化が生じるため，ダイオキシンをはじめとする有機塩素化物が生成する点[5]は留意すべきである．

そのほかに，過酢酸を用いる方法もあるが，過酢酸の調製が面倒であることと，多糖へのカルボキシル基の導入が著しいため，一般的ではない．

(2) ヘミセルロースの分離法

ホロセルロースからヘミセルロースを分離する場合，基本的にアルカリ水溶液による抽出法が用いられる．このとき，強アルカリ性下で多糖に生ずる還元末端からのピーリング反応や構成糖単位のC-2やC-3炭素に対するカルボニル基の導入を最小限に留めるため，抽出は室温以下の低温で窒素などの不活性ガスを流して行わねばならない．抽出したヘミセルロースは，さまざまな方法を用いて沈殿させ，分離する．

a．有機溶媒による方法

抽出液にエタノール，メタノール，アセトンなどの有機溶媒を加えてヘミセルロースを沈殿させる方法は最も一般的である．エタノールの場合，溶液中の濃度が80％程度になるとヘミセルロースの沈殿が形成される．目的とするヘミセルロースが低分子の場合，さらにエタノール濃度を高める必要がある．沈殿を濾過または遠心分離で回収したのち，さらにアルカリ溶液に溶解してエタノールから沈殿させる操作を繰り返すことにより，不純物を除くことができる．

b．銅塩による方法

II価の銅塩はヘミセルロースと錯化合物を形成し，沈殿を生じる．ヘミセルロースの場合，グルコマンナンやキシランの沈殿分離にフェーリング試薬（Fehling's solution）が利用されてきた．沈殿は，希塩酸などを含むアルコール溶液で洗浄し，銅イオンを除去する．水溶性のヘミセルロースについては，陽イオン交換樹脂による脱銅も可能である．

c．水酸化バリウムによる方法

水酸化バリウムは，マンノース単位の C-2 および C-3 の水酸基との間に錯体を形成してアルカリに対する溶解度を低下させるので，良好な沈殿剤となる．よって，ガラクトグルコマンナンやグルコマンナンなどの β-1,4- 結合したマンナン類をキシランと分離する場合に有効である．また，ガラクタンの沈殿にも用いられている．グルコマンナンやガラクトグルコマンナンは，0.03M/L 以下の水酸化バリウム濃度で沈殿するが，広葉樹キシランのグルクロノキシランは沈殿に 0.15M/L の濃度を必要とする．また，針葉樹キシランのアラビノグルクロノキシランは沈殿を形成しない．

d．4級アンモニウム塩による方法

セチルピリジニウムイオン（cetylpyridinium ion）やセチルトリメチルアンモニウムイオン（cetyltrimethylammonium ion）のような長鎖4級アンモニウムイオンは，酸性基を含むグルクロノキシランなどのヘミセルロースと複合体を形成して沈殿する．しかし，アラビノガラクタンのような中性ヘミセルロースの場合，ホウ酸と錯体を形成して陰イオンとなった場合や強アルカリ中で水酸基がイオン化して陰イオンとなった場合のみ，前記4級アンモニウム塩と複合体を形成するので，これを利用して酸性ヘミセルロースと中性ヘミセルロースを分離することができる．

(3) 広葉樹キシランの分離

広葉樹キシランは，ほとんどの場合，側鎖に 4-O- メチルグルクロン酸を持つグルクロノキシランであり，これは広葉樹ホロセルロースを室温中24％水

酸化カリウム水溶液で抽出することにより，80～90％の収率で分離することが可能である．抽出液は酢酸で中和し，含まれるグルクロノキシランはエタノールで沈殿させる．このとき，中和の結果生じる酢酸カリウムはエタノールに対する溶解度が酢酸ナトリウムより高いので，抽出には水酸化ナトリウムより水酸化カリウムを使用することが推奨される．得られたグルクロノキシランは，再度 0.1％程度の希アルカリに溶解し，酢酸およびエタノールから再沈殿させて不純物を除去する．この方法で分離したグルクロノキシランは，O-アセチル基がアルカリで鹸化されて脱離しているため，アセチル基に関する情報は得られない．これに対して，広葉樹ホロセルロースを室温中ジメチルスルホキシドで抽出し，アセチルグルクロノキシランを得ることが可能である．ホロセルロースをジメチルスルホキシドで2回抽出し，その抽出液を合わせてエタノールに注加する．ここへ酢酸を加えてアセチルグルクロノキシランの沈殿を得る．この沈殿はエタノールで洗浄し，再度水に溶解して不溶解残渣を除いたのち，酢酸およびエタノールから沈殿を得る．収率は，全キシランの50％程度で先のアルカリ抽出に比較すると劣るが，天然に近い形のキシランを得る重要な方法である．

(4) 広葉樹グルコマンナン

アルカリ抽出によりグルクロノキシランを分離したホロセルロース残渣には，まだグルコマンナンが残存している．これは，グルコマンナンのアルカリに対する溶解度がかなり低いためである．そこで，このホロセルロース残渣をさらに水洗し，アセトンで洗って風乾したのち，4％のホウ酸を含む 17.5％水酸化ナトリウムで抽出する．添加したホウ酸はアルカリ中でホウ酸イオンとなり，マンノース単位の C-2 および C-3 の水酸基との間に陰イオン性の錯体を形成するので，アルカリに対する溶解性を高めることができる．この錯化合物は，酸性化することにより容易に分解可能である．アルカリ抽出液は，グルクロノキシランの場合と同様に酢酸酸性としてエタノールから沈殿させる．

この沈殿には少量のキシランが混入しているので，さらに 10％の水酸化ナ

トリウムに溶解し，5％の水酸化バリウム溶液を加えてグルコマンナンを沈殿させる．

沈殿させたグルコマンナンは，精製のためさらに5％の水酸化ナトリウムに溶解し，酢酸とエタノールから回収するが，最終的に混入するキシランを完全に除くことは困難である．

(5) 針葉樹キシラン

針葉樹キシランはアラビノースを伴うグルクロノキシランであるが，これをアルカリで抽出する場合，得られる物質はアラビノグルクロノキシランとガラクトグルコマンナンの混合物になる．よって，両者を分別する作業が必要になる．針葉樹材より調製したホロセルロースを室温中窒素気流下に24％水酸化カリウムで抽出し，抽出液を酢酸で中和したあと，エタノールから沈殿させて固形分を得る．この固形分をさらに20％水酸化カリウムに溶解し，5％の水酸化バリウムを徐々に加えて沈殿を得る．水酸化バリウムはガラクトグルコマンナンに対する沈殿剤となるため，選択的な沈殿が可能である．この沈殿を濾別し，過剰の酢酸を含むエタノールで酢酸カリウムと分離してガラクトグルコマンナンを得る．先の濾液にはアラビノグルクロノキシランが含まれているので，数回水酸化バリウムで沈殿処理を繰り返してガラクトグルコマンナンを可能な限り除き，得た濾液を酢酸酸性としエタノールで沈殿させてアラビノグルクロノキシランを得ることができる．

(6) 針葉樹グルコマンナン

24％の水酸化カリウムで針葉樹キシランを抽出したホロセルロース残渣をさらに水洗し，4％のホウ酸を含む24％水酸化ナトリウム溶液で残留するグルコマンナンを抽出する．抽出液中のグルコマンナンは，酢酸酸性としてエタノールから沈殿させる．精製のため，このグルコマンナンは10％水酸化ナトリウムに溶解し，5％水酸化バリウムを滴下して沈殿させ分離する．さらに，5％水酸化ナトリウムで数回洗浄する．このグルコマンナンは，なお少量のガラク

トースを含むことが知られており，沈殿法でこれを完全に精製することは困難である．

　針葉樹グルコマンナンは天然の状態で 5 ～ 6％のアセチル基を含んでいるが，アリカリ抽出履歴を経ると，これは脱離して失われる．そこで，アセチルグルコマンナンの分離には，ミルドウッドリグニン（MWL）からジメチルスルホキシドで抽出する方法がとられている．一例をあげると[6]，アカマツ辺材よりトルエンなどの有機溶媒を使用せずにボールミル粉砕し，調製した MWL を 80％ジオキサンで抽出後，ジメチルスルホキシドで 72 時間，さらに新しいジメチルスルホキシドで 24 時間抽出し，それら抽出液にエタノールを加えて沈殿を得る．この沈殿物を炭酸塩型の弱アニオン交換カラム（DEAESepadex 担体）に載せ，水で溶出する画分を捕集する．この画分をエタノールから沈殿させてアセチルグルコマンナンを得る．このアセチルグルコマンナンには，なお約 4％のリグニンが含まれている．

(7) ガラクタン

　針葉樹の圧縮あて材に多量のガラクタンが存在することが知られており，その含有量は 15％を超える場合もある．この圧縮あて材の木粉をアセトンで前抽出し，さらに熱水抽出したあと，亜塩素酸塩法で脱リグニンする．この脱リグニン液を流水中で透析し，酢酸酸性としたのちエタノールから沈殿を得る．この沈殿を水に溶解し，水酸化バリウムを滴下してガラクタンを沈殿させる．

(8) アラビノガラクタン

　アラビノガラクタンは，前述したように水溶性であるため，脱リグニンを行わずに木粉から直接抽出することが可能である．カラマツ類の木粉を有機溶媒で脱脂したのち，水で抽出する．脱脂を行わずに直接水で抽出することも可能であるが，不純物の混入を避けるため一般的に前抽出を行う．水抽出液は多量のエタノールに注入し，アラビノガラクタンを沈殿させる．このアラビノガラクタンを水に溶解し，エタノールから沈殿させる操作を数回行って，精製を行

う．しかし，フェノール性成分を不純物として含有しており，その完全な除去は困難である．アラビノガラクタンを水 - メタノールに溶解し，モリブデン酸塩型の陰イオン交換樹脂を用いてフェノール性成分を除去する方法もある．

3．ヘミセルロースの反応と利用

1）酸　分　解

　セルロースやヘミセルロースのグリコシド結合は，酸加水分解により開裂する．グリコシド結合の酸加水分解速度は，糖の置換基の立体効果と誘起効果により影響を受ける．メチルグリコシドの場合，グリコシド結合の酸素上にプロトンが付加（プロトネーション）し（図3-5 II），それからメタノールが脱離して，カルボニウムイオン - オキソニウムイオンの共鳴構造をとる半イス型の中間体を生じる（図3-5 III）．半イス型構造をとる際，C2-C3軸，C4-C5軸のまわりに回転する必要があるため，各炭素に付く置換基の立体障害が半イス型中間体構造をとる容易さに影響する．ペントース（5単糖）のグリコシド結合

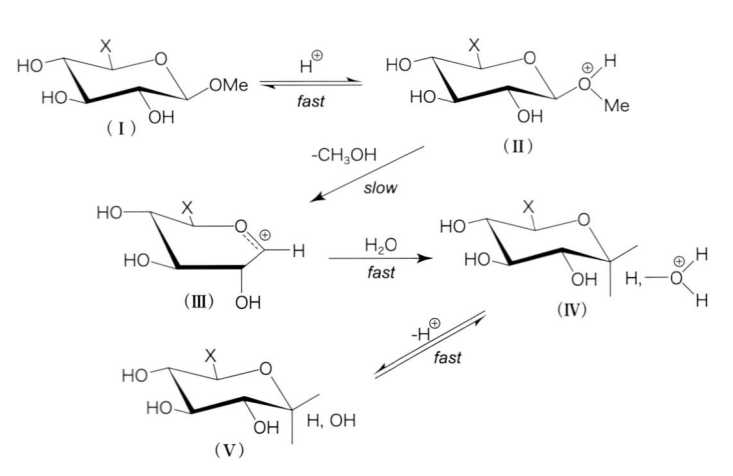

図 3-5　メチル-α-D-グリコシドの酸加水分解機構

（ペントシド結合，図3-5においてX＝H）は，ヘキソース（6単糖）のグリコシド結合（ヘキソシド結合，X＝CH$_2$OH）より回転する際の立体障害が小さいため，キシロースやアラビノースなどのペントシド結合の加水分解速度は，グルコースやマンノースなどのヘキソシド結合の加水分解速度より大きい（表3-2）．また，フラノシドはピラノシドより10^5〜10^6加水分解速度が速い．

一般に，D型のペントースやヘキソースのイス型構造において，アキシャル位の水酸基はエクアトリアル位の置換基より立体障害が大きい．特に，ピラノース環において，ある1つの炭素に付いている置換基と，その注目した炭素の2つ隣りの炭素の置換基がともにアキシャル位をとる場合，2つのアキシャル位の置換基が近接することになり，強い立体的反発をもたらす．これを1,3-ジアキシャル相互作用という．アキシャル位の水酸基を多く持つ糖のグリコシド結合が開裂して半イス型コンホメーションをとることは，1,3-ジアキシャル相互作用による不安定要因を解消することになる．このため，一般に1,3-ジアキシャル相互作用が強い糖のグリコシド結合の加水分解速度は大きい．例えば，C-2位にアキシャル位水酸基を持つマンノースやC-4位にアキシャル位水酸基を持つガラクトースのメチルα-D-グリコシドは，これらの位置の水酸基がエクアトリアルであるグルコースのメチルグリコシド（メチルα-D-グルコシド）の加水分解速度より大きい（表3-2）．1,3-ジアキシャル相互作用は，水酸基

表 3-2 メチルグリコシドの相対酸加水分解速度

メチルグリコシド	相対加水分解速度
メチルα-D-グルコシド	0.4
メチルβ-D-グルコシド	0.8
メチルα-D-マンノシド	1.0
メチルβ-D-マンノシド	2.4
メチルα-D-ガラクトシド	2.2
メチルβ-D-ガラクトシド	3.9
メチルα-D-キシロシド	1.9
メチルβ-D-キシロシド	3.8
メチルα-L-アラビノシド	5.5
メチルβ-L-アラビノシド	3.8

0.5N HCl, 75℃．

と水素原子間でも生じるが，アキシャル位により嵩高い置換基が導入された場合には，1,3-ジアキシャル相互作用による立体的反発はより大きくなる．D型のピラノースのアノマー水酸基がエクアトリアル位であるβ型をとると，1,3-ジアキシャル相互作用による立体的反発が小さくなり，本来安定化するはずであるが，β-アノマーでは，ピラノース環の酸素原子の双極子モーメントとC1上の置換基の双極子モーメントが同一方向を向いていることにより不安定化する（図3-6）．この双極子相互作用をアノマー効果と呼ぶ．グルコースを水に溶かした際，すべてβ型とならずに，α型36％，β型64％となるのはこのためである．酸加水分解の初発反応において，グリコシド結合の酸素上にプロトンが付加すると（図3-5 I），グリコシド結合の双極子モーメントの方向が逆転し，アノマー効果による不安定要因が解消される．これを逆アノマー効果と呼ぶ．この逆アノマー効果のため，表3-3に示したようにβ-ピラノシドの加水分解速度は，α-ピラノシドの加水分解速度より平均で2倍程度早い．このように，グリコシド結合の間にも，開裂の起きやすさには大きな差がある．針葉樹材をサルファイト蒸解すると，ガラクトグルコマンナンのガラクトース側鎖は，主鎖の加水分解に先立って速やかに脱離することが知られている．多糖の酸加水分解の受けやすさは，グリコシド結合の安定性のほか，多糖の結晶性にも影響される．ヘミセルロースは，セルロースより結晶性が低いため，酸加水分解を受けやすい．

キシランを酸で部分加水分解すると，キシロオリゴ糖が得られる．キシランの側鎖4-O-メチルグルクロン酸のα-1,2結合は，グルクロン酸残基のカル

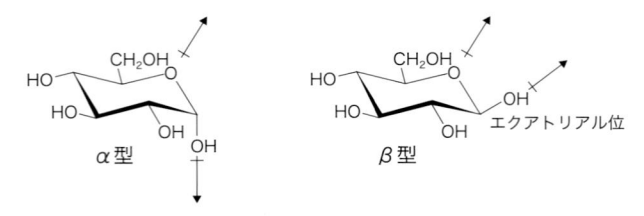

図3-6 α-D-グルコースとβ-D-グルコースの双極子モーメント

ボキシル基の電子吸引効果により，主鎖中のβ-1,4キシロシド結合より酸加水分解を受けにくい．このため，グルクロン酸を側鎖に持つキシランを酸加水分解すると，中性のキシロオリゴ糖，キシロースのほかに，4-O-メチルグルクロン酸とキシロースが結合した二量体が多量に生成する（図3-7）．キシロースなどのアルドースとウロン酸が結合した二量体を，アルドビオウロン酸（aldobiouronic acid）と呼ぶ．また，側鎖が結合した分岐点の糖の還元末端側のグリコシド結合もある程度安定化されるため，アルドトリオウロン酸（aldo-triouronic acid）も生成する．

キシラナーゼ，マンナナーゼなどの酵素処理では，側鎖の立体障害によりアルドトリオウロン酸のほか，アルドース4つとウロン酸が結合したアルドテトラオウロン酸，アルドース5つとウロン酸が結合したアルドペンタオウロン酸も生じる．これらの糖加水分解酵素のグリコシド結合の切断位置は，酵素の基質特異性によって異なる．

多糖を強い酸性条件下で加熱処理すると，多糖の加水分解により生成した単

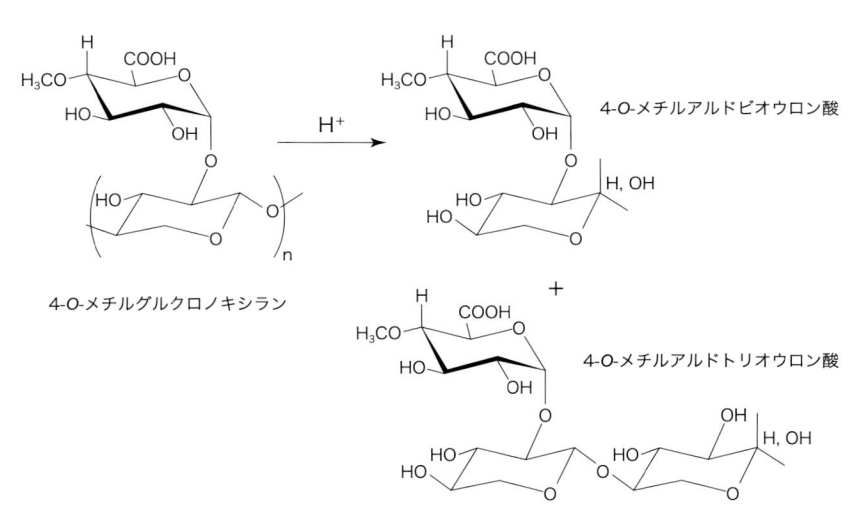

図3-7 グルクロノキシランの酸加水分解によるアルドビオウロン酸，アルドトリオウロン酸の生成

糖が，さらに脱水反応を受けて分解する．キシロースやアラビノースなどのペントースを12%の塩酸と加熱蒸留すると，3分子脱水して定量的にフルフラールが生成する．また，同じ酸処理によって，グルコースやマンノースなどのヘキソースからは，5-ヒドロキシメチルフルフラールが生じるが，5-ヒドロキシメチルフルフラールは不安定なため，さらに分解してレブリン酸を生じる．グルクロン酸などのウロン酸は，12%の塩酸と加熱すると，定量的にCO_2を生成してフルフラールとなる．

2）アルカリ分解

　キシラン，グルコマンナンなどのヘミセルロースは，セルロースの場合と同様，アルカリによるβ脱離反応を受ける．β脱離とは，カルボニル，カルボン酸エステル，酸アミドなどの電子吸引性基に対し，β位にあるアセタール，アルコキシル，水酸基が，アルカリで脱離する反応をいう．このとき，α位に水素原子が存在することが必須条件となる．多糖のβ脱離では，二重結合が生成する（図3-8）．

　ヘミセルロースやセルロースのアルカリによるβ脱離では，糖のカルボニル基に対してβ位にある水酸基がエノールを経て脱離する．アルカリ条件下での多糖のβ脱離は，多糖の還元末端から1つ1つ糖が順番にはずれていくため，ピーリング（剥離）反応と呼ばれる．グルコマンナンのピーリング反応で失われる糖残基は，セルロースの場合と同様，ベンジル酸転移を受けて，グルコイソサッカリン酸になる（図3-9のⅠ→Ⅱ→Ⅲ→Ⅳの経路）．ヘミセルロースから脱離したガラクトース残基は，ガラクトメタサッカリン酸（galactome-

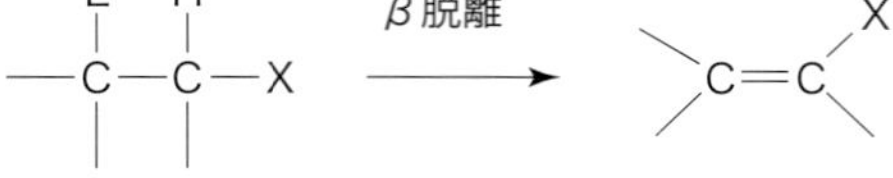

L：脱離基，X：電子吸引基　$>C=O$，—COOR，—C≡N，—$CONH_2$

図3-8　β-酸化による二重結合の生成

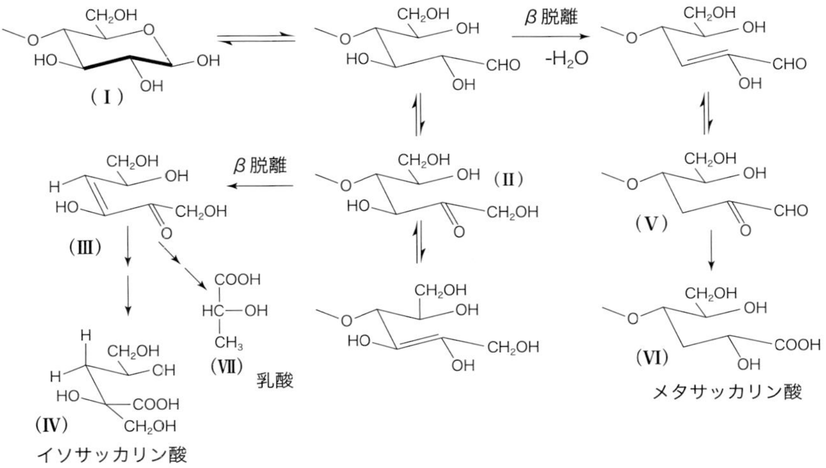

図3-9 アルカリによるグルコマンナンなどの多糖（ヘキソザン）のピーリング反応

tasaccharimic acid），キシランのキシロース残基は，キシロイソサッカリン酸（xyloisosaccharimic acid）と呼ばれる．セルロースやヘミセルロースのアルカリ分解では，分解が進むとイソサッカリン酸のほかに，乳酸（図3-9のⅦ），2-ヒドロキシブタン酸，2,5-ジヒドロキシペンタン酸などが生じる．ピーリング反応では，β-ヒドロキシル脱離を経て生成するメタサッカリン酸の生成により反応が停止する（図3-9のⅠ→Ⅴ→Ⅵ）．ピーリング反応の停止反応には，このほか，C2-メチルグリセリン酸やアルドン酸の生成反応も関与する．

針葉樹および広葉樹のキシランは，キシロース残基のC-2位にグルクロン酸残基を有しているが，この側鎖はC-2へのカルボニル基の転移を妨げるので，比較的穏和な条件下では，ピーリング反応は抑制される．クラフトパルプ化などの強いアルカリ条件下では，4-O-メチルグルクロン酸残基は，β開裂により，メタノールを脱離してC-4とC-5位間に二重結合を持つヘキセンウロン酸（hexeneuronie acid）となる（図3-10）．ヘキセンウロン酸は，広葉樹クラフトパルプに多く含まれており，二酸化塩素やオゾンと反応して有害なシュウ

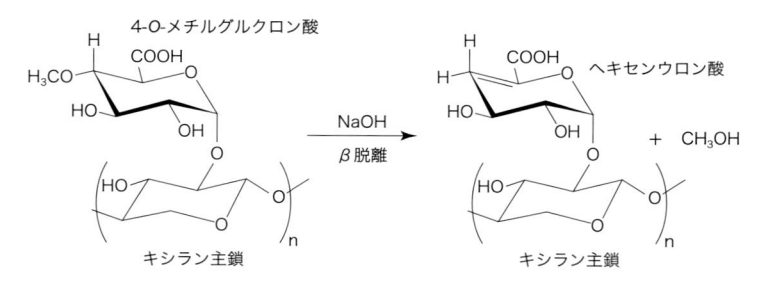

図3-10 アルカリによるキシラン側鎖のβ脱離

酸を生成する原因物質と考えられている．このヘキセンウロン酸をパルプ漂白工程の初期の段階で除去することが，漂白工程後期のシュウ酸塩の析出によるトラブルを防ぐことになる．ヘキセンウロン酸は，二酸化塩素，オゾン，過酢酸などの求電子的試薬とは反応するが，アルカリ過酸化水素や酸素とは反応しない．キシランに結合したヘキセンウロン酸は酸には不安定であり，pH3.0～3.5，85～115℃，2～4時間の反応条件でグリコシド結合が加水分解されて，5-カルボキシ-2-フルアルデヒドと2-フロ酸を生じる．

　アルカリ蒸解においてグルコマンナンは，高温のアルカリ液で溶出し，完全に分解する．これに対し，アルカリ蒸解において溶出したキシランは完全には分解せず，グルクロン酸残基がヘキセンウロン酸に酸化されたのち，蒸解末期のpHの低下に伴ってパルプに再吸着される．再吸着したキシランは，パルプ中にもともと存在していたキシランに比較して，キシラナーゼによる酵素加水分解を受けにくく，キシラナーゼによるクラフトパルプの漂白効率を低下させる一因となっている．

　針葉樹のキシランは，C-3位にアラビノース残基を置換基として持つため，ピーリング反応はアラビノース側鎖を持つキシロース残基の位置で停止する．このため，アルカリによるグリコシド結合の開裂が起きない条件下では，針葉樹のアラビノグルクロノキシランは，広葉樹のアセチルグルクロノキシランより安定である．グルコマンナンは，C-2，C-3位に置換基を持たないので，ピーリング反応を受けやすい．

クラフトパルプ化など強アルカリ条件下でのパルプ化において、ピーリング反応による多糖の溶出および分解を防ぐためには、多糖の還元末端をポリスルフィドなどで酸化してアルドン酸にするか、あるいは水素化ホウ素ナトリウムや硫化水素で還元してアルジトールやチオアルジトールにしておくことが有効である。特に、アントラキノン（anthraquinone）やアントラキノン-2-スルホン酸などのアントラキノン誘導体は、アルカリに対する多糖のピーリング反応を防ぐ重要な反応試薬として知られている。アントラキノンは、多糖の還元末端をアルデヒドから、アルカリに安定なアルドン酸類に酸化する。それと同時に、アントラキノンはアントラヒドロキノンに還元される。アントラヒドロキノンはリグニンと反応して、リグニン分解を促進するとともに、再びアントラキノンに酸化される。このように、アントラキノンの酸化還元（レドックス）サイクルは、アルカリ条件下でのパルプ化にたいへん効果がある。

単糖類は、一般に酸性条件よりアルカリ条件下で不安定であり、さまざまな分解反応を受ける。例えば、グルコースやキシロースを窒素下で、苛性ソーダ水と96℃で反応させると、2-ヒドロキシ-3-メチル-2-シクロペンテン-1-オン、2-ヒドロキシ-3,4-ジメチル-2-シクロペンテン-1-オンなどの環状エノール類や、カテコール、2,5-ジヒドロキシアセトフェノンなどの芳香族化合物が生成する。エステル結合はアルカリに不安定なため、広葉樹アセチルグルクロノキシラン、針葉樹アセチルグルコマンナンのアセチル基はアルカリパルプ化の初期の段階で脱離する。

3）酸　化　分　解

過ヨウ素酸（HIO_4）は、隣り合う炭素上に水酸基を持つ1,2-グリコール構造の炭素-炭素結合を酸化的に切断し、2つのアルデヒド基を生成する（図3-11）。水酸基が3つ隣り合っている場合は、過ヨウ素酸酸化が2回起こり、2モルの過ヨウ素酸によって1モルのギ酸が生じる。また、一方が第一アルコール基である場合は、ホルムアルデヒドを生じる。この反応性により、例えば、4-O-メチルグルクロノキシランを過ヨウ素酸酸化すると、非還元末端から1

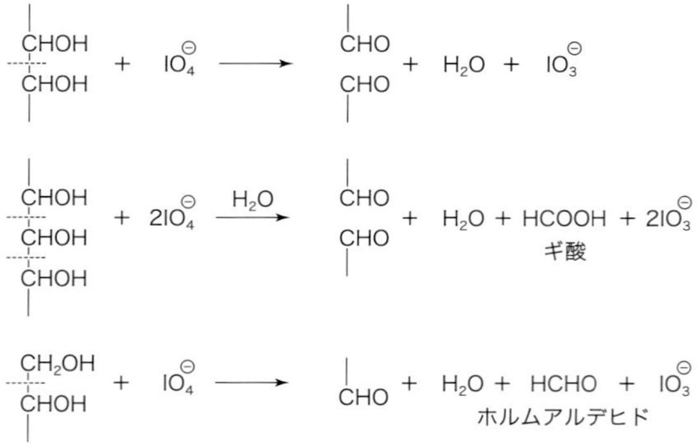

$$\underset{\mathrm{CHOH}}{\overset{\mathrm{CHOH}}{|}} + \mathrm{IO_4^-} \longrightarrow \underset{\mathrm{CHO}}{\overset{\mathrm{CHO}}{|}} + \mathrm{H_2O} + \mathrm{IO_3^-}$$

$$\underset{\mathrm{CHOH}}{\overset{\mathrm{CHOH}}{\underset{|}{\overset{|}{\mathrm{CHOH}}}}} + 2\mathrm{IO_4^-} \xrightarrow{\mathrm{H_2O}} \underset{\mathrm{CHO}}{\overset{\mathrm{CHO}}{|}} + \mathrm{H_2O} + \underset{\text{ギ酸}}{\mathrm{HCOOH}} + 2\mathrm{IO_3^-}$$

$$\underset{\mathrm{CHOH}}{\overset{\mathrm{CH_2OH}}{|}} + \mathrm{IO_4^-} \longrightarrow \overset{|}{\mathrm{CHO}} + \mathrm{H_2O} + \underset{\text{ホルムアルデヒド}}{\mathrm{HCHO}} + \mathrm{IO_3^-}$$

図3-11 過ヨウ素酸酸化による1,2-グリコールの分解

モル,還元末端から2モルのギ酸が生じる.中間のキシロース単位およびウロン酸は,それぞれ1回切断され,$\mathrm{IO_4^-}$イオン1モルを消費するが,ウロン酸側鎖を持つ分岐点のキシロースは酸化を受けない.このように,多糖の分子量,モル数,$\mathrm{IO_4^-}$イオン,ギ酸,ホルムアルデヒドの生成量から,多糖の平均鎖長が推定できるため,過ヨウ素酸酸化は多糖の構造分析に広く用いられてきた.また,多糖を過ヨウ素酸酸化したのち,水素化ホウ素ナトリウムで還元してポリアルコールにし,これを加水分解して分解物を同定すると,元の多糖の分岐構造がさらに詳細に推定される.この構造分析方法を,スミス分解と呼ぶ.

多糖は,活性酸素種であるヒドロキシルラジカル($\cdot \mathrm{OH}$)によって酸化分解される.ヒドロキシルラジカル($\cdot \mathrm{OH}$)は,酸素($\mathrm{O_2}$)の還元分子種中で最も酸化力が高く,糖,タンパク,核酸,リグニンなど,ほとんどの生体物質は,ヒドロキシルラジカル($\cdot \mathrm{OH}$)によって酸化される.その反応は拡散律速に近く,メチルβ-D-グルコシドとの反応では,反応速度定数が$3.2 \times 10^9/\mathrm{M \cdot s}$に達すると報告されている.多糖とヒドロキシルラジカル($\cdot \mathrm{OH}$)の反応では,糖の-CH(OH)-構造から炭素に結合した水素が引き抜かれ,カーボンセンターラジカルが生成する(図3-12).このあと,グリコシド結合の開裂,ラジカル転移反応,酸素の付加によるペルオキシラジカルの生成,ペルオキシラジカルからのケトンの生成などを介して多糖が急激に低分子化する(図3-12, 13).

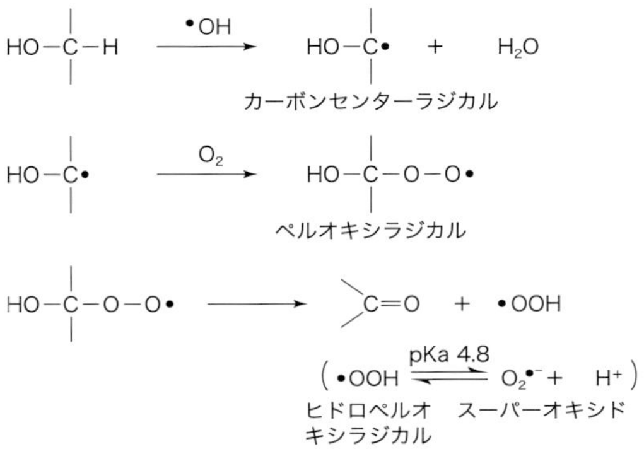

第3章 ヘミセルロースの化学

```
       |                         |
  HO—C—H      •OH        HO—C•    +    H₂O
       |      ——→            |
                        カーボンセンターラジカル

       |          O₂            |
  HO—C•      ——→         HO—C—O—O•
       |                         |
                         ペルオキシラジカル

       |
  HO—C—O—O•    ——→       >C=O   +   •OOH
       |
                              pKa 4.8
                    ( •OOH  ⇌  O₂•⁻ + H⁺ )
                     ヒドロペルオ  スーパーオキシド
                     キシラジカル
```

図3-12 ヒドロキシルラジカルと糖の基本反応

Zegotaらは，ヒドロキシルラジカル（˙OH）によるセロビオースの分解物を詳細に分析し，図3-13に示す反応機構を示している．彼らは，セロビオース以外のオリゴ糖についても分解経路を明らかにしているが，ヒドロキシルラジカル（˙OH）と糖の反応では，グリコシド結合のタイプ（α型，β型，1-4結合，1-6結合，1-1結合，1-2結合など）の影響は小さいと結論している．一方，Giererは，ヒドロキシルラジカル（˙OH）が多糖のC-2位から水素を引き抜き，生成したC-2位のカーボンセンターラジカルに酸素が付加したのち，スーパーオキシド（$O_2^{•-}$）が脱離してC-2位にカルボニル基が導入され，アルカリ条件では，この構造からβ脱離が起きて，セルロースなどの多糖が低分子化する反応機構を提案している．

　ヒドロキシルラジカル（˙OH）は，鉄，銅などの遷移金属と過酸化水素の反応によって生成する．その代表的反応は，2価の鉄と過酸化水素の反応で，フェントン反応（Fenton's reaction）と呼ばれる（(3-1)式）．

$$Fe^{2+} + H_2O_2 \rightarrow Fe^{3+} + \dot{O}H + OH^- \qquad (3\text{-}1)$$

$$O_2^{•-} + Fe^{3+} \rightarrow O_2 + Fe^{2+} \qquad (3\text{-}2)$$

$$O_2^{•-} + Mn^{2+} + 2H^+ \rightarrow H_2O_2 + Mn^{3+} \qquad (3\text{-}3)$$

$$2O_2^{•-} + 2H^+ \rightarrow 2H_2O_2 + O_2 \qquad (3\text{-}4)$$

$$H_2O_2 + O_2^{•-} \rightarrow \dot{O}H + OH^- + O_2 \qquad (3\text{-}5)$$

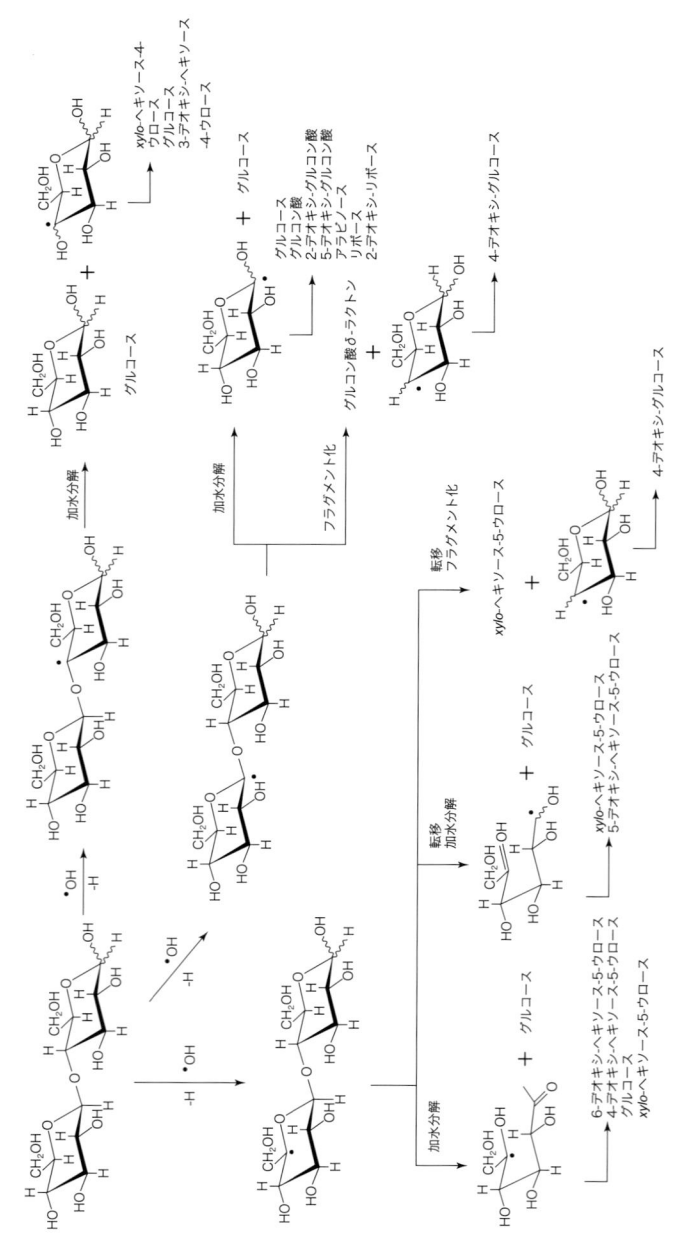

図3-13 ヒドロキシルラジカルによる糖(セロビオース)の分解経路

$$H_2O_2 + {}^{\cdot}R \rightarrow {}^{\cdot}OH + OH^- + R \tag{3-6}$$

　フェントン反応は，ヒドロキシルラジカル（${}^{\cdot}OH$）を生成するとともに，鉄を2価から3価に酸化するため，生成した3価の鉄を2価に還元する還元剤をフェントン反応と組み合わせると，ヒドロキシルラジカルが多量に生成し，多糖類は急激に酸化分解する．木材腐朽菌である褐色腐朽菌は，3価鉄を2価鉄に還元する強力な反応系を持っており，ヒドロキシルラジカルを介してセルロースやヘミセルロースを腐朽初期から激しく酸化分解する．木材腐朽菌が分泌する酵素は木材細胞壁の細孔より分子サイズが大きいため，そのままでは木材細胞壁内に進入できない．このため，リグニンとセルロースを同時に分解する白色腐朽菌においても，ヒドロキシルラジカルは木材腐朽の初発段階において大きな役割を担うとされている．一方，セルロースを残してリグニンを分解する選択的白色腐朽菌 *Ceriporiopsis subvermispora* は，鉄イオンの酸化還元反応を抑制する菌体外代謝物セリポリック酸（ceriporic acid）を生産する．この代謝物は，フェントン反応を抑制することによってセルロースの損傷を防ぐ機能を持つ．このように，ヒドロキシルラジカルは，木材腐朽様式を決定する要因の1つであるばかりでなく，アルカリ性過酸化水素漂白，酸素漂白，オゾン漂白など活性酸素種の生成を伴うパルプ漂白法においては，多糖の損傷を抑えつつリグニンを分解するための重要な鍵物質となっている．

　アルカリ性過酸化水素漂白の条件下では，図3-12に示したヒドロペルオキシラジカル（${}^{\cdot}OOH$，pKa4.8）は，酸素の一電子還元体であるスーパーオキシド（$O_2^{\cdot -}$）の形をとる．スーパーオキシド（$O_2^{\cdot -}$）はアニオンラジカルであり，Fe^{3+} の Fe^{2+} への還元（(3-2)式），Mn^{2+} の Mn^{3+}（(3-3)式）への酸化，不均化による過酸化水素の生成（(3-4)式），水素引抜き反応，求核置換反応，求核付加反応など多様な反応を起こすが，糖に対する直接の反応性は低い．しかしながら，スーパーオキシド（$O_2^{\cdot -}$）による Fe^{3+} の Fe^{2+} への還元反応（(3-2)式）が，スーパーオキシド（$O_2^{\cdot -}$）自身の不均化による過酸化水素生成反応（(3-4)式）やほかの過酸化水素生成反応とリンクすると，Fe^{3+} の還元と過酸化水素の供給という2つの条件が揃うことになり，フェントン反応（(3-1)式）による

ヒドロキシルラジカル（˙OH）の生成が著しく促進される．すなわち，Fe^{2+}な どの微量の遷移金属イオンが存在すると，スーパーオキシド（$O_2^{˙-}$）は，(3-5) 式に従いヒドロキシラジカルを生成する（ハーバー・ワイス反応と呼ばれる． (3-1)式と (3-2)式の和）．また，微量遷移金属イオンが存在すると，セミキ ノンラジカルなどのラジカルと過酸化水素の反応によってもヒドロキシルラジ カルは生成し（(3-6)式），多糖の損傷を招く．このように，活性酸素種の生成 はパルプ漂白中のセルロースやヘミセルロースを損傷する主要因となるため， Mg^{2+}，ケイ酸塩，金属イオンのキレーターなど，活性酸素種の生成を抑制す るパルプ漂白添加剤の開発が行われている．一方，生体内においては，スーパー オキシド（$O_2^{˙-}$）の不均化を触媒する酵素であるスーパーオキシドジスムター ゼ（SOD）が，過酸化水素を消去する酵素であるカタラーゼやペルオキシダー ゼ，あるいは種々の抗酸化物質とともに，活性酸素生成の連鎖反応を止める機 能を担う．

4）熱　分　解

　ヘミセルロースの熱分解における初発反応は，セルロースの場合と同様，グ リコシド結合の開裂である．ヘミセルロースの熱分解は，①グリコシド結合の 無秩序な開裂，②グリコシド結合の無秩序な開裂によって生じた還元性末端基 からのピーリング反応様式による脱離，③不安定な末端基の安定化による停止 反応を経て進行する．

　カバ材のキシランとそのカリウム塩の熱軟化点は，217℃と167℃であり， マツ材グルコマンナンの熱軟化点は，その中間の181℃である．熱軟化点以 上にヘミセルロースを加熱すると，ヘミセルロースは固体状態のまま熱分解を 受ける．真空中で加熱した場合に重量低下が始まる温度は，ガラクトグルコマ ンナンでは脱アセチル化していないものが200℃，脱アセチル化したものが 145℃，またアラビノガラクタンは194℃である．すなわち，この3種の多糖 においては，アセチルガラクトグルコマンナンは，最も熱的に不安定である． キシランを熱軟化点以上に加熱すると，200～300℃で熱分解し，フルフラー

ル, 水, メチルアルコール, 炭酸ガス, 3-デオキシキシロソン（3-deoxyxylosone）が生成する. このうち, メチルアルコールおよび炭酸ガスは, キシラン分子中の 4-O-メチルグルクロン酸側鎖のメチル基とカルボキシル基に由来する. キシランとグルコマンナンは, 超臨界水処理によっても熱分解し, フルフラールや 5-ヒドロキシメチルフルフラールなどが生成する.

5）ヘミセルロースの利用

セルロースが多糖として広く工業利用されているのに比較し, ヘミセルロースの多くは, 用途開発の途上にある. ヘミセルロースの利用法としては, 多糖としての利用と, オリゴ糖や単糖に加水分解してからの利用に分けられる. 多糖としての利用法に関しては, 例えば, ヘミセルロースを木質ボードのバインダーとして利用する方法, セルロースと同様な化学修飾をして, ハイドロゲルやポリマーブレンド剤として利用する方法などが検討されている. 例えば, キシランをトリメチル-2-ヒドロキシプロピル化してカチオン性を付与し, これをサーモメカニカルパルプの懸濁液に少量添加すると, 繊維間の凝集が促進され良好なパルプが得られる. また, キシランのヒドロキシプロピル化物やアセチル化物は, 熱可塑性で生分解性があり, ポリスチレンなどの合成ポリマーとのブレンド剤として利用できる. カラマツ由来の水溶性多糖であるアラビノガラクタンは, ビフィズス菌増殖活性を持つ食物繊維として販売されている. また, 工業用途では, インクの転写性や顔料安定性を向上させる添加剤として利用されている.

キシランやグルコマンナンの部分加水分解によって生じるオリゴ糖は, ヒトが食品として摂取すると, 難消化性オリゴ糖として機能する. キシラン由来のオリゴ糖であるキシロオリゴ糖は, ビフィズス菌増殖活性や腸内の腐敗産物の生成を抑える働きがあり, 腸内環境を整えるオリゴ糖として市販されている. キシロースも, 食品添加物として認可されており, 味噌, 醤油, ハムやソーセージ, かまぼこ, パン, クッキーなど, 広く食品に利用されている.

アルドースやケトースを還元すると, カルボニル基が水酸基となり, 多価

アルコールである糖アルコールを生じる．D-グルコースからはD-グルシトール（ソルビトール），D-マンノースからはD-マンニトール，D-ガラクトースからはガラクチトール（ズルシトール，あるいはダルシトール）が生じる（図3-14）．ラネーニッケル触媒を用いて水素で接触還元すると，ほぼ定量的にこれらの糖アルコールが生成する．D-キシロースからはキシリトールが生成する．キシリトールは，C3を中心として上下対称構造となるため，DLの区別をつけない．キシリトールは，ショ糖とほぼ同程度の甘味のある抗齲蝕性糖アルコールとして食品用途，口腔衛生用品などに利用されている．また，溶解の際の吸熱量が大きいため，強い冷涼感を有する．キシリトールは，インスリンに依存することなく血中から細胞に取り込まれ，速やかに利用されるが血糖値の上昇はごくわずかであり，糖尿病や肝疾患時の糖質利用障害に見られるケトン体生産を抑制する効果がある．このため，キシリトールは輸液剤の糖質ベースとしても利用されている．キシリトールは，プラム，イチゴ，カリフラワー，ニンジン，タマネギ，レタス，ホウレンソウなど，多くの果実，野菜に含まれているが，工業的にはキシロースの高圧接触還元（水素添加）により製造され

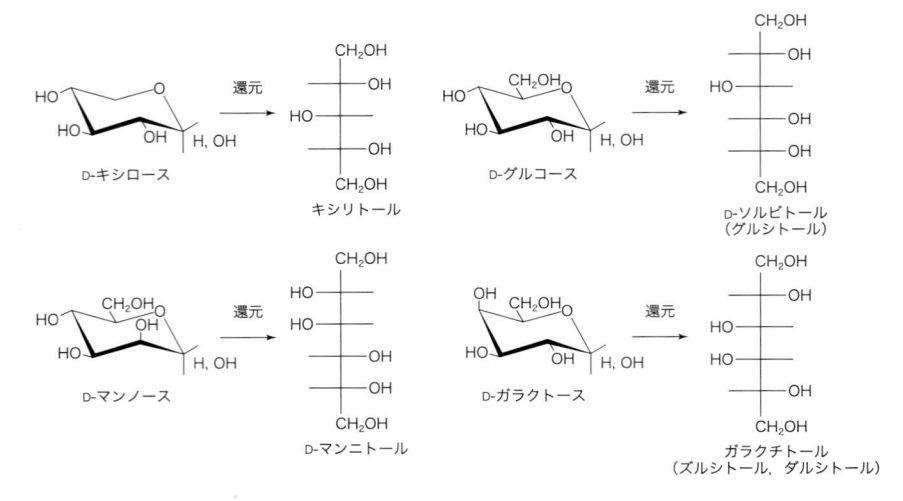

図3-14 アルジトールの還元による糖アルコールの生成

る．また，キシリトールは，NADPH に依存するキシロースリダクターゼの作用により，キシロースから酵素反応で直接製造できる．多くのバクテリアでは，キシロースはキシロースイソメラーゼ（XIS，グルコースイソメラーゼと同一の酵素）によりキシルロースに変換され，これが図 3-15 に示した代謝経路でペントースリン酸経路に流れて，エネルギー源として利用される．一方，一部の酵母やカビでは，キシロースがキシリトールリダクターゼ（XR）と反応してキシリトールに変換され，これがキシリトールデヒドロゲナーゼ（XDH）と反応してキシルロースに変換される．遺伝子組換えにより，酵母やバクテリアのキシロース代謝系を改変して，キシロースからキシリトールを高効率で生産する研究が活発に行われている．例えば，お酒を造る酵母として有名な *Saccharomyces cerevisae* は，キシルロースの発酵性を持つが，キシロースリダクターゼ（XR）とキシリトールデヒドロゲナーゼ（XDH）を持たない．このため，*S. cerevisae* に XR 遺伝子のみを導入，発現すると，キシロースからキシ

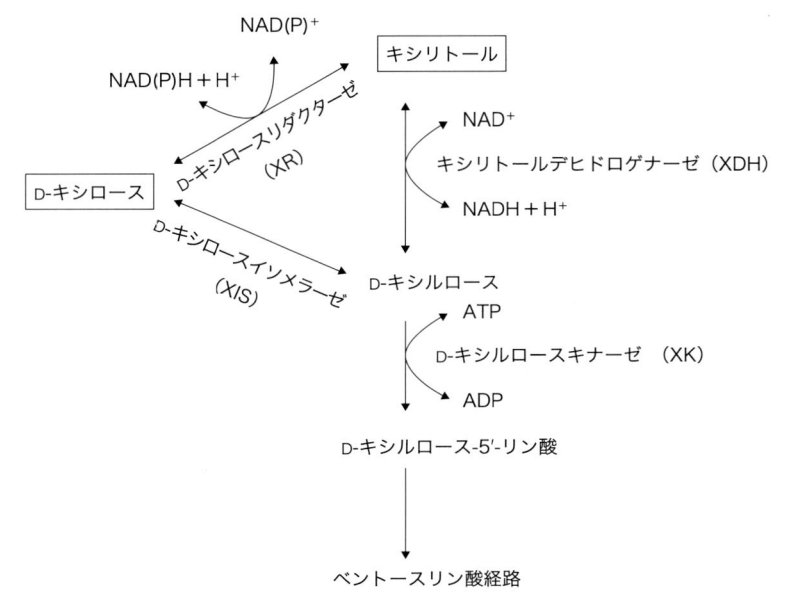

図3-15 微生物のキシロース代謝経路

リトールが生産される．また，S. cerevisae に XR，XDH 両遺伝子のほか，ペントースリン酸経路のトランスアルドラーゼやトランスケトラーゼ遺伝子などペントース代謝の鍵となる遺伝子を複数導入，発現することにより，S. cerevisae を用いて，キシロースからエタノールを高効率で生産する研究も行われている．

　キシロースの熱分解によって生じるフルフラールは，溶媒，防虫剤，防腐剤，抗菌剤としての用途がある．フルフラールは，テトラヒドロフラン，フルフリルアルコール，フランカルボン酸に変換され，ポリウレタン，ナイロン，フラン樹脂，ポリエステル類の原料となる．

　グルコマンナンの構成成分であるマンノースを還元すると，マンニトールが得られる．マンニトールは，脳容積の縮小，脳脊髄液圧降下作用が優れており，脳圧降下剤として医療分野に利用されている．また，生体でほとんど利用されず，腎臓において容易に排泄され，優れた利尿作用を持つことから，浸透圧利尿剤としても使用されている．また，塩化ビニルの熱安定性を向上させる安定化剤，グリコールアンモニウム硝酸塩タイプの電解コンデンサーにおいて，電力損失を減少させ，耐電圧値を上昇させる作用を持つことから，電子工業分野にも利用されている．さらに，マンニトールは吸湿性が低いことから，キャンディーやチューインガムの防湿剤として利用されている．マンニトールは，木材中のグルコマンナンを加水分解したのち，水素により高圧接触還元することにより製造可能であるが，工業的にはコンブなどの海草からの抽出か，ショ糖あるいはデンプンの高圧還元法で製造される．ショ糖やデンプンの高圧還元は糖の異性化を伴い，ソルビトールとともにマンニトールが生産されるが，マンニトールは水への溶解性が低いために結晶として容易に分離される．コンブなどの海草類は，マンニトールをそのままの形で多量に含んでいる．コンブの表面に白く析出している結晶はマンニトールであり，マコンブのマンニトール含量は，乾燥重量中 23 ～ 38％にも達する．マンニトールは，マツタケなどのキノコ類，セルリー，カキなどの野菜・果実類にも含まれている．

　針葉樹キシランであるアラビノグルクロノキシランやペクチン質のアラビナンに含まれる L- アラビノースは，ショ糖に近い味質を持ち，難吸収性である

うえ，小腸上皮でのショ糖の加水分解酵素活性を阻害する．このため，L-アラビノースは，ショ糖摂取時の血糖値上昇を抑制するダイエット食品としての利用が期待されている．また，L-アラビノースの水酸基をベンジル化して合成されるトリベンジルアラビノースは，ヒト培養癌細胞に対して10^{-4}M濃度で増殖抑制作用を示すことが知られている．また，トリベンジルアラビノースは，乳癌細胞の自然転移モデルにおいても阻害作用を示す．2,3,5-トリベンジルキシロースおよび2,3-ジベンジルキシロースも，癌細胞の増殖抑制効果を示す．キシラン，グルコマンナン，カラマツアラビノガラクタンなどの木材多糖についても，腫瘍細胞に及ぼす影響がこれまでに調べられている．ブナキシランは，マウスへの腹腔内投与において，リンパ球の分裂増殖を活発化させ，免疫増強作用を示す．また，イネ科のタケノコであるネマガリタケのキシランは，抗腫瘍剤マイトマイシンと併用すると，マイトマイシンの抗腫瘍効果を増強する．

4．ヘミセルロース，ペクチンの生理活性

ヘミセルロースやペクチンなどが分解して生成したオリゴ糖は，植物の生体防御，伸長および分化の調節，器官形成の制御などに関与していることが判明してきた．これまでに報告されているオリゴ糖の生理活性としては，ファイトアレキシン合成のエリシター（eliciter）活性，リグニンの誘導，細胞壁分解酵素の誘導，細胞表面での迅速なイオンの流出入，タンパク質のリン酸化，オーキシンによる伸長成長の阻害，器官分化の誘導などがある．ジョージア大学のAlbersheim, P. と Darvill, A. は，生理活性を持つオリゴ糖をオリゴサッカリン（oligosaccharins）と呼ぶことを提案している[1]．ヘミセルロースやペクチンの生理活性としては抗腫瘍活性，抗補体活性などの薬理作用と食物繊維としての生物活性が知られている．

1）オリゴ糖の植物に対する作用

キシログルカンは双子葉植物の一次壁を構成する主要なヘミセルロースの

1つであり，セルロースミクロフィブリルと強固な水素結合を形成し，伸長調節に関係している．キシログルカンが分解してできた9糖（☞ 第1章図1-7，XXFG）は，2,4-Dによって促進されたマメの伸長成長を10^{-8}モルで阻害した[2]．フコースを欠いた8糖（XXLG）や7糖（☞ 第1章図1-7，XXXG）は活性がないので，活性の発現にはフコースが必須である．キシログルカンは成長中の組織では活発に合成されているが，つなぎ換えや分解も同時に起きている．分解して生じたキシログルカンオリゴ糖が，オーキシンの作用をフィードバック阻害していると考えられる．単子葉植物の主要なヘミセルロースはアラビノキシランである．アラビノキシランが分解してできるフェルラ酸を含むアラビノキシランオリゴ糖は，オーキシンによって促進されるイネの成長を阻害した[3]．フェルラ酸を除去したアラビノキシランオリゴ糖には活性がなかったので，活

表3-3　オリゴガラクツロン酸の生理活性[4]

活　性	重合度	モル濃度	植物
植物生体防御反応			
ファイトアレキシンの誘導	8～13	10^5	ダイズ
	9～15	10^4	トウゴマ
プロテナーゼインヒビターの誘導	2～20	$\leq 10^4$	トマト
	20	10^5	トマト
リグニンの誘導	8～11	10^7	キュウリ
	ND		トウゴマ
β-1,3-グルカナーゼの誘導	ND		パセリ
キチナーゼの誘導	ND		タバコ
イソパーオキシダーゼの誘導	ND		トウゴマ
過敏感反応の阻害	ND		タバコ
壊死の誘導	ND		ササゲ
成長制御			
オーキシンにより誘導される成長の阻害	＞8		エンドウ
タバコ外植片器官分化の制御：花芽形成	10～14	10^7	タバコ
エチレンの誘導	＞8		タバコ
細胞肥大の分離の促進	100		ダイズ
原形質膜，細胞表層での迅速な反応			
K^+の流出とCa^{2+}の流入	12～15	10^6	タバコ
原形質膜の迅速な消極化	1～7と10～20		タバコ
オキシダティブバーストとH_2O_2の誘導	ND		ダイズ
in vitroでの34-kDaのタンパク質のリン酸化の促進	14～20	10^7	トマト
			ジャガイモ

性にはフェルラ酸が必須である.

　ホモガラクツロナンに由来するオリゴガラクツロン酸は，表3-3に示すように種々の生理活性を持つ．ホモガラクツロナンがエンドポリガラクツロナーゼの作用によって分解され，いろいろな重合度のオリゴガラクツロン酸が生成する．オリゴガラクツロン酸は重合度の違いによって機能が異なる（表3-3）．コルヒチン処理によって細胞分裂が阻害されたダイズ培養細胞は，ガラクツロン酸に富む重合度約100のペクチンによって細胞肥大と分裂が促進されることが報告されている[5]．

2）オリゴ糖の食品としての機能

　セロオリゴ糖，キシロオリゴ糖，マンノオリゴ糖などはヒトでは難消化性であるため，消化されずに大腸に達する．大腸内ではこれらのオリゴ糖を資化できる細菌が生息している．オリゴ糖を摂取するとビフィズス菌などが増殖し，腸内細菌の菌叢（フローラ）が改善される．また，キシロオリゴ糖は細菌に対する最少生育阻止濃度が低く，すぐれた静菌作用を持つことが知られている．

3）ヘミセルロース，ペクチンの薬理作用

　ブナキシランはマウスに腔内投与すると，腫瘍の生育を阻止し，マウスリンパ球の分裂増殖を活発化して，免疫系を活性化することが報告された[6]．
　薬用植物に由来するペクチンは，抗腫瘍活性，抗潰瘍活性，抗補体活性，血糖低下作用などがあることが報告されている[7]．

4）食物繊維としての生物活性

　ヒトの消化酵素により消化されない多糖類およびリグニンは，食物繊維と呼ばれている．今まで，食物繊維は栄養学的には価値がないとみなされていたが，ヒトの健康維持に重要であることが認められている．ペクチン，アラビノキシランはコレステロール低下作用を持つことが確認されている．グァーガムやペクチンは血糖低下作用がある．

引 用 文 献

1. ヘミセルロースの化学
1) Shimizu, K. et al.：Mokuzai Gakkaishi, 22, 618-625, 1976.
2) Hayashi, T.：Annu, Rev. Plant Phys. Plant Mol. Biol., 40, 139-168, 1989.

2. ヘミセルロースの分布と分離および精製
1) Meier, H.：J. Polymer Sci. 51, 11-18, 1961.
2) Vian, B. et al.：Biol. Cell 49, 179-182, 1983.
3) Northcote, D. H. et al.：Planta 178, 353-366, 1989.
4) 紙パルプ技術協会（編）：紙パルプ製造技術シリーズ③, パルプの洗浄・精選・漂白, 紙パルプ技術協会, 東京, 2000, p.169-189.
5) 紙パルプ技術協会（編）：紙パルプ製造技術シリーズ⑫, 環境, 紙パルプ技術協会, 東京, 2002, pp.24-27.
6) Koshijima, T. and Tanaka, R.：Cellulose Chem. Technol. 6, 609-620, 1971.

4. ヘミセルロース，ペクチンの生理活性
1) Albersheim, P. and Darvill, A. G.：Sci. Am., 253, 58-64, 1985.
2) York, W. S. et al.：Plant Physiol., 75, 295-297, 1984.
3) Ishii, T. and Saka, H.：Plant Cell Physiol., 33, 321-324, 1992.
4) Albersheim, P. et al.：Accu. Chem. Res., 25, 77-83, 1992.
5) Hayashi, T. and Yoshida, K.：Proc, Natl. Acad. Sci., USA, 85, 2618-2622, 1988.
6) Hashi, M. and Takeshita, T.：Agric. Biol. Chem., 43, 951-959, 1978.
7) Yamada, H. et al.：Advances in pectin and pectinase research, 481-490, Kluwes Academic Publishers, Dordrecht, The Netherland, 2003.

第4章 リグニンの化学

1．リグニンの分布と確認法

1）リグニンの分布

　リグニンはセルロースおよびヘミセルロースとともに植物体を構成する主要成分であり，量的にはセルロースに次いで地球上に多量に存在する天然有機物である．

　リグニンは維管束を持つ陸生の羊歯類および高等植物のすべてに分布しているが，蘚苔類，菌類には存在しない．植物体の細胞壁に分布するリグニンは，植物体の種類により量的にも質的にも異なっており，針葉樹型，広葉樹型，草本型に大別される．針葉樹リグニンはグアイアシルプロパン（guaiacyl propane）構造，広葉樹リグニンはグアイアシルプロパン構造とシリンギルプロパン構造（syringyl propane）を主要な構造単位としている．草本リグニンはグアイアシルプロパン構造，シリンギルプロパン構造および p-ヒドロキシフェニルプロパン（p-hydroxyphenyl propane）構造からなっている（☞図4-8）．針葉樹リグニンおよび広葉樹リグニン中にも p-ヒドロキシフェニルプロパン構造の存在が知られているが，量的には限られていると考えられる．リグニンの含有量は，針葉樹材で25～35％，広葉樹材で20～25％，草本類のイネ科では15～25％とされている．また，熱帯産広葉樹材では30％を超える場合もある．

(1) 樹幹内での分布

　樹幹内でのリグニンの分布は一様ではなく，採取部位が高くなるに従って減

少することが知られている．したがって，樹幹間の比較をするためには，試料を同一樹高部位から採取することが重要であり，胸高部から採取することが多い．同一樹高部でも，心材部と辺材部を比較すると，心材部でより大きなリグニン含有量を示すことが多い．なお，心材部の分析には心材成分をあらかじめ注意深く除去することが重要である．

傾斜地に生育した樹木の樹幹部にはあて材（reaction wood）が形成されることが知られている．表 4-1[1)]に示すように，針葉樹材に認められる圧縮あて材（compression wood）のリグニン量は，正常材に比較して著しく高い．一方，あて材の対向部（opposite wood）のリグニン量と正常材のリグニン量との間には有意の差は認められないとされている．広葉樹材に生成する引張あて材（tension wood）では，正常材に比較してリグニン量は著しく低いことが，

表 4-1 あて材の化学組成

樹　種		材の型	セルロース (%)	ヘミセルロース (%)			計	リグニン (%)	副成分 (%)
				グルコマンナン	グルクロノキシラン	ガラクタン			
トウヒ	Picea abies	正常材	42	—	—	—	26	28	4
	〃	圧縮材	27	—	—	—	30	38	5
	Picea abies	正常材	41	17	10	2	29	27	3
	〃	圧縮材	35	8	8	11	27	39	—
マツ	Pinus radiata	正常材	—	—	10	—	—	24	—
	〃	圧縮材	—	—	7	—	—	34	—
カバ	Betula verrucsa	正常材	40	3	30	2	35	約20	4
	〃	引張材	55	1	15	8	24	約17	4
ヤマナラシ	Populus canadensis	正常材	41	—	36	—	—	23	—
	〃	引張材	49	—	29	—	—	22	—
	Populus tremuloides	正常材	46	—	20	—	24	18	4
	〃	引張材	52	—	19	—	22	17	4
ニレ	Ulmus americana	正常材	38	—	19	—	24	29	4
	〃	引張材	42	—	18	—	22	27	4
ユーカリ	Eucalyptus regnans	正常材	—	—	18	—	—	22	—
	〃	引張材	—	—	12	—	—	16	—
	Eucalyptus nitens	正常材	—	—	17	—	—	21	—
	〃	引張材	—	—	11	—	—	15	—
	Eucalyptus goniocalyx	正常材	44	—	20	—	—	25	—
	〃	引張材	57	—	11	—	—	10	—

高いセルロース量とともに大きな特徴である．さらに，オゾン分解法を用いた最近の検討[2]によって，引張あて材リグニン中のβ-O-4型構造の側鎖部分の立体構造が，正常材と異なる特徴を有することが明らかになっている．

(2) 細胞壁内での分布

細胞壁内でのリグニンの分布を知る方法は，何らかの方法によって壁層の各部位を分離して分析する方法と，紫外線顕微分光法などによって非破壊的に分布を求める方法とに大別される．前者としては，ミクロマニプレーターを用いてダグラスファーの複合細胞間層を分離し，そのリグニン量を71％としたBailey[3]に始まり，軽度に蒸煮した木材チップを破砕し，そこに含まれる高リグニン含有量区分を複合細胞間層由来として分析した1970年代の報告まで多数の報告がある．趙ら[4]は軽度に中性サルファイト蒸煮したマカンバ材チップを解繊し，その際に生成するフィルム状物質を比重法によって分離して，そのリグニン含有量が44％に達することを示した．Whitingら[5]は水のかわりに適切に比重を調整したジオキサン-四塩化炭素混合溶媒を使用し，遠心分離法によって効果的に高リグニン含有画分を分離することに成功した．後述する紫外線顕微鏡による検討結果からも，このような方法で得られた高リグニン含有画分は，複合細胞間層に由来するものと考えられる．細胞間層を効果的に分離する目的で，飯塚ら[6]は晩春にマカンバ材の分化中木部を分取しているが，これは分化中木部を形成する細胞の多くが，この時期には二次壁形成初期以前の段階にあり，リグニンの沈着は主に複合細胞間層に認められることによる．これによって分取されたマカンバ材リグニンは，グアイアシル核に富み，高度に縮合した構造を示しており，これが複合細胞間層リグニンの特徴といえよう．後者としては，古くはLange[7]により，細胞壁内のリグニン分布は一様ではなく，細胞間層での濃度が60～90％と高いのに対し，内こう付近では10～20％であることが報告されている．Fergusら[8]は紫外線顕微分光法による細胞壁各壁層のリグニン定量法について詳細に検討し，細胞間層のリグニン濃度が80％に達するのに対し，二次壁では20％程度であること，しかし，細胞間

層のリグニン量としては，春材で28%，秋材で18%に留まることを明らかにしている．すなわち，残りの72%あるいは82%のリグニンは二次壁に分布していることになる．

細胞壁の部位によるリグニン化学構造の相違についても，紫外線顕微分光法により興味深い知見が得られている．Goringらはbirch材の道管二次壁，木繊維細胞二次壁，木繊維細胞間層コーナーのリグニンの紫外線吸収スペクトルの吸収極大が，それぞれ279nm，270nmおよび275～276nmに存在することから，道管二次壁にはグアイアシルリグニン，木繊維細胞二次壁にはシリンギルリグニン，細胞間層コーナー部には両者の混合したリグニンが分布しているとしている．しかし，細胞間層およびそのコーナー部のリグニンについては，最近では前述のように高度に縮合したグアイアシルリグニンが分布しているとする考えが，より広く受け入れられているといえる．

細胞壁各壁層におけるリグニンの分布を知る，今1つの方法にエネルギー分散型X線分析法（EDXA）[9]がある．この方法では，試料の薄切片をあらかじめ臭素化したのち，これに電子線を入射した際に試料中の臭素原子によって放出される特性X線の強度からリグニン量を求めるものである．TEMあるいはSEMと組み合わせることによって，細胞壁のごく微細な領域のリグニン量を求めることが可能となる．この方法は，臭素化反応が細胞壁構成成分のうちリグニンに限定されることを前提にしていることはいうまでもない．

2）呈 色 反 応

木質化した試料について，リグニンの存在を確認するとともに，リグニンの分布や存在量について知見を得るうえで，呈色反応は非常に重要である．呈色試薬としては，フェノール類，芳香族アミン類，ヘテロ環状化合物，無機化合物など多様であるが，特に前二者を使用したものが多く知られている．

1）フロログルシン・塩酸呈色反応

リグニンの呈色反応として最もよく知られているもので，Adlerら[10]によっ

コニフェリルアルデヒド型構造
（構造 1）
R：水素またはアルキル

フロログルシン・塩酸呈色反応の着色構造（構造 2）

てリグニン中のコニフェリルアルデヒド型構造（構造 1）に起因することが明らかにされている．木粉にフロログルシン・塩酸溶液を添加すると瞬時に現れる赤紫色（最大吸収波長 550nm）の呈色は，フロログルシンとの反応によって大きな共役構造を有する着色構造（構造 2）が生成することによる．また，呈色の強さから，スプルース材の Björkman リグニンにはメトキシル基 35 個当たり 1 個の構造（1）が存在するとされている．コニフェリルアルデヒド型構造はリグニンの主要な構成単位ではなく，また変質を受けやすい構造であるため，この呈色反応の強さからリグニン量を論じることはできない．しかし，この構造が容易に変質することを利用して，試料が熱あるいは化学薬品による処理などの履歴を経ているか否かを知るための指標として，この呈色反応を用いることができる．なお，木粉を Schiff の試薬で処理した際に，初めに黄色，次いで橙色を示す呈色や，尿中の細菌によるリグニンの赤変現象も同様の構造によるとされている．

2）モイレ（Mäule）呈色反応

広葉樹木粉で特徴的な赤紫色（最大吸収波長約 520nm）の呈色が見られるのに対し，針葉樹木粉は茶褐色を呈することから，針葉樹材と広葉樹材の識別に広く用いられている．この呈色反応は，広葉樹リグニン中のシリンギル核から塩素化メトキシ-O-キノン構造が生成することによると考えられている．すなわち，第 1 段の過マンガン酸カリウムによってシリンギル核からメトキシ-O-キノン構造が生成したのち，第 2 段の塩酸処理によって塩素化メトキシカテコール構造に変化すると考えられる．この構造がその後のアンモニア処理に

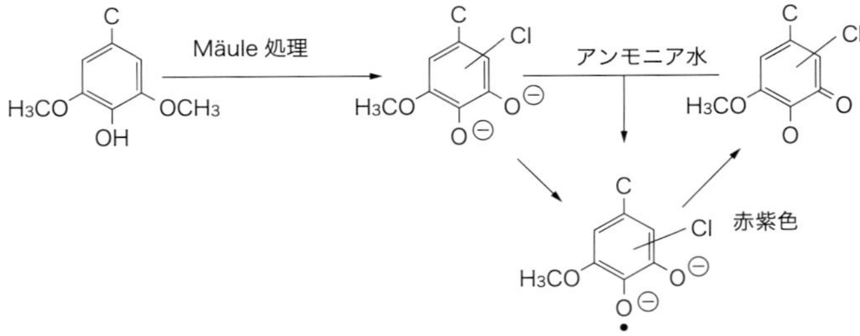

図4-1 モイレ呈色反応の呈色機構

よって赤紫色の塩素化メトキシ-O-キノン構造となる（図4-1）[11]．この呈色反応において，塩酸のかわりに硫酸を使用するといく分赤みの強い呈色となるが，この違いは塩素化の有無によると考えられる．クロス-ビバン（Cross-Bevan）呈色反応も広葉樹木粉で赤紫色の呈色（最大吸収波長540nm）を示す点で類似の呈色反応である．この反応では塩素水処理によってシリンギル核から生成した2,6-ジクロロピロガロール構造が，着色の起源構造であると考えられる．

3）コニフェリルアルコール型構造による呈色反応

リグニン分子中の特定の構造に対する呈色反応の1つに，コニフェリルアルコール型構造がトシルクロリドおよびピリジンによる処理でN-シンナミルピリジニウム塩となったのち，引き続くニトロソジメチルアニリンおよびシアン化カリウムと反応して，475nmに最大吸収波長を持つ赤色の着色を示すものがある．この呈色反応の機構を図4-2に示す．

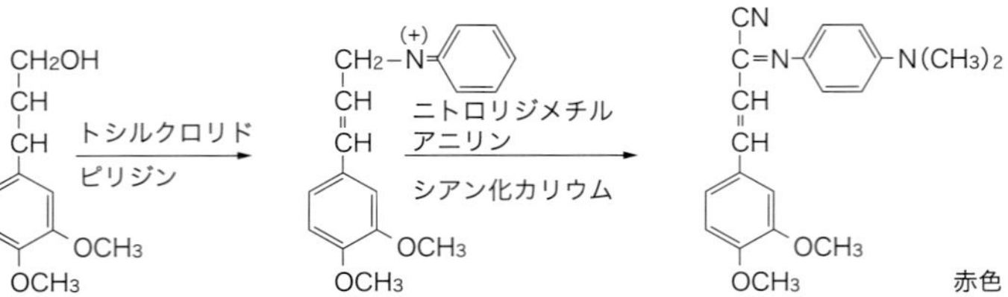

図4-2 コニフェリルアルコール型構造による呈色反応

4）p-ヒドロキシベンジルアルコール型構造による呈色反応

p-ヒドロキシベンジルアルコール型構造は，キノンモノクロロイミドと反応して青色のインドフェノール構造（最大吸収波長640nm）を生成する．この呈色反応を利用して，Björkmanリグニン中の同構造量は0.07〜0.10/C_6-C_3と見積もられている．

5）そのほかの呈色反応

遊離フェノール性水酸基を有する非縮合型グアイアシル核のうち，側鎖α-位にカルボニル基あるいはアルコール性水酸基を持たないものの場合には，ニトロソジスルホン酸カリウム（Fremy塩）[12]による酸化を受けて，赤色のO-キノン構造となる．

リグニンはある種の金属イオンが共存すると，容易にキレート構造を形成して着色する．鉄イオン（Ⅲ）とのキレートによる褐色ないし茶褐色の着色は，工業リグニンの色を考えるとき，特に重要である．

2．リグニンの定量法

木質のマクロなリグニン定量法は，データの蓄積量も多く，ほぼ確立されている．近年，木材の微細な部分のリグニン分布を定量的に知るための方法も，急速に発展してきた．また，パルプ産業においては，パルプの品質とそのリグニン含有率との間に密接な関係があるため，定量法は独自の発展を遂げてきた．しかし，樹皮や葉部，あるいは木本以外の植物（食品や飼料作物など）中のリグニン定量法は，必ずしも確立されているとはいいがたい．

1）リグニンの不溶化による定量法（直接法）

木材を濃鉱酸で処理すると，木材多糖はまず膨潤し，一部加水分解されたり，エステル化されたりする．次いで，希鉱酸で加熱すると，多糖は単糖にまで加

水分解され，水に溶ける．不溶性残渣として得られるリグニンを秤量して，リグニンを定量することができる．鉱酸としては，硫酸，塩酸，フッ化水素酸などが用いられる．この中で最も広く用いられるのは，硫酸を用いたKlason法である．

①**硫酸法（Klasonリグニン）**…木材中のリグニンの直接定量法として最も信頼度の高いものとみなされ，日本，アメリカ，スウェーデンなどの各国で標準法として採用されている．操作の概要を次に示す．

60～80メッシュの木粉を，ソックスレー抽出器を用いてエタノール・ベンゼン（1容：2容）混液で6～8時間脱脂する．タンニンを多く含む試料の場合には，その前に95％エタノールで4時間抽出しておくことが望ましい．脱脂試料を風乾後，1gを精秤して50ml容ビーカーにとり，72％硫酸15mlを加え，ガラス棒で十分に撹拌して室温で4時間静置（ときどき撹拌）する．内容物を1ℓ容三角フラスコに，蒸留水560mlを用いて定量的に移し込む（このとき，硫酸濃度は3％となる）．リービッヒ冷却管を付けて，ホットプレートで4時間加熱還流して，多糖類を加水分解する．放冷後，フラスコ内の黒色沈殿物を，あらかじめ秤量びんに入れて恒量を求めたガラス濾過器（1GP16）を用いて吸引濾取する．濾過するときは，上澄み液をできるだけ初めに濾過し，次に沈殿物をガラス濾過器に入れるようにすると，濾過時間は短縮される．濾取した沈殿物は熱水，次いで冷水で洗浄後，105℃の乾燥器中で乾燥し，デシケーター中で放冷後秤量し，酸不溶性リグニン量を求める．

前記の方法は，針葉樹材についてはそのまま適用してよいが，ユーカリ属の材やある種の熱帯産広葉樹材の場合にはポリフェノール類の共存による誤差があるし，樹皮の場合には樹皮フェノール類の影響を受けるので，そのままでは適用しがたい．なお，灰分の一部（例えばCa塩やシリカ）なども硫酸処理によって不溶化するので，イネわらなどの場合には灰分の補正を必要とする．

リグニンの一部は，Klasonリグニンを定量した母液に溶解する．この酸可溶性リグニン（acid soluble lignin）の定量には，紫外線（UV）吸収法が用いられる（原理，方法は次項参照）．炭水化物，特にヘミセルロースの一部は，

第4章 リグニンの化学

表 4-2 木材中のクラーソンおよび酸可溶性リグニン

樹　種		クラーソンリグニン (%)	酸可溶性リグニン (%)
針葉樹	オウシュウトウヒ（Picea abies）	26.9	0.2
	クロトウヒ（Picea mariana）	28.4	0.3
	オウシュウアカマツ（Pinus sylvestris）	27.3	0.3
広葉樹	シルヴァーバーチ（Betula verrucosa）	19.5	3.3
	ホワイトバーチ（Betula sp.）	19.9	3.2
	ユーカリ（Eucalyptus globulus）	21.1	3.9
	ユーカリ（Eucalyptus camaldulensis）	29.8	2.5
	アスペン（Populus tremuloides）	17.6	3.2
	アスペン（Populus sp.）	18.3	3.0
	コットンウッド（Populus sp.）	21.4	2.5
	スウィートガム（Liquidambar sp.）	20.9	4.3

（森林総合研究所（監修）：木材工業ハンドブック, 2004）

酸処理によってフルフラールやヒドロキシメチルフルフラールを生じ，これらは280nm付近に強い吸収を有するので，この波長でのリグニン定量を妨害する．したがって，酸可溶性リグニンの定量には，205〜210nm付近の極大吸収波長を用いる．Klasonリグニンを定量した濾液の吸光度が，0.3〜0.7の範囲になるように3％硫酸水溶液で希釈し，205〜210nm付近の最大吸光度を測定する．酸可溶性リグニン量を次式により求める．酸可溶性リグニン量の値は，針葉樹では0.2〜0.5％と低いが，広葉樹では3〜5％にも達する（表4-2）．

$$\text{酸可溶性リグニン量（\%）} = 100 \times \frac{\text{希釈率} \times \text{濾液量}(\ell) \times (\text{試料溶液の吸光度} - \text{3\%硫酸の吸光度})}{\text{リグニンの吸光係数} \times \text{試料重量}}$$

ただし，リグニンの吸光係数：約110 ℓ/g・cm，例えばカバ：113 ℓ/g・cm（205nm），アスペン：105 ℓ/g・cm（208nm），ユーカリ：106 ℓ/g・cm（205nm）．

2）光 学 的 方 法

(1) 紫外線吸光法

一般に，濃度 c（g/ℓ），厚さ d（cm）の均一な吸収層に I_0 の単色光が入射したとき，透過光の強さを I とすれば，Lambert-Beerの法則が成立し，吸光度

(absorbance) A は，次式で表される．

$$A = -\log(I/I_0) = acd$$

比例定数 a は，吸光率（absorptivity）または吸光係数（absorption coefficient）と呼ばれ，物質に固有の定数である．a が既知であれば，d と A を測定して c を求めうる．溶液状態で測定する場合は，1cm の厚さのセルを用いることが多く，この場合は $d=1$ となる．リグニンは 205nm 付近と 280nm 付近に UV 吸収の極大を有するので，これらの波長の光を定量に利用することができる．

アセチルブロマイド法は，Klason 法と比べて分析に必要な試料が微量で済む．10～25mg の脱脂木粉を試験管に精秤し，これに臭化アセチルの酢酸溶液を加え，70℃に 30 分保って，試料を溶解させる．この溶液を正確に一定量に希釈後，280nm の吸光度を測定し，次式によりリグニン含有率を求める．

$$リグニン（\%） = 100(A_S - A_b)V/aWd$$

ただし，A_S，A_b：試料液およびブランクの吸光度，V：溶液量（ℓ），W：試料重量（g），a：リグニンの吸光率（ℓ/g・cm），d：測定セルの厚さ（cm），なお，針葉樹の平均 a 値は 23.3，広葉樹では 23.6．

また，パルプ繊維サスペンジョンの紫外線吸収とパルプ Kappa 価（次項参照）に相関性が見られることから，パルプ製造工程でのオンライン Kappa 価測定装置が開発されている．

(2) フーリエ変換赤外・ラマン分光法

赤外吸収とラマン散乱は分子の振動によって生じることから，赤外分光法とラマン分光法とを総称して振動分光法ともいう．赤外・ラマン分光法は紫外・可視分光法などに比較すると，化学結合に関する直接的情報の取得が可能という特徴を持っている．また，固体試料の解析，顕微測定や表面分析が可能であり，非破壊分析が行えるなどの利点がある．最近この利点を生かし，共存物質のため Klason 法が適用できない試料や，パルプ中の残存リグニン量の迅速定量に利用する方法が提案されている．

赤外分光法では，フーリエ変換赤外（FT-IR）分光計を用いた測定および近赤外スペクトル測定が一般に行われる．粉体試料や繊維などの粗面を持つ試料の簡便な測定法として，拡散反射法がある．粉体試料中に入射した光が吸収を受けたあと，試料表面から拡散光として再放出され，その強度変化を測定する．針葉中のリグニン量を定量する場合，Klason 法を用いると葉部表面を覆うクチクラの主構成成分であるクチンが分離できず，そのほぼ全量がリグニンに混入する．また，草本植物や針葉，リターのようにタンパク質が共存する場合には，タンパク質がリグニンと縮合し，過大な定量値を示す．拡散反射 FT-IR 法により脱脂針葉樹材試料を測定したところ，脱脂木粉試料の Klason リグニン定量値と 1,510 cm^{-1} 付近の吸光度との間に正の相関関係があった．この検量線を用いてスギ針葉とリターのリグニン量を測定したところ，Klason 法による定量値と大きく異なった．また，近赤外スペクトルによりパルプ Kappa 価の推定が可能であり，オンライン Kappa 価測定法として提案されている．

近赤外励起 FT-ラマン法は，ラマン散乱光の測定を妨げる蛍光の影響を回避し，レーザー光照射による試料の熱変性を避け，測定が簡単であり，非破壊で原子・分子振動に関する情報を得ることができるため，天然状態での物質の構造を解析する方法として有効である．スプルース材の近赤外励起 FT-ラマンスペクトルを図 4-3 に示す．各漂白段階のクラフトパルプを近赤外励起 FT-ラマ

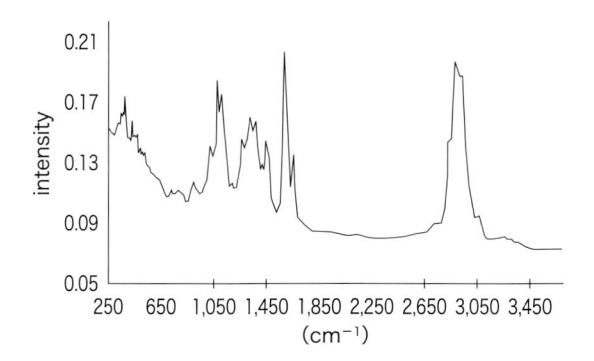

図4-3 スプルース材の近赤外（1,064 nm）励起ラマンスペクトル
(Agarwal, U.：Advances in Lignocellulosics Characterization, 1999)

ン法で測定したところ，ラマン散乱スペクトルの 1,600cm^{-1} の散乱強度と Kappa 価に正の相関が認められることから，パルプ中の残存リグニン量の推定が可能である．

3）そのほかの方法

炭水化物と反応せずリグニンと特異的に反応する試薬の消費量や，メトキシル基の定量値などから，リグニン量を推測する方法も用いられる．特に，パルプ製造工程においては，脱リグニンの程度や漂白剤所要量の把握および品質評価などの目的で，迅速なリグニン定量法が必要である．この場合，リグニン量の絶対値よりむしろ，その指標となる数値を測定することが多い．例えば，一定条件下での過マンガン酸カリウムの消費量に基づく Kappa 価（JIS P8211）が汎用されている．同様に塩素消費量の定量により求める方法もある（ISO 3260-1982）．

3．リグニンの存在形態と単離法

1）リグニンの存在形態

（1）リグニン存在の意義

リグニンは水に溶けにくいフェノール類の重合により生じた 3 次元網目状構造を持つ高分子で，水溶性の糖から生成した線状高分子であるセルロースやヘミセルロースとは大きく異なる．したがって，炭水化物と比べて疎水性で分解しにくい性質を持つ．こうしたリグニンの化学的・物理的性質は，樹木のみならず木材の利用にも大きく影響している．

活発に成長している樹木細胞の細胞壁成分にはリグニンが少ないことから，リグニンは成長中の樹木細胞壁の硬さには関係がないと考えられている．しかし，成長の終わった細胞壁にはリグニンの量が多いので，細胞壁の強度を成長後に増加させる役割を果たしていると考えられる．また，リグニンは，木部の

細胞壁内のフィブリル間や細胞壁を粘着する形で存在する．こうしたリグニンの存在により，植物は重力や風雨などの厳しい外界から体を支えたり，菌などの攻撃から樹体を守ることが可能となっている．しかし，そのためにリグニンは安定な分子となり分解しにくく，自然に還りにくくなっている．また，疎水性のリグニンで，水分の通路となる道管系の細胞壁をプラスチックのように固めることにより，根から吸い上げられた水は系外に漏れなくなり，リグニンは水分運搬としての役目も担っている．

木材の引張り強さあるいは成長方向の強さには主としてセルロースが関与しているのに対し，こわさや湿潤時の強さなどにはリグニンの寄与が大きい．リグニンの熱可塑性も，木材の加工やパルプ化に際して重要な性質である．例えば，機械パルプの解繊は天然リグニンの軟化点付近の温度で行うのがよいとされている．

天然リグニンの色は淡黄色または無色に近いものとされているが，光や熱あるいは化学反応により着色しやすい．新聞紙などの光による黄変や，野外で利用する木材製品の光による色抜けなどは，主にリグニンの光反応に由来する．したがって，白色度の高い紙を作るためにリグニンを取り除いたり，木材製品の淡色化を防ぐために保護塗料などの塗布が行われている．また，シリンギルリグニンの量はパルプ化や生分解の難易にも影響する．さらに，木材をバイオマス変換や紙パルプ用原料として用いる場合，リグニンのない，あるいは少ない樹木が育成できれば，パルプ蒸解薬品や工場エネルギーを節約することができ，糖化や発酵にも貢献するところが大きい．このように，木材の利用にもリグニンの関与は大きい．

(2) 細胞壁中のリグニンの存在

リグニンが木材細胞のどこにどの程度存在するかは，木化の進行やパルプ化におけるリグニンの除去の進行を知るのに重要である．形成層での細胞分裂が終わり，細胞がそれぞれ特有の木部細胞（仮道管，道管，木部繊維など）に分化して，細胞壁に二次壁外層（S_1）が形成される頃になると，リグニンの沈着

（木化）が始まり，最終的には薄い一次壁（P）と3層からなる厚い2次壁（S_{1-3}）からなる木化した細胞が形成される（図4-4）[1]．細胞壁内では，リグニンはヘミセルロースと共存しながら，セルロースのミクロフィブリルを囲む形で存在すると考えられる．この細胞壁構造を鉄筋コンクリートと比較すると，セルロースは鉄筋に，リグニンはコンクリートに，ヘミセルロースは鉄筋とコンクリートをつなぐ針金に例えられる．しかし，細胞壁内におけるリグニンの存在は量的にも構成単位的にも均一ではない．例えば，トウヒ春材の仮道管におけるリグニンの分布[2]は図4-5に示すように，セルコーナー部において85％，複合細胞間層（細胞間膜ML＋一次壁P）で50％，二次壁（S）で22％と大きく異なる．一般的に，リグニン濃度は細胞間層で高く，二次壁で低い．しかし，二次壁は容積が大きいために，少なくともトウヒ春材のリグニンの72％が二次壁に集中し，28％が細胞間層に存在することが，紫外線顕微鏡による定量で明らかにされている．広葉樹でも同様であるが，この場合には木材がより不均一であり，さらにリグニンがグアイアシルリグニンとシリンギルリグニンからなるため，分析値の精度は低い．これまでの研究では，広葉樹（例えばカバ材）の木繊維の二次壁にはシリンギルリグニンが，細胞間層にはグアイア

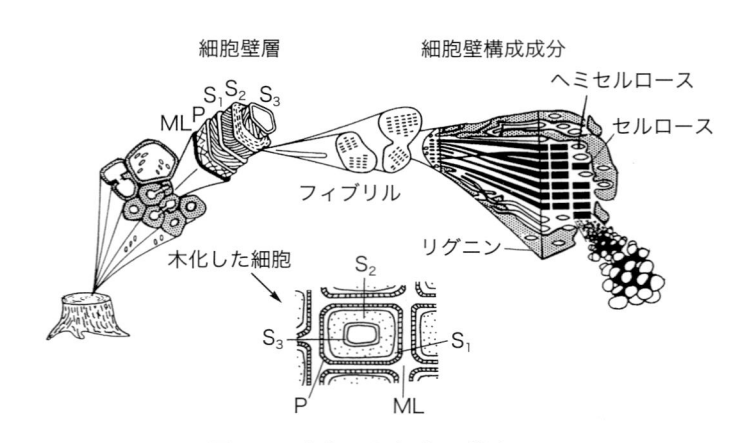

図4-4 木化した細胞の模式図
P：一次壁，S_1：二次壁外層，S_2：二次壁中層，S_3：二次壁内層，ML：細胞間層．
(Hage, E. R. E. van der, 1995 を改写)

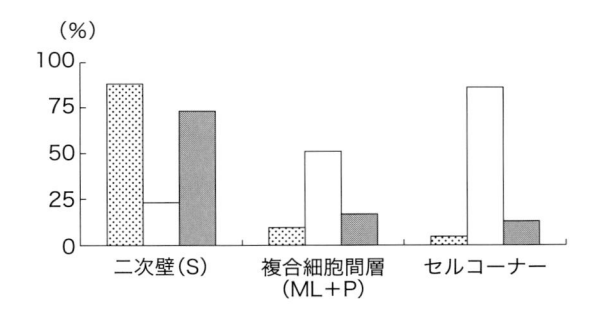

図4-5 トウヒ春材仮道管における細胞壁中のリグニンの存在
▨：部位の容積率，□：リグニン含有率，▥：全リグニンに対する割合．

シリルリグニンが多いことが示されている．また，道管はグアイアシルリグニン，柔細胞はシリンギルリグニンが主である．細胞間層のコーナー部分は両者が混合していることが示されている．二次壁内でのリグニンの存在については，ほぼ均一であるとも内層（S_3）でやや濃度が高くなるともいわれている．

木材の放射柔細胞は，仮道管や木繊維よりもリグニンを多く含む．例えば，トウヒ木粉が28.6％のリグニンを含むのに対して，放射柔細胞では42.7％と1.5倍も高い．

リグニンは多様な構造単位から成り立っているが，これらも細胞壁中で同じ割合で存在していないようである．リグニンの前駆物質の単量体ラジカル（☞生合成の項）が細胞壁のパーオキシダーゼ帯から木化しつつある場所にゆっくりと供給および拡散していく場合には，β-O-4型構造単位を多く含む鎖状高分子（endwise polymer）が，一方，高濃度に存在するような場所では，β-O-4型構造単位の少ない不飽和側鎖を多く持つ塊状高分子（bulk polymer）が生成すると思われる．

(3) リグニンと炭水化物間の結合

図4-4に示したように，細胞壁中でリグニンはセルロースおよびヘミセルロースと共存している．リグニンとこれら木材多糖類との間に，化学結合が存在することを示した研究は多い．リグニンと炭水化物の複合体（lignin-carbohy-

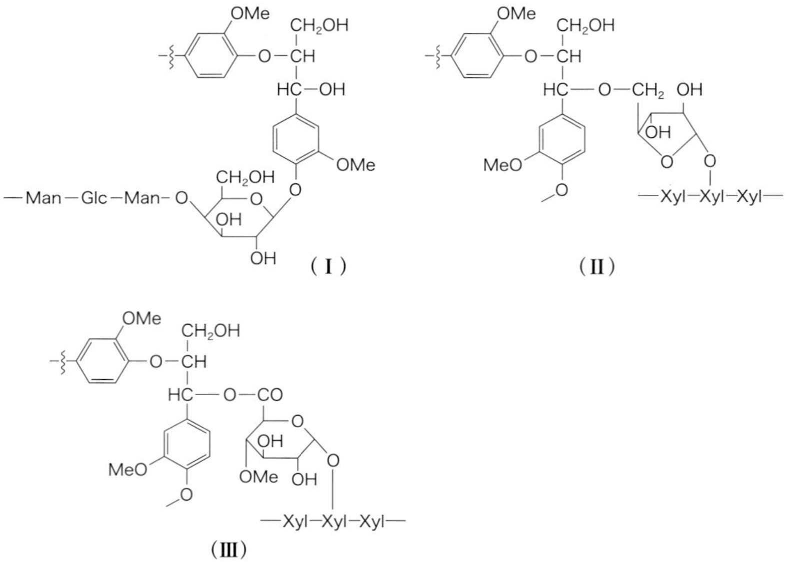

図4-6 LCC 中のリグニンと糖の結合様式
Man：マンノース，Glc：グルコース，Xyl：キシロース．

drate complex, LCC) の研究から，ヘミセルロース成分は，主としてその L-アラビノフラノース，D-キシロース，D-ガラクトースおよび D-4-O-メチルグルクロン酸などの各基を通してリグニンと結合しているとされている[3,4]．草本類リグニンは木材リグニンと異なり，p-クマル酸やフェルラ酸を通してエーテル結合やエステル結合によりヘミセルロースと結合しており，飼料作物の場合，反芻動物への消化性に関与しているとされている．木材リグニンと糖との結合様式については，図 4-6 のようにグリコシド結合（Ⅰ）のほかにエーテル結合（Ⅱ）およびエステル結合（Ⅲ）が提唱されている[3,4]．これらのうち，リグニンの生合成時にキノンメチド中間体の側鎖 α- 位に糖が付加して生じるベンジルエーテル型およびベンジルエステル型結合の生成が有力である．ベンジルエーテル結合の場合，糖側としては，第 1 級水酸基が結合に関与している可能性が高いようである．

2）リグニンの単離

　木材中にある天然リグニンと同一のリグニンを，全体を代表するような高い収率で単離することは，リグニンの構造を研究するうえで欠かせない．しかし，リグニンはヘミセルロースと化学的に結合していることや，リグニン自体が3次元網目構造であって溶媒に不溶であることから，いずれの単離法においても，炭水化物との結合，あるいは網目状構造を切断して低分子化をはかると同時に水酸基のような親水性基を増やして溶媒に対する溶解性を高めるか，または，スルホン酸基のようなほかの親水性基を導入する方法がとられている．したがって，天然リグニンは未変化のままで単離されることはなく，どの方法を用いても，程度に差があっても何らかの化学的，物理的な変化を受けている．リグニンが未変化の状態で単離されないことは，リグニン化学の進展を著しく妨げている要因の1つである．一般にリグニンは，抽出成分を除いた脱脂木粉から，多糖類を加水分解によって除去したあとの不溶性残渣として単離する方法（不溶性リグニン）や，リグニンを溶解してこれを再び沈殿させて精製す

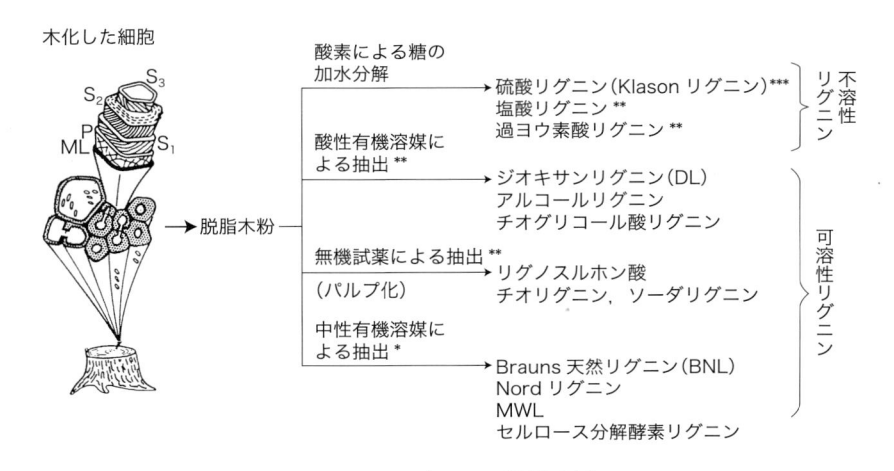

図4-7 リグニンの単離方法
＊：化学変化はきわめて少ない，＊＊：化学変化は少ない，＊＊＊：化学変化は大きい，

る方法（可溶性リグニン）で単離されている（図4-7）．単離の際に起こるリグニンの変化は用いた方法により異なるので，単離方法，あるいは単離に使用した試薬，ときには開発した研究者名を付けて単離リグニンを呼ぶ．

(1) 不溶性リグニン
a. 硫酸リグニンおよび塩酸リグニン

硫酸リグニン（Klasonリグニン）の量は，木材中のリグニン量を直接示す値として重要である．細部において差異はあるが，基本的には72％硫酸中，室温で試料を処理し，炭水化物を膨潤，一部加水分解したのち，3％の希硫酸中で還流処理して，炭水化物を溶解後，不溶性残渣として得られるリグニン[5]である．しかし，ニトロベンゼン酸化やMäule呈色反応，赤外線スペクトルなどが天然リグニンのそれらと大きく異なる．リグニンの構造が加水分解時に縮合反応を受けて大きく変化している欠点があるので，構造研究や反応性の研究には使われていない．それに比べて塩酸リグニン（Willstätterリグニン）は，変質が比較的少ないとされている[6]．一般的単離法としては，木粉に42％冷塩酸（比重約1.22）を加えて2時間振とう後，氷水を加え一晩放置して得られる残渣リグニンを5％硫酸あるいは水で5～6時間煮沸して濾過，水洗，乾燥して，淡褐色の塩酸リグニンを得る．硫酸リグニンおよび塩酸リグニンは木材糖化工業で副産物として大量に得られ，木材加水分解リグニンとも呼ばれる．

b. 過ヨウ素酸リグニン

炭水化物を4.5％過ヨウ素酸ナトリウム水溶液でジアルデヒドポリマーに酸化後，熱水抽出すると残渣として過ヨウ素酸リグニン（Purvesリグニン）が得られる[7]．収率はエゾマツで29％，ブナで24％と高い．このリグニンは変質が少なく，天然リグニンに近い反応性を示すが，一部脱メチルが生じている．

(2) 可溶性リグニン
a．Brauns 天然リグニンおよび Nord リグニン

脱脂木粉を96％エタノールで徹底的に抽出後，抽出液を濃縮して水に注ぐと，粗リグニンが得られる．ジオキサンに溶かして，エーテルに再沈殿させてクラーソンリグニン当たり約10％の Brauns 天然リグニン（Brauns native lignin, BNL）が得られる[8]．BNL は MWL が登場するまでは，研究用試料としてリグニン化学に貢献してきたが，リグナンやポリフェノールなどの抽出成分を不純物として含み，分子量（数平均分子量850～1,000）も小さいことや収率が少ないこともあり，現在では研究用試料としてはほとんど用いられていない．

抽出溶剤としてアセトン/水（17：3）を用いると，アセトンリグニンが得られる．木粉を褐色腐朽菌で処理したのち，BNL と同様の条件で単離すると，BNL の2倍の収率で Nord リグニンが得られる[9]．

b．MWL およびセルロース分解酵素リグニン

十分乾燥して脱脂した木粉を乾燥状態，あるいはトルエンなどの非膨潤性の溶剤中に懸濁させ，振動式ボールミルで48時間あるいはそれ以上微粉砕して，木材の細胞構造を破壊する．次いで，含水ジオキサンにより一部のリグニン（通常50％以下）を抽出し，抽出液を濃縮すると粗リグニンが得られる．ジオキサンを交換することにより，大部分のリグニンは2～3日で抽出されるが，完全に抽出するには数ヵ月を要する．2～8％の炭水化物を含んでいるので，90％酢酸に溶かし，水に注入して精製する．1957年に Björkman[10] により見出された方法であり，得られたクリーム色の粉末状リグニンは MWL（milled wood lignin），Björkman リグニンあるいは摩砕リグニンと呼ばれる．MWL の多くは細胞間層リグニンに由来しているといわれ，必ずしも全リグニンを代表していないが，単離操作が化学構造にあまり変化を与えないので，化学構造を明らかにするような研究には最良の試料とされ，構造研究用のリグニン試料として広く使われている．しかし，MWL は精製を繰り返しても常に多少の炭

水化物を含んでいる．また，摩砕の進行に従って，フェノール性水酸基量やα-カルボニル基量が増加する．一方，縮合型グアイアシル単位/非縮合型グアイアシル単位の比および分子量は，次第に減少していくことが知られている．MWLの重量平均分子量は15,000〜30,000前後であるが，天然リグニンの分子量ははるかに大きい．また，初期に単離されるMWLは細胞間層リグニンに由来し，摩砕進行とともに，二次壁リグニンが増加するとされている．前記の含水ジオキサン抽出残渣の摩砕木粉を，ジメチルホルムアミド，ジメチルスルホキシド，または50%酢酸で再抽出するとLCCが高収率で得られる．

　ボールミルで微粉砕した木粉から，セルロースやヘミセルロースを分解する酵素を用いて多糖類を取り除き，含水ジオキサンで抽出し，次いで抽出液をMWLと同様の方法で精製するとセルロース分解酵素リグニン（cellulolytic enzyme lignin，CEL）が得られる[11,12]．この方法は煩雑であるが，得られたリグニンがMWLと同様，もとのリグニン構造からの変化が少ないと同時にMWLより収率が高い利点がある．

c．ジオキサンリグニンおよびアルコールリグニン

　脱脂した木粉を8倍量のジオキサン/水（9/1）混合液に加え，全体として0.2規定になるように塩酸を加え，90℃前後の窒素気流下で還流加熱すると，リグニンはアシドリシスにより構造単位間の結合が切断され低分子化し，含水ジオキサンに可溶化する．木粉を濾別後，溶液を濃縮，水に注ぐと，褐色のジオキサンリグニン（dioxane lignin，DL）が得られる[13]．少量（1.6〜7.5%）の糖を含む．ジオキサンリグニンはMWLと比べて調製法が簡単で，収量も高い（針葉樹で10〜13%，広葉樹で22〜35%）ので，研究材料としてしばしば用いられる．リグニン中には後述するアルコールリグニン（alcohol lignin）に見られた抽出溶媒であるジオキサンの結合は見られないが，アシドリシスを受け，β-エーテル結合の切断やフェニルクマロン構造が新生するなどの化学構造変化を受けており，その程度は還流加熱時間に依存する．

　同様に，脱脂した木粉をアルコール/塩酸で処理すると，約6%の収率で褐色のアルコールリグニンが得られる．アルコリシスによるβ-エーテル結合の

切断のほかに，単離に用いたアルコールに対応するアルコキシル基（エタノール使用ではエトキシル基）がリグニンに結合している．単離に用いられる溶剤としては，エタノール，メタノール，フェノールがある．

d．チオグリコール酸リグニン

脱脂した木粉をチオグリコール酸と2規定の塩酸で7時間煮沸したのちに濾別し，残渣を2％水酸化ナトリウムで抽出し，抽出液を塩酸酸性にすると，チオグリコール酸基（-SCH$_2$COOH）が結合したチオグリコール酸リグニンが高収量で沈殿してくる．ジオキサンに溶かして，エーテル中に再沈殿させて精製する．ポリフェノールやタンパク質を含まず，縮合反応も起きないので，非木化植物のリグニンの研究に向いている．

e．リグノスルホン酸，チオリグニンおよびソーダリグニン

リグノスルホン酸，チオリグニンおよびソーダリグニンは，木材パルプ化の副産物として得られ，研究用試料としてよりも，リグニン利用の原料として用いられている．

i）リグノスルホン酸　リグノスルホン酸はサルファイトパルプ製造時の副産物である．木材を約130℃前後で二酸化硫黄と亜硫酸水素イオンを含む種々のpHの水溶液で処理すると，サルファイトパルプが得られる．排液から親水性のスルホン酸基が結合したリグノスルホン酸塩を単離するには，排液中に共存するカルシウム塩やナトリウム塩などの無機塩，糖およびスルホン化された糖誘導体を取り除く必要がある．実験室的および工業的に多くの除去技術が使われている．リグノスルホン酸塩は水溶性であり，界面活性，分散性，キレート性を利用して，種々の用途が開発されている．リグノスルホン酸はメトキシル基当たり0.4～0.7個のスルホン酸基を含む．

ii）チオリグニンおよびソーダリグニン　木材を170℃で水酸化ナトリウムあるいは水酸化ナトリウムと硫化ナトリウムで処理することにより，リグニンは分解して，アルカリ水溶液に可溶なソーダリグニンあるいはチオリグニン（クラフトリグニン）となる．残渣のパルプを濾別し，濾液を酸性にすると，リグニンがヘミセルロースとともに沈殿してくる．これをジオキサンに溶かし，

エーテルに再沈殿させてヘミセルロースを取り除いて精製する．チオリグニンは，メトキシル基当たり0.1〜0.3個の硫黄を含む．

4．リグニンの化学構造

　リグニンの化学構造の決定は至難であった．この理由はおおまかには，リグニンが通常の天然・生体高分子と比べてたいへん複雑な高分子であり，しかもそれゆえに非常に取り扱いにくい物質であるからである．この難点は，リグニンの化学構造と性質がほかに類を見ない独特なものであるといいかえることができるので，その詳細は2)「リグニンの化学構造の特徴と化学構造決定を困難にした理由」に後述する．リグニンの化学構造を理解することは，リグニンおよびそれを含む樹木・木材・木質バイオマスの理化学的性質・生物機能（力学的強度の付与，維管束からの漏水防止，反すう動物や微生物に対する物理的障壁），環境機能（耐久性と生分解性，二酸化炭素の固定）ならびに利用（パルプ化および製紙における脱リグニンと漂白，クラフトリグニンの利用）を理解し，それぞれのいっそうの解明あるいは開発を進めるうえで欠かせない．

1）基本的な芳香環構造

　リグニンは芳香族高分子化合物で，p-ヒドロキシフェニルプロパン（p-hydroxyphenylpropane）（「p-ヒドロキシ」は「4-ヒドロキシ」と同じ）を単量体単位とする重合体で，必ずメトキシル基 -OCH_3（methoxyl group）を含む．植物成分としてはフェニルプロパノイド類（phenylpropanoids）に，あるいはフェノールを有するので植物フェノーリクス（plant phenolics）に属する．芳香環（p-ヒドロキシフェニル部分）は図4-8のようにグアイアシル（guaiacyl，Gと略記）核，シリンギル（syringyl，S）核およびp-ヒドロキシフェニル（p-hydroxyphenyl，H）核の3種類を基本形（R = H）とする．メトキシル基は，G核には3位に1個，S核には3位と5位に2個存在し，H核にはない．これらの芳香環についてはアルカリ性ニトロベンゼン酸化およびメチル化過マンガン酸カリウム酸

化などによって，また，フェニルプロパノイドであることはエタノリシスや水素化分解などによって解明された（☞第4章5）．

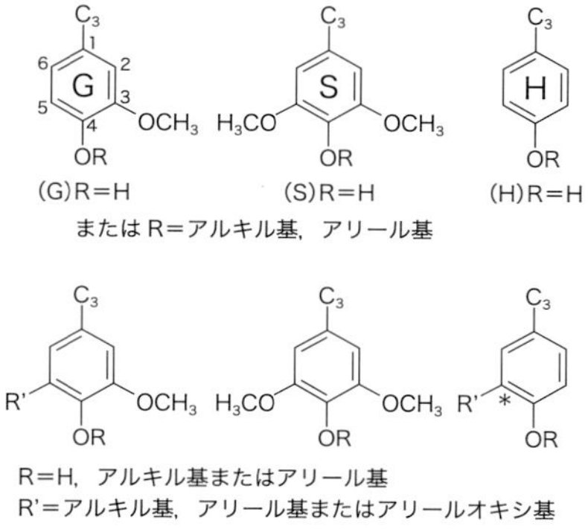

現在，これらの芳香環構造は，リグニン高分子の単量体（monomer）である3種類のモノリグノール類（monolignols），すなわちコニフェリルアルコール（coniferyl alcohol）(**1**)，シナピルアルコール（sinapyl alcohol）(**2**) およびp-ヒドロキシケイ皮アルコール（p-hydroxycinnamyl alcohol, 別名p-クマリルアルコール（p-coumaryl alcohol））(**3**) が脱水素重合してリグニンとなることで理解される（☞第1章4）．針葉樹リグニン（softwood lignin）は主に，(**1**) が脱水素重合して生じるグアイアシルリグニンからなる．広葉樹リグニン（hardwood lignin）は主に，(**1**) と (**2**) が脱水素共重合して生じるグアイアシル-シリンギルリグニンからなる．広葉樹の中でヤナギ科樹木（ドロノキ，ポプラ）のリグニンにはp-ヒドロキシ安息香酸がエステル結合している．タケやイネなどの単子葉類イネ科植物リグニン（草本リグニン，grass lignin）は，(**1**) と (**2**) と (**3**) が脱水素重合して生じるグアイアシル-シリンギル-p-ヒドロキシフェニルリグニンに5〜10％のp-ヒドロキシケイ皮酸（p-クマル酸）がエステル結合している．グアイアシルリグニンがすべての維管束植物に存在するから，リグニンには必ずメトキシル基が存在することになる．このメトキシル基はアリールメチルエーテルであり，化学的に安定で，脱水素重合過程で変化しない．その酸素上の非共有電子対はベンゼン環の電子密度を増加させる．アルキルメチルエーテルはヘミセルロース（4-O-メチル基）には存在するが，リグニンには存在しない．

図4-8 リグニンの基本的な芳香環構造
G：グアイアシル核，S：シリンギル核，H：p-ヒドロキシフェニル核．＊命名法によると3位であるが，慣例として5位という．

2）リグニンの化学構造の特徴と化学構造決定を困難にした理由

図 4-9 は針葉樹リグニンの化学構造を模式図[1] として表したものである．

(1) 通常の天然・生体高分子と異なる特徴

①単量体単位間の結合は C-C 結合またはエーテル結合からなる．両者は一般に化学的に安定であり，前者の加水分解は不可能で，後者のそれは容易でない．

一方，多糖類ではグリコシド結合（アセタール）で，タンパク質ではペプチド結合（アミド）で，核酸ではリン酸エステル結合で連なっている．アセタール，アミド，エステルは化学的，酵素的に加水分解される．

②単量体単位間の結合様式が多数あり，しかもそれらが規則的に配列しないために，一定の繰返し単位を持たない．個々の分子鎖の化学構造は皆異なる．

③不斉炭素原子が存在するキラルな高分子であるにもかかわらず，光学活性を有さないので，ラセミ体様（racemate-like）の高分子である．

一方，セルロースは鏡像異性体である D-グルコースが β-1,4 結合を繰り返して連なっている．タンパク質も鏡像異性体である L-アミノ酸類が繰返し単位であり，それらの配列は遺伝子によってコードされている．核酸は繰返し単位であるヌクレオチド中に鏡像異性体である β-D-(2-デオキシ)リボースが含まれ，その 1 位と塩基とは β-立体配置で結合していて，その 3 位 OH はリン酸を介して隣のヌクレオチドの β-D-(2-デオキシ)リボースの 5 位 OH と結合している．これら生体高分子の生合成反応はすべて特異的な酵素によって触媒されている．

①，②および③の理由は下記のように生合成的に理解できる．モノリグノール（これ自身はアキラル）や成長中のリグニン分子鎖のフェノールは，ペルオキシダーゼやラッカーゼの作用によって脱水素されてフェノキシラジカルとなる．これには数種のラジカル共鳴体が必然的に存在する．これらは酸素ラジカルと炭素ラジカルであり，種々の組合せによって互いにカップリングして，多種のエーテル結合や C-C 結合が生じうるが，脱水素以外のラジカルカップリン

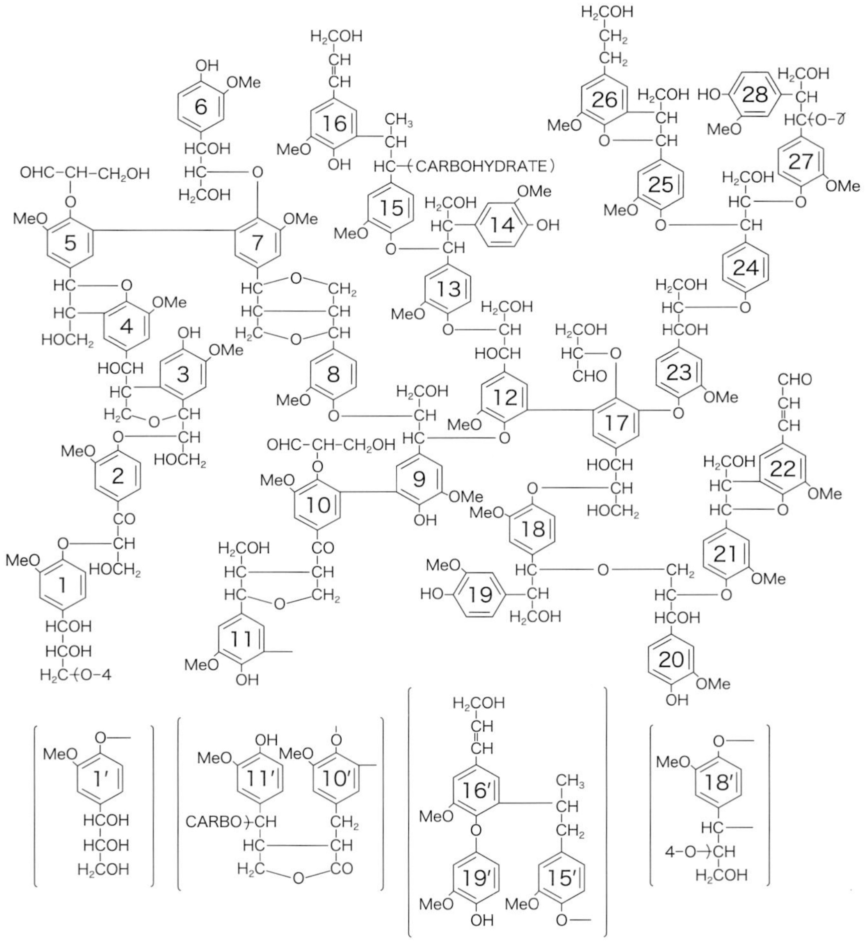

図4-9 針葉樹リグニンの模式図
例えば，カッコ内の構造1'を1と置きかえることができる．また，最近明らかにされた図4-10の結合様式E2，F2，F3を加えることができる．(Sakakibara, A.: "Recent Advances in Lignin Biodegradation Research", Higuchi, T., Chang, H. -m, Kirk, T. K. eds., UNI Publishers, Tokyo, 1983)

グおよびキノンメチドへのフェノールやアルコールの付加などの反応に酵素は関与しないので，種々の組合せの結合がそのまま生じる．また，一対の鏡像異

性体（部分）の一方だけでなく両方とも生じてラセミ体（様）となるので，光学活性は生じない（☞詳細は4）「単量体単位間の結合様式」）．

(2) 化学構造決定を困難にした理由とその克服

第1に，プロトリグニンの全量とはいかなくてもその大半を，変質させずに抽出および単離することはできない（☞第4章3）．なぜならば，木化した細胞壁のプロトリグニンは，必ずセルロースミクロフィブリルおよびヘミセルロースマトリックスと共存していて，それらの奥深くまで充填されており，さらに後者とは共有結合しているからである．また，リグニンは立体的（3次元）網目状高分子であり，かつ非常に高分子量であるために不溶性であり，通常の溶媒抽出は不可能である．なお，木材から多糖類を除いて，リグニンだけを変質することなく残留させることもできない．

第2に，前記（1）のように，通常の天然・生体高分子の場合，明確な構成単位あるいは繰返し単位を有し，それらの単位間結合を温和な加水分解のような反応で切断して，特定の分解物を高収量で得ることができるので，化学構造（一次構造）の決定は困難でない．しかし，リグニンの場合は（1）のように全く異なる．リグニンに適用される分解反応は激しい条件下で行われ，フェニルプロパン単位間以外の結合も切断されるので，しかも，もともとの結合様式が多様であるので，多種類の分解物を与えてしまう．これらの分離は容易でなく，それぞれの収量は低くなるので，構造決定が困難となる．また，温和な条件では分解が進まない．

第3に，単離リグニンの直接的構造解析も容易ではない．すなわち，単量体単位同士の結合様式が不規則（ランダム）で，3次元網目状高分子であるために，無定形（amorphous，非晶性）な物質となり，X線回折法を適用できない．また，各種スペクトルの吸収曲線やピークがブロードになり解析しにくい．さらに，溶液状で単離リグニン試料の分析結果が得られても，これはより低分子量の可溶性画分の結果であり，全体を代表する結果とはいえない．

しかしながら，以上のような難点があっても，リグニンの単離法，単離リグ

ニンの分解法あるいは機器分析法の進歩に伴い，多くの化学構造上の知見が蓄積された．また，リグニンの生合成的研究が化学構造研究と並行して行われ，これが化学構造解明に大きく貢献した．すなわち，コニフェリルアルコールを針葉樹リグニンの単量体と予想して，それを酵素によって脱水素させて生じる重合体（DHP）の性質が単離リグニンに酷似していることを確認するとともに，初期生成物である 2〜6 量体を単離同定して，それらの生成機構を確立した（☞ 第 1 章 2）．さらに，多種のリグニンモデル化合物が合成され，それらのスペクトルデータなどをリグニンのそれらと比較して化学構造を解明することが可能になった．

こうして，リグニンがどのような官能基や部分構造をどのくらい有するのかが明らかになってきた．その単量体単位間の結合様式が多数あり，かつそれらが規則的に配列していないために，リグニン自体の構造式はもちろん，その繰返し単位の構造式を定めることはできないものの，得られた分析データを満たすように，結合様式および官能基を統計的，模式的な構造式として提示できるようになった．図 4-9 は分析結果の進展に伴って改善された模式図である．

3）多様な芳香環構造

1）にて芳香環の基本形を示したが，実際は図 4-9 のようにさらに多様である．図 4-8 に戻ると，芳香環 4 位（プロパン側鎖の p- 位）の酸素原子は，遊離フェノール（R＝H）の場合と，隣の単位とのエーテルの場合がある．後者はアルキルアリールエーテル（R＝アルキル基）が主で，ジアリールエーテル（R＝アリール基）はわずかである．リグニンはフェノール類に分類されるが，実際の遊離フェノールは多くない（C_9 単位 100 個当たり 30 個）．なぜならば，モノリグノールが脱水素重合すると，そのフェノールの多くがエーテル結合に変化するからである．リグニンはフラボノイド系のポリフェノール類とは全く異なる．

G 核と H 核の 5 位は隣の単位とある割合で C-C 結合していて（R'＝アルキル基またはアリール基），またわずかにアリールエーテル結合（R'＝アリールオキシ基）している．S 核 5 位にはメトキシル基があり，そのような結合は生

じない．

　針葉樹には少量の H 核が存在する．これは細胞の部位によってリグニンの単量体単位の組成が異なるためである（☞ 1.「リグニンの分布と確認法」，3.「リグニンの存在形態と単離法」）．二次壁では G 核がほとんどを占め，複合細胞間層では G 核と H 核が同程度存在する．二次壁は厚いので量的に多く，複合細胞間層は薄いので量的に少なく，よって総計すると大部分が G 核であり，H 核は少量になる．なお，微量の S 核も検出される．一方，広葉樹においては，さらに細胞（道管要素と木繊維）の種類によってリグニンの構造に違いが生じる．道管要素では G 核が，木繊維二次壁に S 核が，木繊維複合細胞間層に G 核が多い．

4）単量体単位間の結合様式

　図 4-10 に針葉樹リグニンの単量体単位（構成単位）間の結合様式を示す．10 種類程度もの多様な様式が存在する．表 4-3 にそれらの割合を針葉樹と広葉樹について示す[2]．A，B，C，G がエーテル結合（針葉樹 60％強，広葉樹約 75％）で，残りのすべて D，E（E1，E2），F（F1，F2，F3），H，I が C-C 結合（針葉樹 30％強，広葉樹 20％強）で連結している．これらの多様性は，コニフェリルアルコール（1）の脱水素で生じるフェノキシラジカル共鳴体（図 4-11）には，酸素ラジカル R_{4O} と炭素ラジカル R_5，R_1，R_β の計 4 種があること，重合として成長中のリグニン分子鎖末端のグアイアシルプロパンが脱水素されて生じるフェノキシラジカル共鳴体（例えば図 4-12）には，酸素ラジカル R'_{4O} と炭素ラジカル R'_5，R'_1 の計 3 種があること，それぞれのラジカルが非酵素的にカップリングすることで説明される（☞ 第 1 章 4）．D，E2，F2，H は C-C 結合とエーテル結合の両方からなる環状構造であるが，C-C 結合の方がラジカルカップリングによってエーテル結合よりも先に生じる．一方，C の α-O-4' 結合はラジカルカップリングではなく，キノンメチドへのフェノールの付加によって生じる．

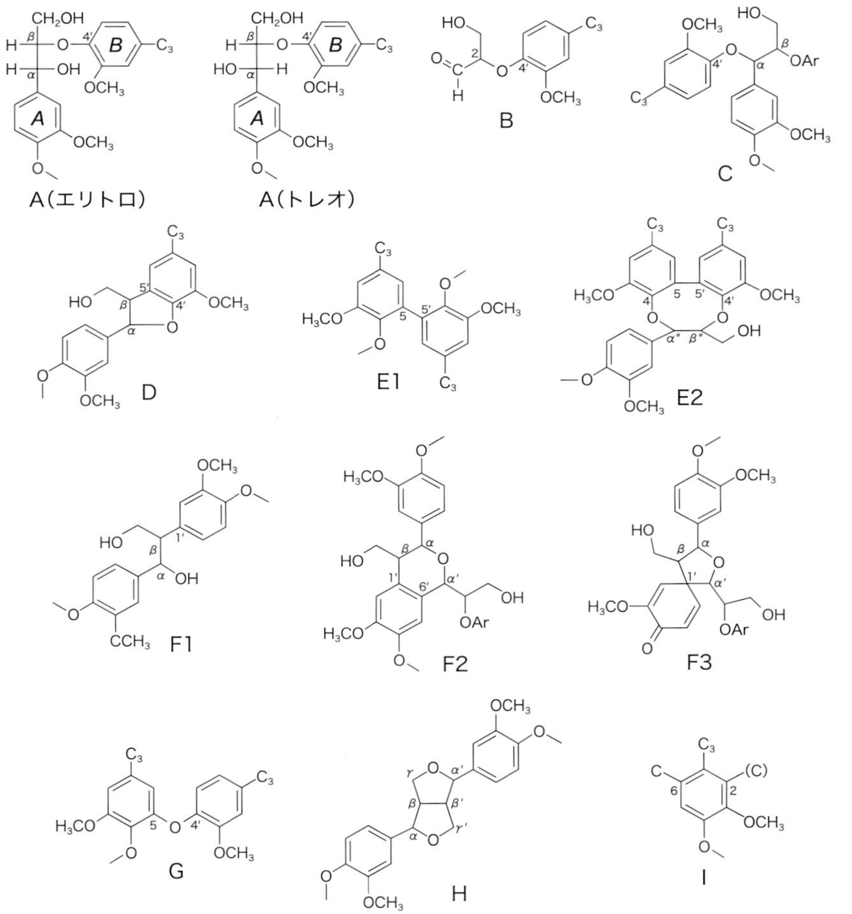

図4-10 針葉樹リグニンの単量体単位間の結合様式
A～Iの名称は本文を，割合は表4-2(E1とE2はEとして，F1，F2，F3はFとして示す)を参照．A(エリトロ)とA(トレオ)の構造式はFischerの投影式．

A：アリールグリセロール-β-アリールエーテル（β-O-4'）

この β-O-4' エーテル結合は，針葉樹，広葉樹，単子葉類イネ科植物のすべてのリグニンに 50％程度存在する最も主要は結合様式で，非縮合型構造である．エタノリシス，アシドリシス，チオアシドリシスで得られる p-ヒドロキ

表4-3 リグニンの単量体単位間の結合様式の割合（C_6-C_3 単位 100 個当たり）

単量体単位間の結合様式	針葉樹 （トウヒ[a] MWL）	広葉樹 （カバ[b] MWL）
(A) アリールグリセロール-β-アリールエーテル（β-O-4'）	48	60
(B) グリセルアルデヒド-2-アリールエーテル	2	2
(C) 非環状ベンジルアリールエーテル（α-O-4'）	6〜8	6〜8
(D) フェニルクマラン（β-5'）	9〜12	6
(E) ビフェニル（5-5'）[c]	9.5〜11	4.5
(F) 1,2-ジアリールプロパン（β-1'）[d]	7	7
(G) ジアリールエーテル（5-O-4'）[e]	3.5〜4	6.5
(H) ピノレジノール（β-β'）	2	3
(I) 2位または6位での縮合構造	2.5〜3	1.5〜2.5

[a] *Picea abies*, [b] *Betula verrucosa*, [c] 5-5' 以外のビフェニルは痕跡量で，上限の値はそれらを含む，[d] (F1) 1,2-ジアリールプロパン-1,3-ジオールとしての値，[e] 1-O-4' 結合は痕跡量で上限の値はこれを含む．

(Adler, E.: Wood Sci. Technol., 11, 169-218, 1977 を一部改変)

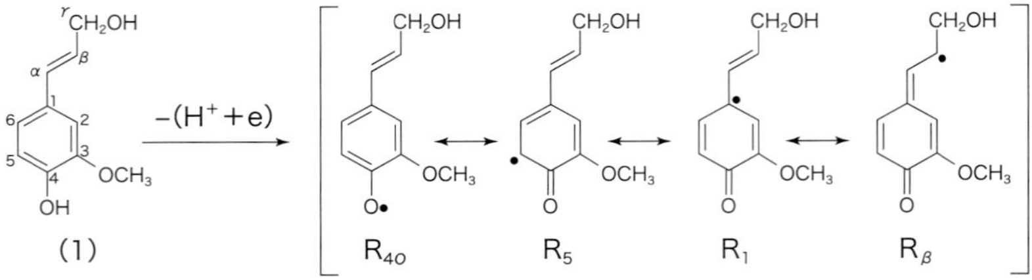

図4-11 コニフェリルアルコール（1）の酵素的脱水素によって生じるフェノキシラジカルとその共鳴体

シフェニルプロパン類の生成およびクラフトパルプ化における脱リグニンは，主にこのエーテル結合の開裂に基づく．その際，実は β 位エーテルの隣の α 位ベンジルアルコールの存在が重要で，まずこれが変化してエーテル結合が活性化される（☞ 5.「リグニンの分解反応」，6.「リグニンの反応性」）．β-O-4' エーテル結合の生成は，図 4-11 の R_β（A 環）と R_{4O}（B 環）と，または R_β と図 4-12 の R'_{4O}（B 環）とのカップリングによる．次いで，A 環キノンメチドの α 位に水が付加することによってベンジルアルコールが生じる（☞ 第1章4）．α 位と β 位の相対立体配置にはエリトロ（*erythro*）型とトレオ（*threo*）型があり，この比は針葉樹リグニンでは 1：1 で，広葉樹リグニンでは G 核に対する S 核の比率の増加に相関してエリトロ型の比率が 3：1 まで高くなる．

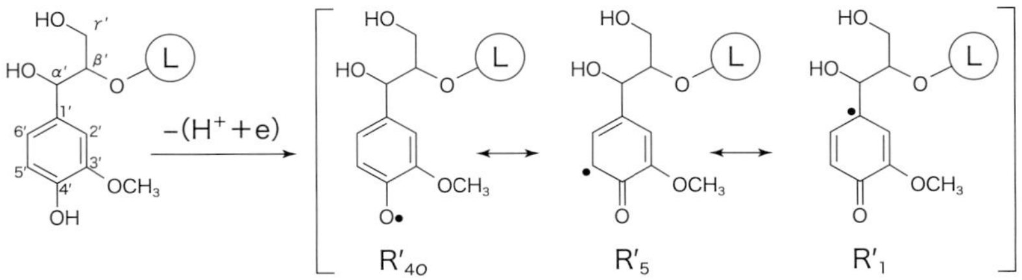

図4-12 成長中のリグニン分子鎖Ⓛ末端のアリールグリセロール-β-アリールエーテルの酵素的脱水素によって生じるフェノキシラジカルとその共鳴体

アリールはグアイアシル基.

B：グリセルアルデヒド-2-アリールエーテル

これは，**F1**：1,2-ジアリールプロパン-1,3-ジオール（β-1'）型構造と対になって生じる（☞ **F1**）．分子鎖のフェノール側末端構造（非遊離型）である．

C：非環状ベンジルアリールエーテル（α-O-4'）

リグニン分子鎖の枝分かれ構造である．**A**：β-O-4'型構造の生成時，キノンメチド中間体α位（ベンジル位）に水ではなくて成長中の分子鎖のフェノールが付加することによって生じる．「非環状」の語句は，**D**：フェニルクマラン型構造中の「環状」ベンジルアリールエーテル（α-O-4'）結合部分と区別するためである．**A**～**I**の中で開裂しやすい結合である．

D：フェニルクマラン（β-5'）型構造

縮合型構造である．$R_β$（A環）とR_5またはR'_5（B環）のカップリングによってCβ-C5'結合が初めに生成する．B環4'位のケトンがエノール化してフェノールとなり，これがA環キノンメチドα位に付加してα-O-4'エーテル結合が生じる．クマラン環α位とβ位の水素の立体配置はトランスである．IUPAC命名法でクマランは2,3-ジヒドロベンゾフランという（2位はα位，3位はβ位）．

E：（E1）ビフェニル（5-5'）結合

芳香環同士が直接C-C結合している最も安定な縮合型構造である．2つのラジカルR_5とR'_5，R'_5同士がカップリングして形成される．枝分かれ，架橋あるいは網目構造形成に寄与する．最近，**E2**：ジベンゾジオキソシン（dibenzodioxocin）構造として 18 〜 20％とも試算された．

F：1,2-ジアリールプロパン（β-1'）型構造，F1：1,2-ジアリールプロパン-1,3-ジオール（β-1'）型構造

C_6-C_3 の二量体から C_3 側鎖 1 つが欠落している．この欠落部分は **B**：グリセルアルデヒド-2-アリールエーテルのグリセルアルデヒド部分に対応する．β-1' 結合は $R_β$ と R_1 とのカップリングによって生じるのではなく，$R_β$ と成長中の分子鎖末端のフェノール性 β-O-4' 型構造の R'_1 とのカップリングによって生じる．この生成物の α' 位ヒドロキシ基が脱プロトンしてアルデヒドになると同時に 1'-α' 結合が開裂して，重合体末端部分はグリセルアルデヒド-2-アリールエーテル型構造（**B**）となる．α 位には水が付加して 1,2-ジアリールプロパン-1,3-ジオールとなる．

F2：アリールイソクロマン（aryl isochroman）型構造

前記の初期カップリング生成物の α' 位ヒドロキシ基が α 位に付加するとテトラヒドロフラン-3-スピロ-4'-シクロヘキサジエノン（**F3**）となり，さらに β-O-4' 部分の C_3 側鎖が 1 位から 2 位に転位して **F2** が生じる．

G：ジアリールエーテル（5-O-4'）結合（ジフェニルエーテル結合）

エーテル結合の中で最も安定である．R'_{40} と R'_5 がカップリングして形成され，枝分かれや架橋構造の形成に寄与する．1-O-4' 結合の存在はまれである．

H：ピノレジノール（β-β'）型構造

2 つのテトラヒドロフラン環が Cβ-Cβ' 結合で縮合環を形成している．リグナンのピノレジノールの構造と同様である．2 つの $R_β$ 同士がカップリングして Cβ-Cβ' 結合を形成し，次いで，キノンメチドの α 位に γ'-OH が，α' 位に γ-OH が付加して 2 つのベンジルアルキルエーテルが生じる．Cβ と Cβ' の水素同士の立体配置はシスである．β 位がトランス体の場合は，2 つのテトラヒドロフラン環の一方が開いた構造となる．

I：6 位または 2 位における側鎖との縮合構造

模式図では β-6' または β-2' 結合が示されているが，α 位での縮合もある．分子鎖同士の架橋構造と隣の単位同士の環状構造との 2 種類がある．

以上のうち，E2, F2, F3 を図 4-9 に加えるか，または E1, F1 の一部と置き換えることが可能である．

縮合型（condensed type）構造とは芳香環の 2, 3, 5, 6 位のうち，メトキシル基のない位置（5 位の場合が多い）で，隣のフェニルプロパンと C-C 結合している構造である．一方，メトキシル基以外の位置は水素原子のみであるのが非縮合型（non-condensed type）構造である[3]．メトキシル基が少ない核ほど縮合個所が多い核（H 核＞ G 核＞ S 核）となる．縮合部分の C-C 結合は化学的に安定で，常用される分解反応において開裂しない．その意味ではジアリールエーテル結合（G）も縮合型構造に実質的に含まれる．

これらの結合様式が生じる過程の概要は以下の通りである．まず，コニフェリルアルコールが脱水素して，β-O-4'（A），β-5'（D）および β-β' 型（H）の二量体が初めに生じ，これらのフェノール側末端に 1 個ずつモノリグノールが脱水素重合（末端重合という）を繰り返し，主に β-O-4'（A）および β-5' 結合（D）からなる線状の分子鎖が生じる．この過程で付加反応によって α-O-4'（C）結合などが生成して枝分かれ構造が生じる．また，脱水素された分子鎖同士がビフェニル結合（E）やジアリールエーテル結合（G）によって架橋して，高度な枝分かれ，さらに立体的な網目構造に至る．グリセルアルデヒド-2-アリールエーテル部分（B）の生成は分子鎖の成長停止を意味するが，同時に生じる β-1'（F）構造から新たな分子鎖の重合が始まる．

リグニンは末端重合の際に以下の反応が繰り返されてラセミ体様重合体となる．モノリグノールのフェノキシラジカル共鳴体 $R_β$ の Cβ ラジカルは，sp^2 混成軌道の平面構造の上下に垂直な 2p 軌道に存在する．これに対し，ほかのラジカル共鳴体のラジカルが非酵素的に，すなわち上下等しい確率で攻撃し，カップリングが起こり，ラセミ体様構造が生じる．キノンメチドへの水，フェノール，アルコールなどの付加も非酵素的である．A～I の立体配置（configuration）の数をかっこ内に示した．A（4：エリトロ体とトレオ体それぞれ 2），B（2），C（4：A と同様），D（2：トランス体のみ存在すると仮定），E1（1），F1（4：

エリトロ体とトレオ体それぞれ 2)，**G**（1），**H**（2：α位のエピ体は若干存在しうるが無視した数），**I**（1）．

A～**I** の立体配座（コンホメーション，conformation）を，単離リグニンの**A**～**I** 部分の結合回りの回転のしやすさ（とりうる配座異性体の数の大小）として述べる．一般に，直鎖エーテル結合の方が直鎖 C-C 結合よりも回転しやすいので，**A** や **B** は（特に **B** は末端に位置するので）**F1** よりも回転しやすい．また，芳香環は側鎖よりも立体障害があるので **E** や **G** は回転しにくい．フェニルクマラン，ピノレジノールなどの環状構造（**D**，**H**，**F2**，**F3**）はもちろん立体配座が限定される．架橋や枝分かれ構造部分は立体配座が限定されるうえに，前記の **E** や **G** はそのような部分に多いので，実際の配座はさらに固定される．

5）元素組成と官能基

(1) 元素組成およびメトキシル基

トウヒ（spruce）材，ブナ（beech）材，カバ（birch）材のリグニン（MWL）の元素組成とメトキシル基量を表 4-4 に示す[4]．歴史的にはこの分析が化学構造決定のための第 1 歩であった．広葉樹では樹種などの違いがあるので 2 例を示した．リグニンの構成元素は C，H，O であり，セルロースおよびヘミセルロースと同様である．このような 3 成分を主成分とし，タンパク質（1% 以下）に乏しい木材は，生物材料としては N や S に乏しく異質であるといえるが，このため木質バイオマスは燃焼しても有害な NOx や SOx を生じない．

地球上の有機化合物の中でセルロースは最も多量に存在し，リグニンはそれに次いで 2 番目に多い．一方，含まれる炭素の量はどうであろうか．リグニ

表 4-4 針葉樹材および広葉樹材リグニン（MWL）の元素組成

試 料	元素組成	メトキシル基を水素にかえた水化物
p-クマリルアルコール	$C_9H_{10}O_2$	
トウヒ MWL[a]	$C_9H_{7.95}O_{2.40}(OCH_3)_{0.92}$	$C_9H_{8.07}O_{2.00}(H_2O)_{0.40}$
ブナ MWL[a]	$C_9H_{7.49}O_{2.53}(OCH_3)_{1.39}$	$C_9H_{7.82}O_{2.00}(H_2O)_{0.53}$
カバ MWL[b]	$C_9H_{9.03}O_{2.77}(OCH_3)_{1.58}$	$C_9H_{9.07}O_{2.00}(H_2O)_{0.77}$

[a] Freudenberg, 1968, [b] Björkman, A. and Person, B., 1957.

（中野準三（編）：リグニンの化学 - 基礎と応用 -（増補改訂版），ユニ出版，1990 を一部改変）

ン中の炭素の割合は針葉樹 MWL で 61〜65％, 広葉樹 MWL で 57〜61％である[5]. 一方, 無水グルコース $C_6H_{10}O_5$ の元素組成の計算値は C 44.4％, H 6.2％, O 49.3％であり, 針葉樹や広葉樹などの各種セルロース試料の実測値もこれと同様である. すなわち, リグニンの炭素含有率はセルロースよりもはるかに高い. したがって, 針葉樹材（広葉樹材はかっこ内）のセルロース含有率を 41〜42％（42〜48％）[6]とすると, その炭素は 18.2〜18.6％（18.6〜21.3％）である. 一方, リグニン含有率を 26〜32％（21〜26％）とすると, その炭素は 15.9〜20.8％（12.0〜15.9％）である. すなわち, 炭素資源あるいはエネルギー資源としてはリグニンとセルロースの量的な差は縮まり, 針葉樹の場合は両者同等である.

リグニンのメトキシル基は針葉樹 14〜16％, 広葉樹 19〜21％, イネ科植物 14〜15％である. Freudenberg[7] は表 4-4 の値から **G** 核：**S** 核：**H** 核の比をトウヒ MWL で 80：6：14, ブナ MWL で 49：46：5 と算出した. メトキシル基を水素にかえた水化物としての割合を示した元素組成によると, 水素原子が 1〜2 少なく, 水が 0.4〜0.77 多く, モノリグノールの重合において脱水素と水の付加が起こってリグニンが形成されることが示唆される.

(2) 官　能　基

表 4-5 にリグニン中の官能基の種類と割合（C_9 単位当たり）を示す[3, 8]. ヒドロキシ基としてフェノール（☞ 2)「リグニンの化学構造の特徴と化学構造決定を困難にした理由」) および第一級と第二級アルコールが存在する. 第三級アルコールは存在しない. 第一級アルコールのほとんどは側鎖 γ 位に, 第二級アルコールは側鎖 α 位のベンジルアルコールとして存在する. この α 位酸素原子は重合過程で付加する水に由来する. このベンジルアルコールは反応性が高く, 特に脱リグニンにおいて重要である. ケイ皮アルコールはモノリグノールの側鎖構造を保持した末端構造であり, 自動酸化または脱水素に続く不均化によってケイ皮アルデヒドになりやすい. ケイ皮アルコールの二重結合が水素で飽和したジヒドロケイ皮アルコール（図 4-9 の構造 **26**) およびそれが酸化

表 4-5　リグニン（トウヒ材 MWL）の官能基の割合

官能基	C_6-C_3 当たり
全ヒドロキシ基[a]	1.15
フェノール[a]	0.30
アルコール	0.85
ベンジルアルコール（α 位）	
フェノール性	0.05 〜 0.06
非フェノール性	0.15, 0.10
ケイ皮アルコール	0.03
全カルボニル基	0.20
共役カルボニル基（α 位）	0.06 〜 0.07
フェノール性	0.01
非フェノール性	0.05 〜 0.06
非共役カルボニル基[b]	0.10（0.9 〜 0.11）
ケイ皮アルデヒド	0.03 〜 0.04

[a] 原口隆英ら：木材の化学，文永堂出版，pp.129-147，1985，[b] グリセルアルデヒド -2- アリールエーテルのアルデヒドを含む．
(Sakakibara, A. and Sano, Y.: "Wood and Cellulosic Chemistry, 2nd ed., revised and expanded", Hon, D. N. -S., Shiraishi, N. eds., Marcel Dekker, Inc., New York・Basel, 2001 を一部改変)

されたアリールグリセロール（構造 1'）も末端にわずかに存在する．

　ケイ皮アルデヒド（図 4-13）は，ケイ皮アルコールとの存在比がほぼ 1：1 で，C_9 当たり 0.03 程度であるが，フロログルシン - 塩酸反応（☞ 第 4 章 1）によって鋭敏に赤紫色を呈する（非フェノール性でもフェノール性でも呈色する）．共役カルボニル基とは芳香環に共役した側鎖 α 位（ベンジル位）のカルボニル基（ケトン）を指し，これは前記ベンジルアルコールの酸化によって生じやすい．その芳香環 4 位がフェノールと非フェノール性に分けて定量される．

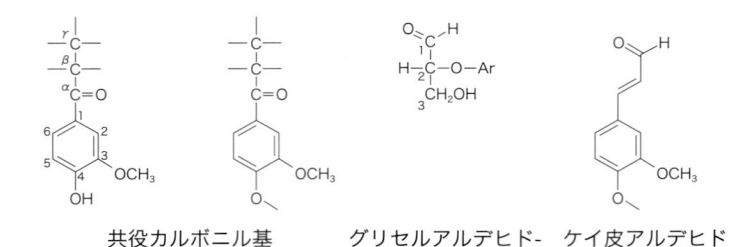

共役カルボニル基
（α-ケトン）

グリセルアルデヒド-
2-アリールエーテル

ケイ皮アルデヒド

図 4-13　リグニン中のカルボニル基

非共役カルボニル基にはグリセルアルデヒド-2-アリールエーテル（B）構造のアルデヒドが含まれるが，そのほかの実体は明らかでない．カルボン酸とその誘導体はプロトリグニン中には存在しないとみなされているが，単離リグニンにはC_9単位当たり0.03〜0.05個と定量される．

5．リグニンの分解反応

　リグニンの分解反応は，構成単位間の結合が開裂して低分子化する反応，側鎖が分解して芳香核構造を与える反応，芳香核が分解して側鎖構造を与える反応に分けられる．低分子化する反応では，酸による加水分解反応およびアルカリ条件における分解反応が重要である．ニトロベンゼン，酸化第二銅および過マンガン酸カリウムによる酸化反応，あるいは熱分解では，芳香核構造を持つ分解物が得られる．オゾン酸化あるいは硝酸酸化では，側鎖構造に由来する分解物が得られる．また，水素化分解反応によって，二量体および三量体化合物が得られる．

1）酸による加水分解

（1）アシドリシス

　酸による加水分解では，リグニンの溶媒としてジオキサンと水の混合溶液を用いるのが一般的である．ジオキサンを81.6重量％含む水溶液は，87.8℃で共沸する．アシドリシス（acidolysis）試薬は，2Mの塩酸水溶液をメスフラスコ中で0.2Mになるまで，ジオキサンで希釈することによって調製する．これにリグニンまたは木粉試料を加え，試料溶液（または懸濁液）を4時間還流する．

　アシドリシスでは，リグニンのβ-O-4型結合が開裂し，ケトンに相当する単量体分解生成物が得られる．Adler, E.は，ケトン類を分析することにより，リグニン中に含まれるβ-O-4型構造を確認した[1]．アシドリシスの主要生成物は図4-14の①，②，③であり，針葉樹ではリグニンの約5％（0.26mmol/g）の収率で得られる．広葉樹では，①，②，③が約3％（0.15mmol/g）および

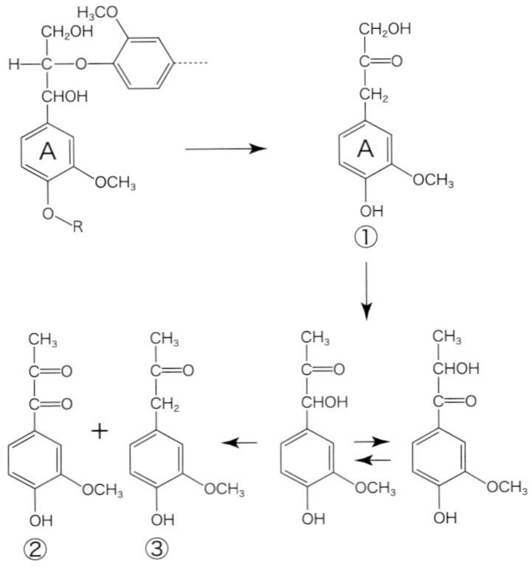

シリンギル核を持つ同類のケトンが約5%（0.22mmol/g）の収率で得られる．また，図4-15の二量体④，⑤，⑥がLundquist, K.によって得られている[2]．分解物④はβ-1型構造，分解物⑤はβ-5型構造，⑥はβ-β型構造が起源である．

アシドリシスの条件では，部分的にリグニンの酸縮合反応も起こる．より強い酸性条件では，酸縮合がさらに進むのでリグニンは低分子化しない．また，弱い酸性条件では，α-O-4結合などのベンジルエーテル結合が開裂するがβ-O-4結合は開裂しない．

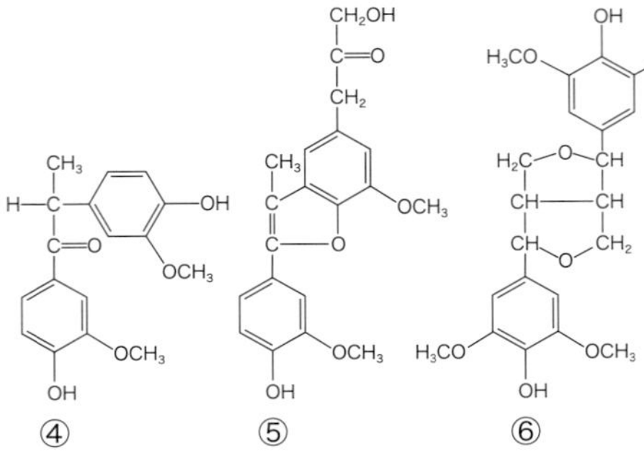

図4-14

図4-15

(2) 熱水またはジオキサン，水による加水分解

木粉を100℃の水で蒸煮すると，温和な加水分解反応が起こる．このような条件で，Nimz, H. H.は多数のリグニン分解物を単離し，β-1型構造の存在

を示した[3]. また，ジオキサンと水の混合溶液を用いた広葉樹材木粉の処理では，β-1, β-5, β-β結合を有する二量体が得られている．これらには，シリンギルとグアイアシル単位からなる二量体化合物もあり，プロトリグニン中で，両核が相互に結合していることが示された．

(3) チオアシドリシス

チオアシドリシス（thioacidolysis）は，ジオキサンとエタンチオール中で三フッ化ホウ素ジエチルエーテル錯体（boron trifluoride etherate）を酸触媒として用いて，100℃で4時間処理してリグニンを分解する．リグニンのβ-O-4結合が開裂し，図4-16に示す単量体生成物が得られる[4]．広葉樹リグニンからの生成物のモル収率は約1.0mmolで，アシドリシスの単量体生成物の収率（約0.58mmol）と比較して高い．

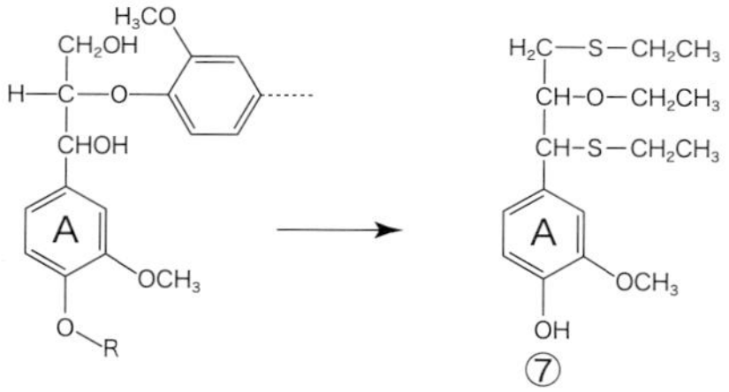

図4-16

(4) エタノリシス

エタノリシス（ethanolysis）では，3%のHClを含む無水エタノール中で，100℃, 48時間の処理を行う．図4-14の②, ③などのケトン類が得られている．

2) アルカリ条件における分解

(1) アルカリ性におけるβ-O-4結合の開裂

工業的なアルカリ蒸解と同様の条件では，リグニンは低分子化し，アルカリ性水溶液に可溶化する．例えば，1〜2Mの水酸化ナトリウム水溶液を用いて160〜180℃で2〜3時間，木粉を処理する．図4-17に示すように，リグニン側鎖の水酸基の働きによってβ-O-4結合が開裂して⑧が遊離する．同時に，リグニンはアルカリ縮合し，またβ-O-4結合が安定化する反応も起こるので，

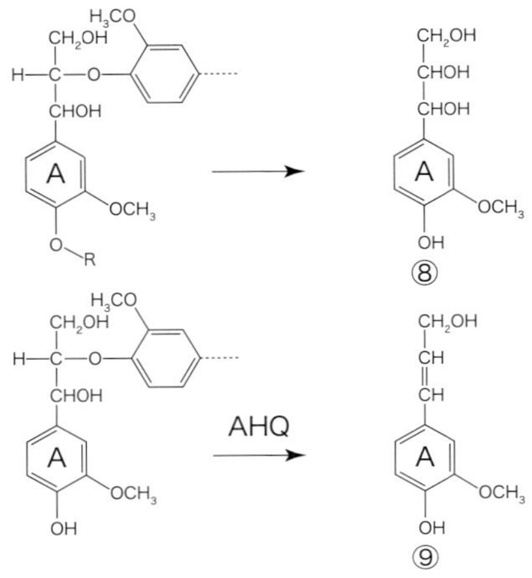

低分子化は進まない.

(2) アントラヒドロキノン（AHQ）または水硫化物によるβ-O-4結合の開裂

工業的なアルカリ蒸解で，脱リグニンにとって重要な反応が，β-O-4結合の開裂促進反応である．アントラヒドロキノンはβ-O-4結合の開裂を促進することが見出されている．クラフト蒸解液中の水硫化物も同様に働く．これらはアルカリ性でリグニンを還元的に分解し，⑨が遊離する.

図4-17

アルカリ性におけるリグニン分解反応では，分解生成物は変質しやすいので，⑧，⑨のようなリグニン単量体を単離することは難しい．しかし，リグニンのフェノール性水酸基の量が増加するので，後述する過マンガン酸カリウム酸化分解の前処理として，重要な反応でもある．また，ニトロベンゼンあるいは酸化第二銅による酸化分解もアルカリ性で行うので，リグニンのフェノール性水酸基が遊離する反応が同時に起こっている.

3）酸 化 分 解

(1) ニトロベンゼン酸化および酸化第二銅酸化

アルカリ性条件で，ニトロベンゼンまたは酸化第二銅を用いて針葉樹リグニンを処理すると，リグニンの約8～28％（0.53～1.8mmol/g）の収率でバニリン⑩が得られる（図4-18）．初めにFreudenberg, K.がリグニンにニトロベンゼン酸化法を適用し[5]，その後Pearl, I. A.らは，ニトロベンゼンのかわりに酸化第二銅を用いた[6].

一般的な実験条件では，木粉またはリグニン試料に2N水酸化ナトリウムお

よびニトロベンゼンを加え，170℃で 2.5 時間反応させる．主要分解物として，広葉樹材からはグアイアシル核を示すバニリンがリグニンの約 8 ～ 15 %（0.53 ～ 0.99mmol/g）の収率で得られ，シリンギル核を示すシリンガアルデヒド⑪が約 17 ～ 34 %（0.93 ～ 1.9mmol/g）の収率で得られる．また，分解物 p- ヒドロキシベンズアルデヒド⑫，バニリン，シリンガアルデヒドのモル収率の比から，リグニンの化学構造的特徴を比較することができる．

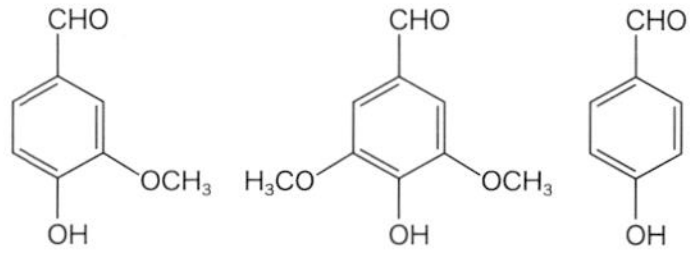

図4-18

（2）メチル化過マンガン酸カリウム酸化

　リグニンは遊離のフェノール性水酸基を持つので，酸性条件で過マンガン酸カリウム酸化を行うと，芳香核構造が分解してしまう．しかし，フェノール性水酸基をメチル化して安定化し，アルカリ性で過マンガン酸カリウム酸化を行うと，芳香核を持つ分解物が得られる．Freudenberg, K. らがリグニンに適用し[7]，その後 Miksche, G. E. らが改良を加えた[8]．この方法では，分解物の種類から，リグニンの芳香核の結合状態を検索する．

　まず，前処理として木粉またはリグニン試料をアルカリで処理し，リグニンの β-O-4 結合を開裂させる．そして，ジメチル硫酸によるメチル化を行い，次にアルカリ性，82℃，6 時間の条件で過マンガン酸カリウムと過ヨウ素酸ナトリウムによる酸化を行う．さらに，過酸化水素による酸化を経て分解反応を終了する．通常，分解物の定量にはガスクロマトグラフィーを用いるので，分解物として得られる芳香核カルボン酸をジアゾメタンでメチル化する．

　図 4-19 に主要分解生成物を示す．針葉樹リグニンからは，約 27 %（1.4mmol/g）の収率でグアイアシル核を示すベラトルム酸⑬のメチルエステルが得られる．広葉樹リグニンからは，シリンギル核由来のトリメトキシ安息香酸⑭のメチルエステルも得られる．さらに，芳香核の単位間結合様式を明らかにするのに重要な情報が得られる．例えば，イソヘミピン酸⑮は β-5 型構

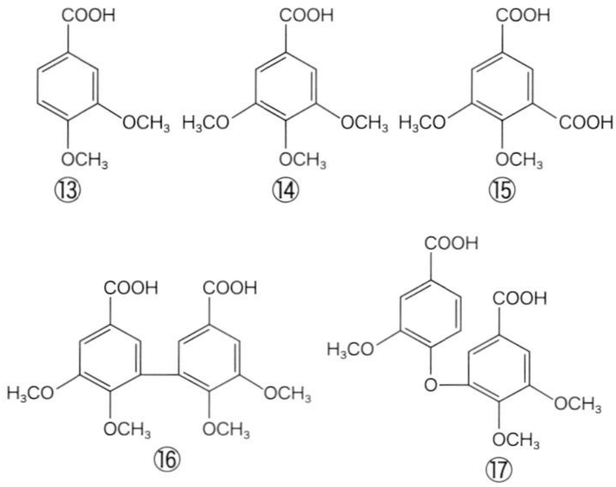

図4-19 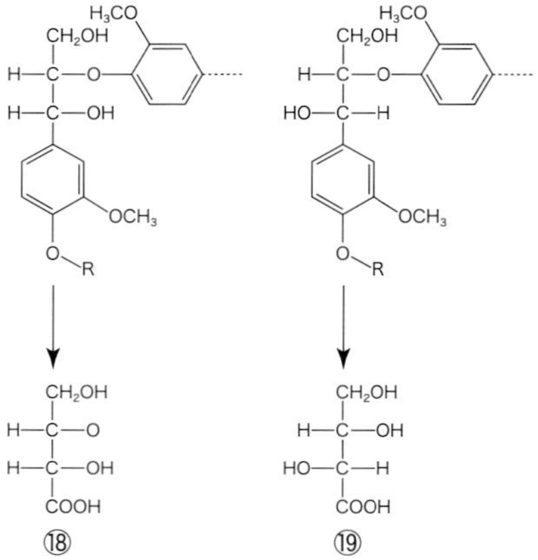   図4-20

造の存在を示し，デヒドロジベラトルム酸⑯はジフェニル型の5-5型構造を，⑰はジフェニルエーテル型構造の存在を示す．

(3) オゾン酸化

オゾンは炭素原子と炭素原子の間の二重結合，三重結合を分解する．オゾン酸化によってリグニン芳香核は完全に分解する．一方，側鎖部分の炭素‐炭素間単結合は保存されて一塩基酸，二塩基酸が得られる．例えば，β-O-4型構造の側鎖はエリスロン酸⑱とスレオン酸⑲を与える（図4-20）．

Matsumotoらの方法では，リグニンあるいは木粉を酢酸，水，メタノールの混合溶液に溶解または懸濁させ，0℃で撹拌しながら，オゾンを含む酸素ガスを通気する[9]．不溶物を濾別し，溶解した酸化生成物を減圧下で乾固する．酸化生成物を再び水に溶解してpH12で20時間処理し，カルボン酸エステルをケン化する．脱塩処理後，ケン化生成物を乾固し，トリメチルシリル化してガスクロマトグラフィーで定量する．

（4）硝　酸　酸　化

リグニンを硝酸酸化すると，分解物⑳が得られる（図 4-21）．このことは，リグニン中にピノレジノールまたはシリンガレジノール型構造（β-β）が存在することを示す．

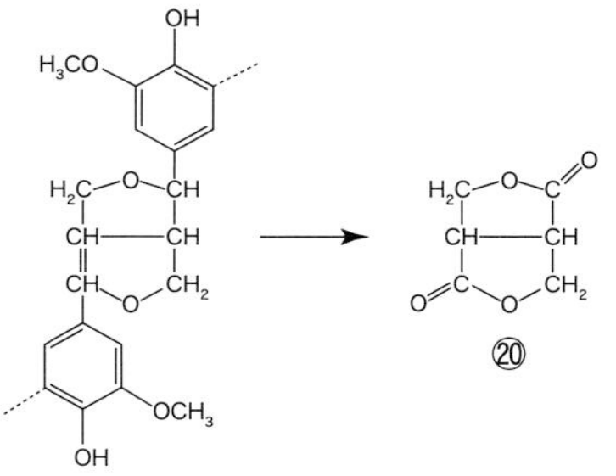

図4-21

4）熱　分　解

リグニンを無酸素状態で熱により分解すると，芳香核を持つ揮発性の分解物が得られる．分析的熱分解では，数ミリ秒で 500℃まで昇温し，数秒間の熱分解を行い，分解生成物をガスクロマトグラフィーで分析する．広葉樹材木紛を熱分解すると，多数のグアイアシル核あるいはシリンギル核を持つ分解物が得られる．リグニン重量に対するそれらの収量は，図 4-22 に示すグアイアシル化合物㉑〜㉚などの合計で約 5 〜 11%（0.30 〜 0.70mmol/g），同様のシリ

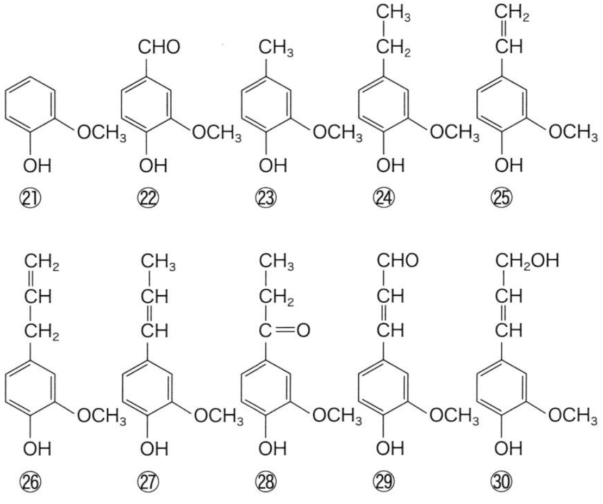

図4-22

ンギル化合物が約 7 ～ 18％（0.38 ～ 0.93mmol/g）である.

5）水 素 化 分 解

　水素化分解とは，炭素 - 炭素，あるいは炭素 - 酸素単結合が，水素と反応して開裂する反応である．また，さまざまな結合に対する水素（H_2）の添加反応を水素化という．

　Pepper, J. M. らは，ラネーニッケルを用いてアスペン材を 195℃で水素化し，フェニルプロパン誘導体の単量体㉛, ㉜などを得た[10]．ジヒドロコニフェリルアルコール㉛およびジヒドロシナピルアルコール㉜の収率は，それぞれ約 10％（0.55mmol/g）および約 31％（1.46mmol/g）である．また，榊原らは，酸化銅 - クローム触媒での反応で㉝, ㉞などの多くのフェニルプロパン二量体，三量体を単離した（図 4-23）[11]．これらの分解物には，$β-β$ 型のピノレジノール構造，$β-5$ 型のフェニルクマラン構造，$β-1$ 型のジアリールプロパン構造，5-5 型のジフェニル構造，$β-O-4$ 型のアリールエーテル構造，5-O-4 型のジフェニルエーテル構造の水素化分解物が含まれる．

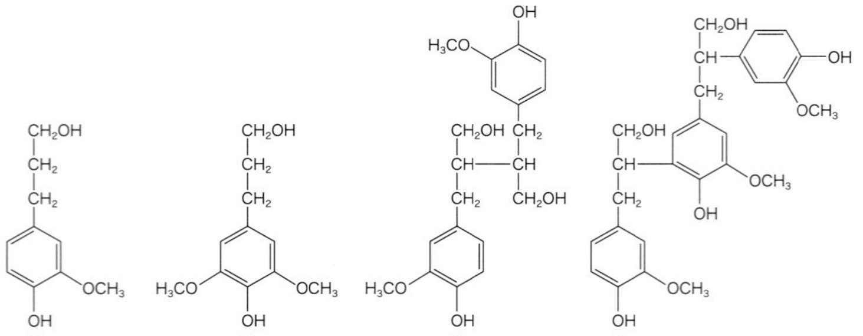

図4-23

6．リグニンの反応性

　リグニンは，生成，蓄積，異化，分解という自然的過程のみならず，化学パ

ルプ化に代表される産業的過程においても大規模な物質変換プロセスの渦中にある．これらのプロセスをよりよく理解するための基礎として，リグニンの化学的反応性の研究がある．本節では，基礎的な反応性について，アルカリ性下の反応，酸触媒反応，酸化反応，ホモリシス反応，そのほかに分けて解説する．

1）リグニンのアルカリ性下の反応

リグニンのアルカリ性下の反応は，化学パルプ化における脱リグニン反応機構の研究として展開されてきた[1]．図 4-24 に示すように，フェノール性 β-O-4 構造（A）はアルカリ中で解離したフェノール性水酸基からの電子押出しにより側鎖 α 位の水酸基が脱離してキノンメチド構造（C）を生成する（B→C）．構造（C）からはさらに構造（D）を経て，拡張キノンメチド構造（E）が生成する．構造（C）と（E）はカルボニル基と共役した二重結合を有する構造であり，

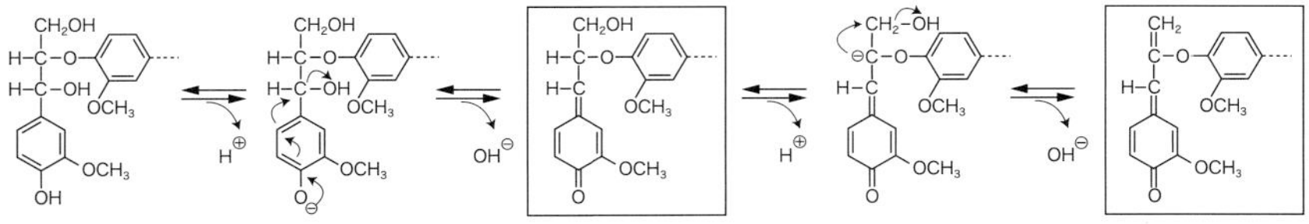

図4-24 フェノール性 β-O-4 構造（A）からのキノンメチド中間体（C）および拡張キノンメチド中間体（E）の生成

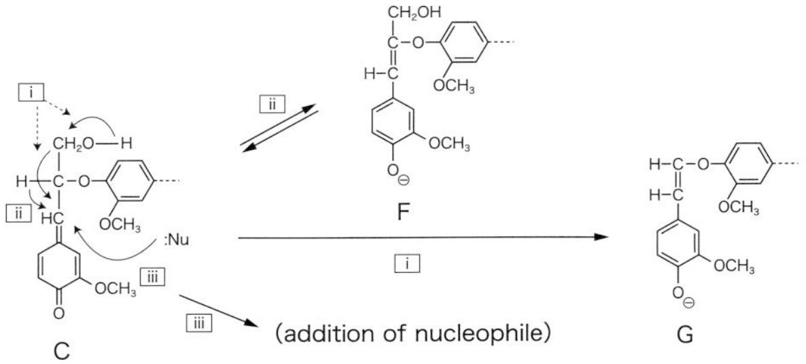

図4-25 キノンメチド中間体（C）からの 2 つのタイプのビニルエーテル構造（F，G）の生成

ルート iii のキノンメチドへの求核付加反応については，図 4-26 および図 4-27 を参照．

それぞれ，側鎖α位とγ位がδ＋となるため，化学的反応性に富む．

図4-25にキノンメチド構造（C）からの主要な3つの反応を記す．ルートⅰは側鎖γ位がホルムアルデヒドとして脱離する反応であり，それにより生じるエノールエーテル構造（G，グアイアコキシスチレン構造ともいう）はアルカリに対して安定であるため，この構造に変換されたβ-O-4構造は，アルカリ中で分解されにくい，すなわち，脱リグニン反応に寄与しないことになる．ルートⅱでは，側鎖β位の水素がプロトンとして脱離することにより構造（F）が生じるが，この生成は可逆反応であるためアルカリ中では構造（F）が著量に蓄積されることはなく，キノンメチド構造（C）を経て，構造（G）として安定化する．ルートⅲは，キノンメチド側鎖α位への求核付加反応であるが，何が求核付加するかによって以下に示すように（図4-26，4-27），その後のリグニンの反応性は大きく左右される．

フェノール性水酸基が解離したフェノレートアニオンの共鳴構造はB-1～B-4で示されるため，芳香核1位，3位，5位の炭素がキノンメチド側鎖α位へ付加しうる（図4-26）．例えば，5位炭素の付加によって構造（I）が生じる．この反応は，アルカリ蒸解中における縮合型構造の生成反応として知られる．これら縮合型構造の生成によりリグニンは高分子化するため，一般的には縮合型構造の生成により脱リグニンが阻害されると捉えられている．しかし，

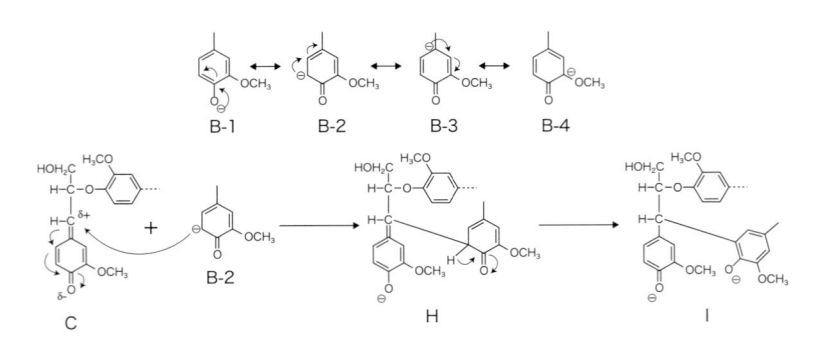

図4-26 キノンメチド中間体(C)側鎖α位へのフェノレートアニオン共鳴混成体(B-1～B-4)の付加反応による縮合型構造の生成

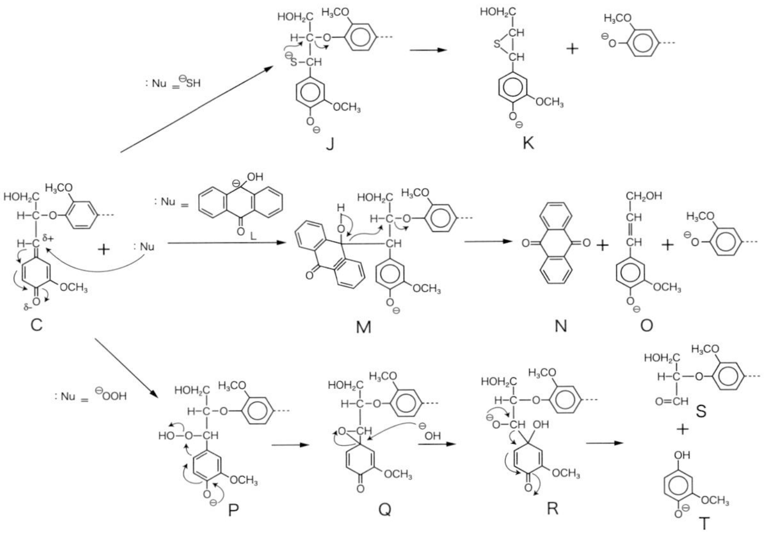

第4章　リグニンの化学

図4-27 キノンメチド中間体(C)側鎖α位への各種脱リグニン助剤の求核付加反応とそれによるリグニン分解反応

図4-29の構造（X）の反応のように，β-O-4構造の分解を促進する例もある（図4-40も参照）．

　キノンメチド側鎖α位への求核付加反応を利用して，リグニンの分解を促進する置換基を導入することが可能であり，化学パルプ化における脱リグニンはこの反応を利用するものが多い（図4-27）．クラフト蒸解の場合，スルフィドイオン（SH）が付加したのち，導入された-SH基が解離し，分子内求核置換反応によりβ-O-4結合が開裂する（C→J→K）．クラフト蒸解を特徴付ける重要な反応である．アントラキノン蒸解では，ハイドロアントラキノンが構造（L）の形でキノンメチドα位へ求核付加することによって，β-O-4構造が開裂する（M→O）．その際に生成するアントラキノン（O）は，多糖の還元末端を酸化することにより自分自身は還元されてハイドロアントラキノンとなり，再び構造（L）としてC→M→Oの反応を担う．過酸化水素がキノンメチドα位へ付加すると，C→P→（S＋T）の経路で，芳香核と側鎖の間が切

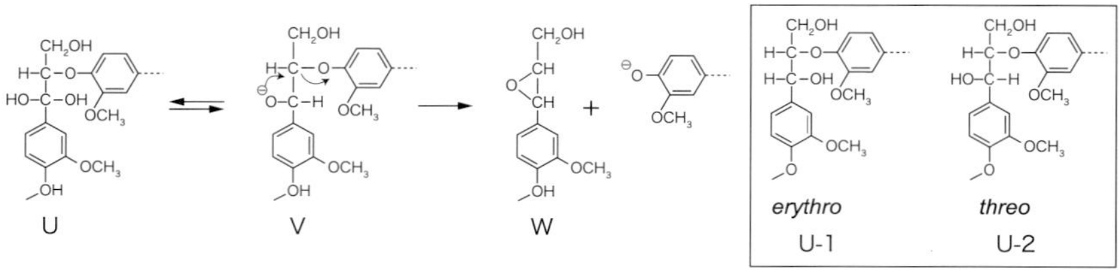

図4-28 非フェノール性β-O-4構造(U)の分子内求核反応による開裂

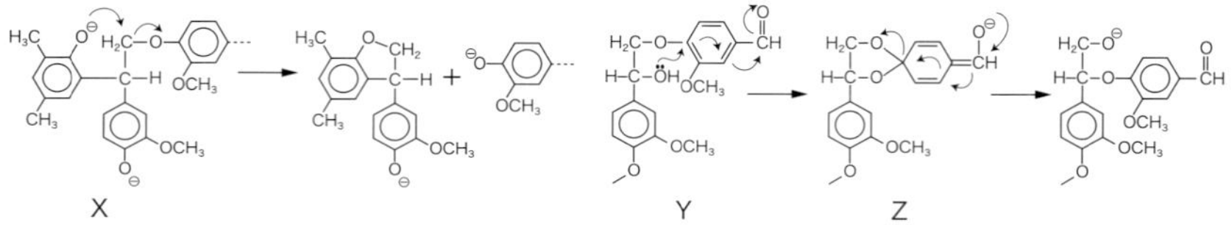

図4-29 隣接位効果によるβ-O-4結合開裂の列
図4-40も参照.

断される.

　キノンメチドの生成はフェノール性水酸基が遊離の形で存在することが前提となるので，フェノール性水酸基がエーテル結合を形成している非フェノール性β-O-4構造（U）の分解は，図4-28に示す別の機構で進行する．構造（U）の側鎖α位水酸基が高温のアルカリ中で解離し（V），それからの分子内求核置換反応でβ-O-4結合が開裂する（U→V→W）．β-O-4構造，なかでも非フェノール性のそれはリグニン中で最も主要な構造であるため，この反応はクラフト蒸解を含めたアルカリ蒸解において主脱リグニンを担う重要な反応である．β-O-4構造には2つの立体異性体 *erythro* 型（U-1）と *threo* 型（U-2）が存在するが，U→V→Wの反応には *erythro* 型優勢の立体優先性が認められている．

　非フェノール性である構造（U）の分解U→V→Wは，ハイドロスルフィドイオンのアシストを受けるフェノール性構造（A）の分解A→C→J→Kよりも厳しい条件が必要とされる．しかし，β-O-4結合のB環側鎖α位にカルボニル基が存在すると，非常に温和な条件で分解が進行する．図4-29のY→

Zに示す芳香環への求核反応という珍しい反応機構が提案されている．そのほかにも，β-O-4構造の分解をより温和な条件で行うためのさまざまな工夫があり，図4-39と図4-40にいくつかの例が示してある．

2）リグニンの酸触媒反応

リグニンの酸触媒反応は，リグニン構造研究法として重要であるが，産業的にも酸性サルファイト蒸解における脱リグニン反応機構として研究の対象となってきた．図4-30に示すように，フェノール性，非フェノール性を問わず，β-O-4構造（A）の側鎖α位水酸基酸素へのプロトネーション（B）により反応が開始される[2]．構造（B）からの脱水により構造（C）が生じる．この構造はC1～C5の共鳴構造により安定化されており，ベンジルカチオン中間体と呼ばれる．ベンジルカチオン中間体からC→D→E→F→Gを経て生成する側鎖β位にカルボニル基を有する構造（H）はヒバートのケトンと呼ばれ，リグニンがC_6-C_3構造を単位とする高分子であることを研究者に確証させ

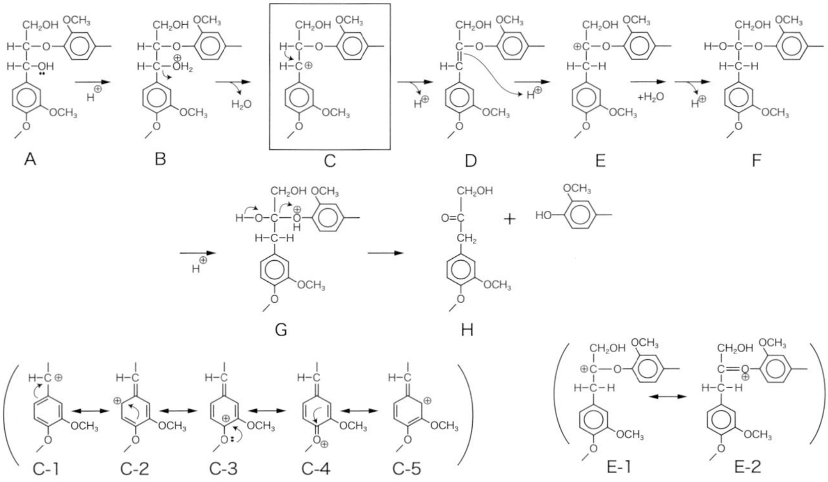

図4-30 酸によるβ-O-4結合（A）の分解機構と共鳴安定化された2つの重要なカオチン中間体（C-1～C-5とE-1～E-2）

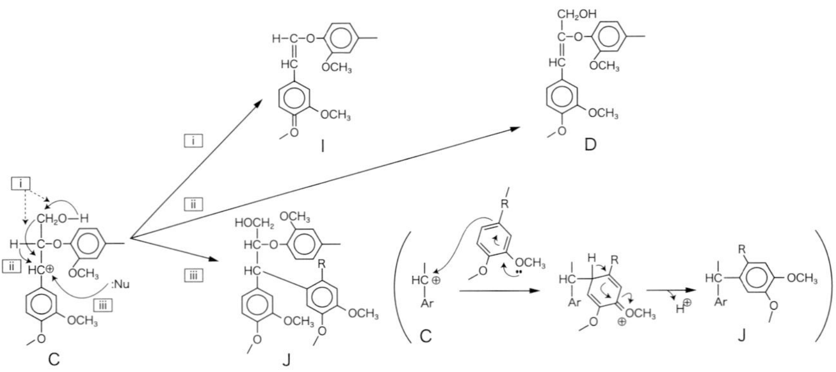

図4-31 ベンジルカチオン中間体からの3つの主要な反応

た歴史的に重要な構造である．この反応過程では，構造（E）の共鳴安定化（E-1〜E-2）も重要な役割を果たしている．

図4-31に示すように，ベンジルカチオン中間体（C）は（D）を経てヒバートのケトン（H）へと向かうルートiiのほかに，側鎖γ位のホルムアルデヒドとしての脱離を経て C_6-C_2 のエノールエーテル構造（I）を生成するルートi，芳香核の求核付加反応を受け縮合型構造（J）を生成するルートiiiが可能である．どのルートが優勢になるかは，酸の種類や濃度などにより影響される．芳香核との反応では，芳香核6位の反応が主要であり，アルカリ性下でのキノンメチド中間体と芳香核との反応では芳香核5位が主要であったのと対照的である．

3）リグニンの酸化反応

リグニンの酸化反応は，自然下におけるリグニンの異化・代謝反応として，また，化学パルプの漂白反応として重要である．

図4-32に，アルカリ性下における酸素酸化反応による芳香核の開裂反応を記す[3]．解離したフェノール性水酸基（A）からの酸素分子による1電子酸化により，スーパーオキシドアニオン（B）と共鳴安定化されたフェノキシラジ

カル（C-1 ～ C-4）が生じる．このうち，C-2 と（B）の結合によりジオキセタン構造（D）を経て芳香核が開裂し，ムコン酸構造（E）が生じる．エーテルとして存在していた芳香核メトキシル基はメチルエステルに変換されるので，アルカリ性下で加水分解され失われる．リグニンの酸素アルカリ漂白では，酸素からさまざまな活性酸素種が生じる（図 4-33）．このうち，ヒドロキシラジカル（HO•）やその共役塩基である酸素原子アニオンラジカルが多糖類の分解に関与する[4]．構造（D）のような有機過酸化物から生じる有機過酸化物ラジカル（R-OO•）や，アルコキシラジカル（R-O•）も多糖類の分解に関与すると考えられる．

リグニンのオゾン酸化によってもムコン酸誘導体が生じる（図 4-34）[5]．こ

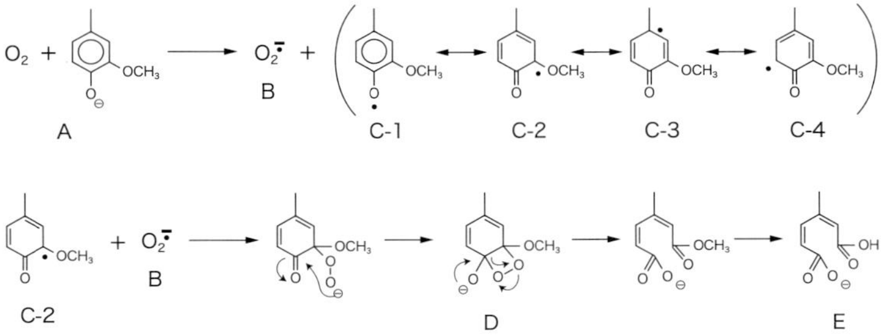

図4-32　酸素によるフェノール性水酸基の酸化とムコン酸構造の生成

$$O_2 \xrightarrow{e^\ominus} O_2^{\bullet -} \xrightarrow{e^\ominus} O_2^{2-}\ (HOO^-) \xrightarrow{e^\ominus} O^{\bullet -}\ (HO\bullet)$$

図4-33　アルカリ性下での酸素酸化の過程で生じうる活性酸素種

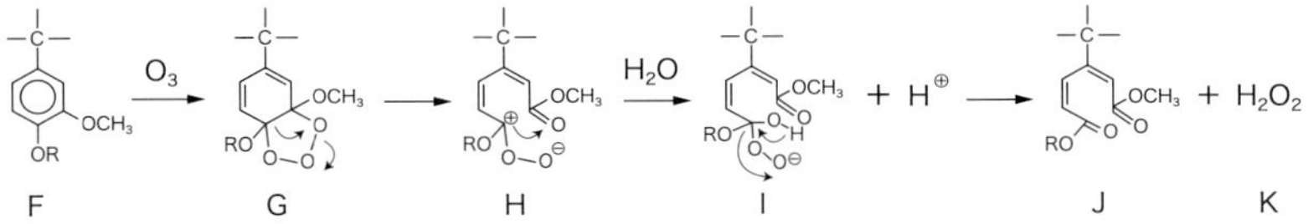

図4-34　オゾンによる芳香核の酸化とムコン酸構造の生成

の過程で過酸化水素（K）が生成するので，その分解により生じうるヒドロキシラジカル（HO・）がオゾン漂白過程での多糖類の分解の一因であると考えられる[6]．ヒドロキシラジカルの生成には別の機構も提案されており（図4-35），それによると，オゾンによるフェノールの1電子酸化によって生じるオゾナイドアニオンラジカル（M），あるいはその共役酸が分解してヒドロキシラジカルが生じる[7]．化学パルプのオゾン漂白を含めて，一般的にオゾン酸化は中性〜酸性の領域で行われるので，生じたムコン酸誘導体（J）にはメトキシル基がメチルエステルの形で残存している．

　分子状酸素やオゾンが親電子的な酸化剤であるのに対して，過酸化水素はアルカリ性下では親核的な酸化剤として作用する．したがって，オゾンや酸素との反応によりリグニン中に生じたキノン構造や，リグニン側鎖のカルボニル基と反応して酸化反応を進めることが期待できる．例として図4-36に，側鎖α位のカルボニル構造（O）が過酸化水素による親核的攻撃を受けることにより進行する側鎖脱離反応 O → P →（Q + R）を記す．

　ECF漂白法の中心的な漂白試薬である二酸化塩素は，それ自体が不安定なラ

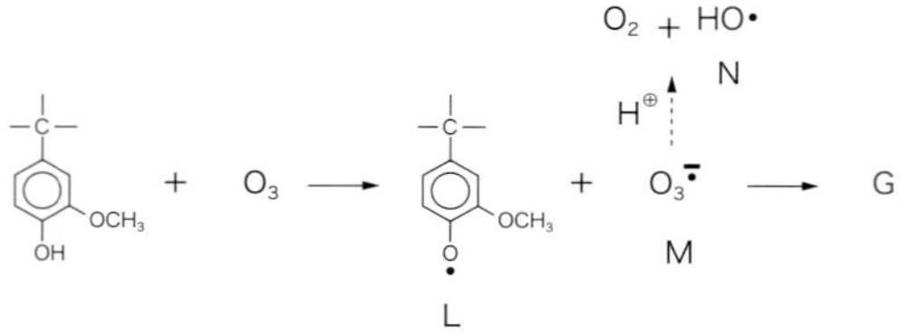

図4-35 オゾナイドアニオンラジカル(M)を経由するヒドロキシラジカル(N)の生成

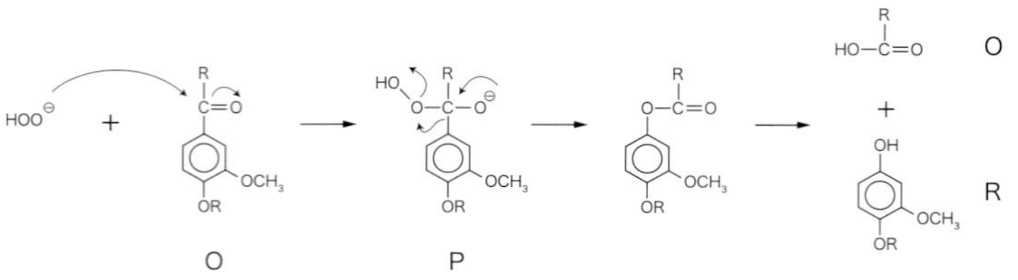

図4-36 アルカリ性過酸化水素とα-カルボニル構造(O)との反応

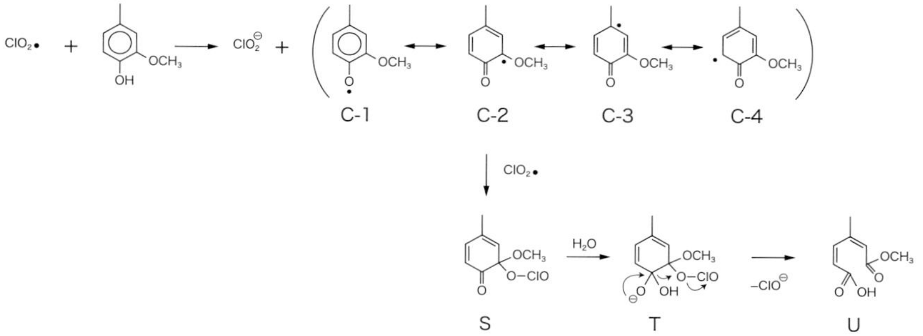

図4-37 二酸化塩素による芳香核の酸化とムコン酸構造の生成

ジカルとして存在する．図4-37に示すように，フェノール性水酸基から1電子を引き抜き，自身は比較的安定な亜塩素酸イオンとなる．これにより生じたフェノキシルラジカル共鳴混成体（C-1～C-4）は，もう1分子の二酸化塩素と反応して，例えばC-2の場合は構造（S）となり，S→T→Uと反応が進行してやはりムコン酸誘導体（U）を生じる．二酸化塩素は非フェノール性のリグニン芳香核からも1電子引抜きを行うが，反応性はフェノール性芳香核に比べてはるかに低い[8]．

4）ホモリシス反応

フェノール性 β-O-4 構造（A）からは，酸触媒反応によってもアルカリ性下での反応によってもキノンメチド中間体（D）が生じる（図4-38）．キノンメチド中間体に知られている反応として，以上に説明したもののほかにホモリシス反応がある[9]．この反応により側鎖 β 位におけるC-O結合がラジカル開裂し，側鎖 β 位ラジカル（E）とフェノキシルラジカル（F）が生じる．これらはともに共鳴安定化したラジカルであることが，この開裂を可能にする要因である．ラジカル（E）は，リグニンの生合成時にコニフェリルアルコールより生じる共鳴混成体（E-1～E-5）と同じものであるから，2分子が結合すると β-5 構造や β-β 構造などが生成物として得られる．すなわち，β-O-4 構造（A）が，リグニン中にもともと存在する別の結合様式に変換されることになる．した

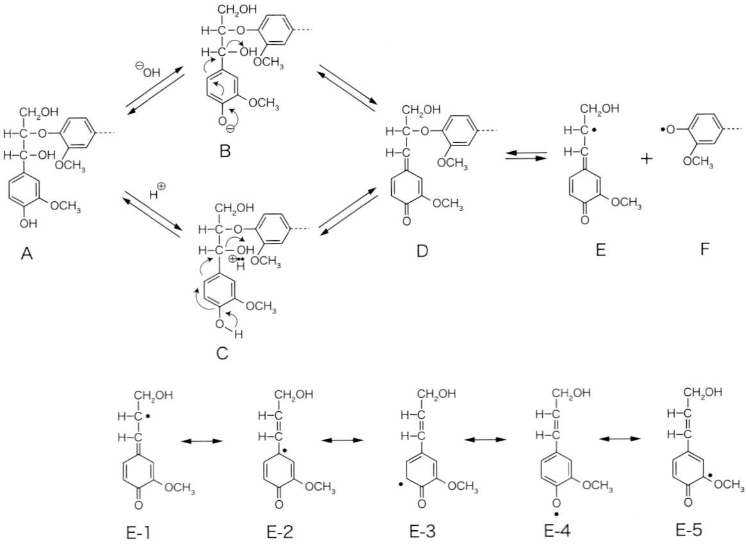

図4-38 フェノール性β-O-4結合(A)のホモリシスによる分解と生じたラジカルEの共鳴混成体(E-1〜E-5)

がって，ホモリシス反応が起きうるような反応条件を用いたリグニン構造分析においては，このことに注意する必要がある．ホモリシス反応は，最初はジオキサンおよび水中における高温でのリグニン分解反応について報告されたが，のちに，爆砕および蒸煮反応や酸性およびアルカリ性下での反応においても進行することが報告されている．

5) そのほか

非フェノール性β-O-4構造の開裂には，化学パルプ化では激しい条件が必要とされるが，リグニン構造分析の手段としてより温和な条件下でβ-O-4構造を選択的に開裂する試みが広く行われている．図4-39にその例を示す．β-O-4構造の側鎖γ位の水酸基をスルホンに変換すると（B），スルホンは強い電子吸引性を有するため，β-アルコキシ脱離機構によりβ-O-4結合が低濃度のアルカリ下において室温で開裂する（B→C→D）．この反応により新しく

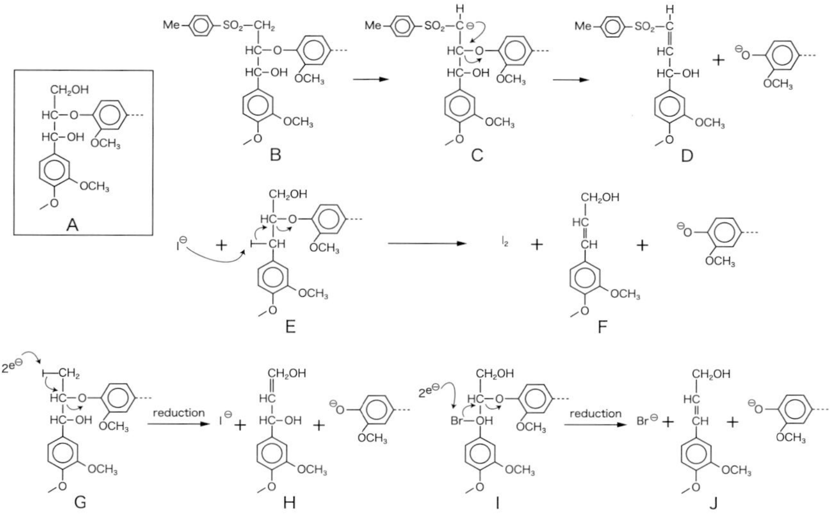

図4-39 β-O-4結合(A)の定量に用いられる温和な条件下での選択的開裂反応

生じたフェノール性水酸基を測定することによって，β-O-4構造の定量が可能となる[10]．反応E→Fでは，側鎖α位に導入された炭素-ヨウ素結合のヨウ素に対して，ヨウ化物イオンが求核置換反応をする結果としてβ-O-4結合が還元的に開裂する．この反応機構は，トリメチルヨウドシランによってβ-O-4結合が氷冷下という，非常に温和な条件で開裂する現象を説明する機構として提案された[11]．のちに，この反応はリグニンのヨウ化水素酸処理においても進行することが報告され，さらには同種の反応が，γ位に導入されたヨウ素の還元的脱離に伴うβ-O-4結合の開裂反応（G→H，TIZ法）[12] や，アセチルブロミドとの反応によりα位に導入された臭素の還元的脱離に伴うβ-O-4結合の開裂反応（I→J，DFRC法）[13] などのリグニン構造分析法として提案されている．

アルカリ蒸解の改良のために，より温和な条件でのβ-O-4構造の開裂を目指す基礎研究も行われている．すでに，アルカリ性下での反応の項で一部を説

明したが，多くは隣接位効果を用いるものである．図 4-40 に知られている隣接位効果の大まかな序列を示す[14]．

リグニン中には，生合成時におけるラジカル共鳴混成体のカップリングによっては説明できない側鎖 α 位 - 炭素結合や，芳香核 6 位における炭素との結合などが存在するのではないかと考えられている．そのような結合の生成を説明する試みも行われている．コニフェリルアルコールを弱い酸性条件下で放置すると，図 4-41 に示すようなカチオン性ビニル重合によると考えられる生成物が得られる．コニフェリルアルコール二重結合へのプロトネーションにより生じうるベンジルカチオン構造（R）は，R-1 〜 R-5 の共鳴混成体として存在する．カチオン R-1 がほかのコニフェリルアルコール二重結合へ親電子付加（R

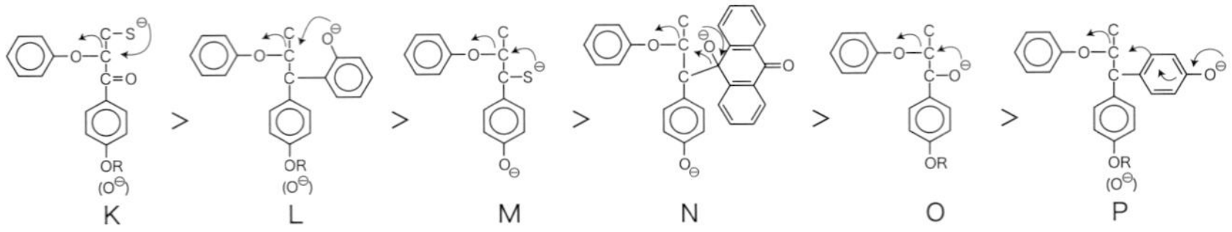

図4-40 隣接位効果による β-O-4 結合の開裂の容易さの序列
図 4-29 も参照．

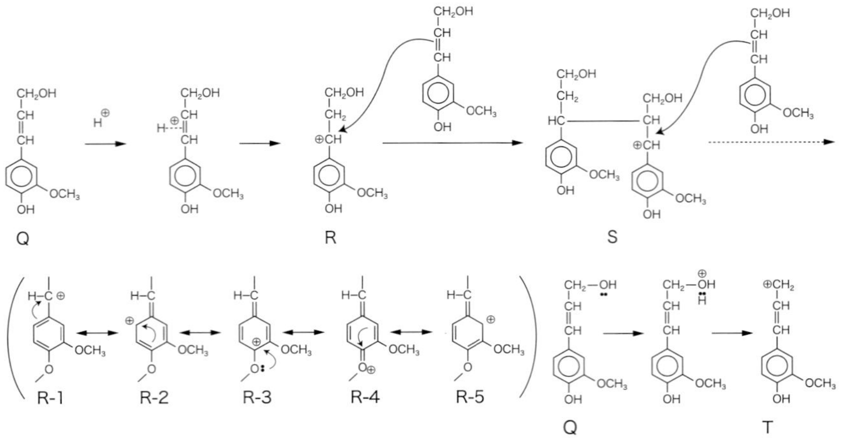

図4-41 コニフェリルアルコールのカチオン性ビニル重合反応機構

→S）を行うとα-β炭素結合となる．また，Tも共鳴安定化したカチオンであるため，γ位も反応に関わってくる[15]．

α位や芳香核6位における炭素結合の生成を説明するもう1つの試みが，キノンメチドによる1電子酸化反応である．図4-42の構造（V）は，キノンメチドのモデル化合物として用いている．イソオイゲノール（U）中にVを混ぜると構造（W）が得られ，この生成にはVがUを1電子酸化することによって生じた共鳴安定化されたα位ラジカルが関与したと考えられた[16]．

図4-41も図4-42も広く認知されるには至っていないが，リグニン高分子の生成にはさまざまな反応機構が関与しうる可能性があることを示唆している．リグニン生成反応に関連してもう1つ注意すべきものとして，コニフェリルアルコールラジカル同士のカップリングの中間体として生じるシクロヘキサジエノン構造の安定化機構がある．β-5型構造の生成時に生じるシクロヘキサジエノン構造は，芳香環を再生することにより容易に安定化する．しかし，図4-43に示すように，芳香環の再生が困難なシクロヘキサジエノン中間体も存在する．このうち，構造（X）などからは側鎖脱離によりβ-1構造などが生じると考えられてきたが，最近では，ジエノン構造を保ったままリグニン中に

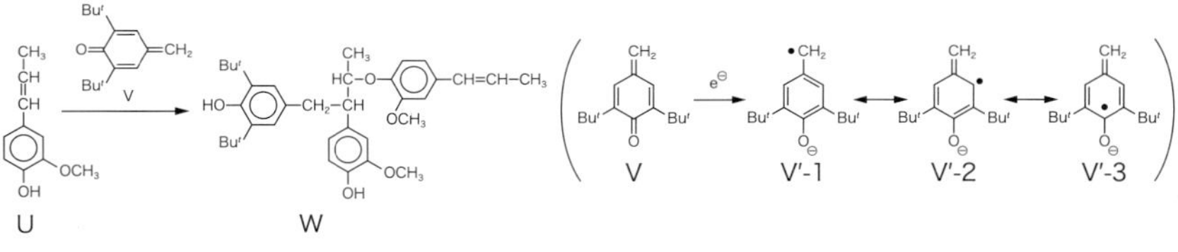

図4-42 キノンメチド構造(V)による1電子酸化反応に由来すると考えられる生成物(W)

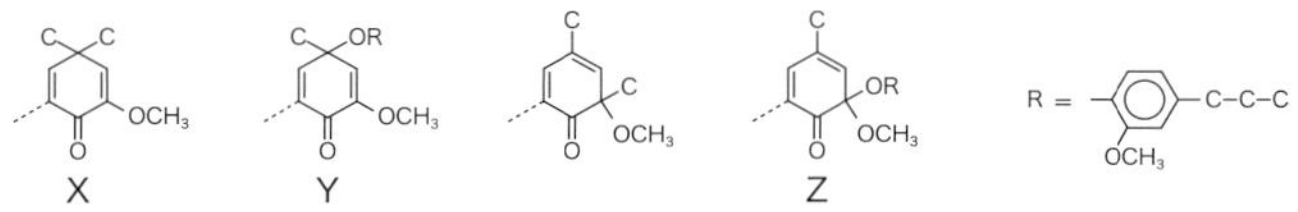

図4-43 リグニン前駆体のラジカルカップリングで生じうるシクロヘキサジエノン構造の例

留まるという提案もある．リグニン化学構造論の観点から，これらのシクロヘキサジエノン構造がたどりうる反応を研究することはたいへん重要である．

7．リグニンの物理的性質

木材中のリグニンは，ヘミセルロースと共有結合して存在する3次元網目構造をなす物質と考えられているが，多糖類との結合およびリグニンの網目構造を破壊することなくリグニンを天然状態のままで単離して，その性質を解析することは不可能である．そこで，以下に，種々の方法で単離したリグニンの性質について述べるが，この性質は単離方法や条件によって異なる．

1）リグニンの分子量

（1）分子量の概念と測定法

リグニンは，コニフェリルアルコールなどのケイ皮アルコール類が酵素的に脱水素重合した重合物と考えられる．この重合は，タンパク質などの生合成とは異なり遺伝的に重合過程が制御されていないために，さまざまな重合度，すなわち種々の分子量（分子量分布）を持った重合体の混合物である．そこで，単離リグニンの分子量には平均分子量という概念が適用できる．

数平均分子量（number-average molecular mass, $\overline{Mn}$）

$$\overline{Mn} = \sum_{i=1}^{\infty} N_i M_i \bigg/ \sum_{i=1}^{\infty} N_i$$

重量平均分子量（weight-average molecular mass, $\overline{Mw}$）

$$\overline{Mw} = \sum_{i=1}^{\infty} N_i M_i^2 \bigg/ \sum_{i=1}^{\infty} N_i M_i$$

ここで，Ni：i種の分子の数，M：i種の分子の分子量である．$\overline{Mw}/\overline{Mn}$：分子量分布の尺度として用いられ，多分散性とも呼ばれる．

分子量の測定は高分子の溶液物性に基づいて確立されており，分子量を測定するには溶液となる必要がある．もし，木材中のリグニンが3次元網目構造

体ならば,下記の方法では分子量が測定できないことになる.一般的に,3次元網目構造を有する物質はゲルを形成し,溶液とはならない.このとき,分子量は無限大とされている.したがって,溶媒に可溶な成分として単離されたリグニンは,すでに3次元網目構造ではなく,分子量も有限となっている.

　数平均分子量は浸透圧,蒸気浸透圧,末端基定量,凝固点降下,沸点上昇といった束一的な量から算出することができる.末端基定量法は多糖類の簡易分子量測定法としては有用であるが,末端基に特定の官能基を有しないリグニンには不適である.また,これらの方法には,高分子電解質であるリグノスルホン酸に対して不適なものもある.重量平均分子量は光散乱や超遠心(沈降速度法と平衡法)によって求めることができる.光散乱法はレーザの発達により,絶対分子量を求める簡便な方法になりつつあるが,リグニンは自己蛍光を発するため,広い波長域を検出するモニターでは見かけの散乱光が大きくなる.これを解消するには,入射光と同じ波長のみを通すフィルターが検出に必要である[1,2].超遠心法を除き,これらの方法単独では分子量分布を求めることができない.

(2) 粘度と分子量

　高分子の特徴は粘弾性体であることで,高分子の溶液の粘性から分子量を求めることができる.実際は,Mark-Houwink-Sakuradaの式($[\eta] = K\bar{M}v^a$)から粘度平均分子量($\bar{M}v$)が算出でき,$[\eta]$は固有粘度(intrinsic viscosity)と呼ばれ,Kと指数aは測定条件に依存する定数である.粘度は,粘度計,恒温槽とストップウォッチがあれば測定できる簡便な方法であるが,ほかの方法で求めた分子量から事前にKとaを決定する必要がある.

　指数aから高分子の形態を推測できる.高分子が完全な剛球で溶媒分子が高分子内に入り込まないときはEinsteinの式 $[\eta] = 0.025V$ が当てはまり,aが0となる.ここで,Vは物質の比容である.棒状分子で1.8と最大となり,溶媒が入り込まないコンパクトコイルで0.5,溶媒が自由に通り抜けできる「素抜けコイル」で1となる.表4-6に示すように,セルロース誘導体は1に近

表 4-6 Mark-Houwink-Sakurada の式におけるリグニンおよび他の高分子の指数 a

高分子	溶媒	指数 a
hydrotropic lignin	Dioxane	0.12
Dioxane-HCl lignin	Pyridine	0.15
Alkali lignin	Dioxane	0.12
Alkali periodate lignin	0.1M buffer	0.32
Lignosulphonate amine	Methanol	0.13
Lignosulphonate	Methanol	0.54
Lignosulphonate	0.1 M NaCl	0.32
Lignosulphonate	2 M NaCl	0.47
Polymethymethacrylate	Benzene	0.73
Polymethylstyrene	Toluene	0.71
Cellulose	Cadoxen	0.75
Cellulose nitrate	Ethyl acetate	0.99
Xylan	DMSO	0.94

(Goring, D. A. I.：In Lignins (eds. by Sarkanen, K. V. and Ludwig, C. H.), Wiley-Interscience, New York, pp.695-768, 1971)

い値を示すが，リグニンでは 0 に近く，Einstein の剛体球のような構造をしていると推測される．また，Flory の式 $[\eta] = \Phi' \langle Rg^2 \rangle^{3/2}/M$ より，$[\eta]$ は慣性半径 $\langle Rg^2 \rangle^{1/2}$ と密接な関係があることがわかり，分子が広がる良溶媒で粘度が大きくなることが理解できる．

(3) サイズ排除クロマトグラフィー

分子量と分子量分布を一度に測定する方法として，サイズ排除クロマトグラフィー (size exclusion chromatography, SEC) がある．あるサイズの孔が多くあいたゲル中に物質を通過させるとき，拡散速度の違いにより分子を分離するシステムであり，大きいサイズの分子から溶出する．この検出器には，一般的には示差屈折計 (refractive index detector, RI) を用いるが，リグニンは屈折率が小さいために，紫外線 (UV) 分光検出器が用いられ，280nm の吸光度が測定されることが多い．しかし，高分子の吸光係数は分子の形態で変化するため，高分子量の画分と低分子量の画分では吸光係数が異なる場合，あるいは化学構造自体が異なる場合があるので，注意が必要である．近年は，高速液体クロマトグラフィー (HPLC) にサイズ排除カラムを取り付けたシステムが一

般的である.有機溶媒に可溶なリグニンの分子量を SEC で測定するには分子量マーカーが必要であり,通常は単分散($\overline{Mw}/\overline{Mn} = 1$)に近いポリスチレンを用いた検量線が使われる.この方法で得られる結果は,電気泳動と同じように相対分子量である.その理由は,マーカー分子との流体力学半径の違いに起

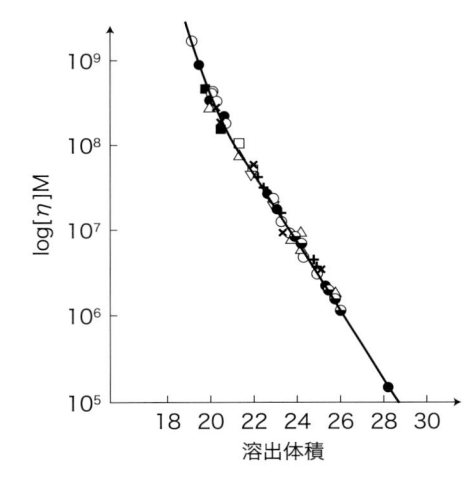

図4-44 GPC普遍校正曲線
●:ポリスチレン(PS), ○:PSくし型, +:PSほし型, △:ブロック共重合体を主鎖とするグラフト共重合体, ×:ポリメタクリル酸メチル(PMMA), ◐:ポリ塩化ビニル, ▽:グラフト共重合体(PS/PMMA), ■:ポリフェニルシロキサン, □:ブタジエン. (Grubisic, Z. et al., 1967)

表4-7 SECにより求めた単離リグニンの分子量

リグニンの種類	Mn	Mw/Mn	参考文献
針葉樹磨砕リグニン	5,050	4.3	Cathala, B. et al., 2003
広葉樹磨砕リグニン	4,270	2.2	Kubo, S. et al., 1996
針葉樹クラフトリグニン	1,940	2.8	Kubo, S. et al., 1996
広葉樹爆砕リグニン	1,740	2.4	Kubo, S. et al., 1996
オルガノソルブリグニン			
広葉樹(酢酸)	1,750	2.7	Kubo, S. et al., 1996
針葉樹(酢酸)	1,800	3.0	Kubo, S. et al., 1997
針葉樹(クロロホルム)	720 (800)	1.9	Balogh, D. T. et al., 1992
針葉樹(アセトン)	860 (780)	2.5	Balogh, D. T. et al., 1992
針葉樹(ジオキサン)	1,000 (1,450)	3.8	Balogh, D. T. et al., 1992
針葉樹(THF)	860 (980)	2.4	Balogh, D. T. et al., 1992
針葉樹(2-ブタノール)	970 (1,040)	2.6	Balogh, D. T. et al., 1992
針葉樹(1-ブタノール)	1,210 (910)	3.4	Balogh, D. T. et al., 1992
針葉樹(1-プロパノール)	1,330 (1,820)	3.1	Balogh, D. T. et al., 1992
針葉樹(エタノール)	1,410 (1,520)	3.3	Balogh, D. T. et al., 1992
針葉樹(メタノール)	1,570 (1,470)	2.3	Balogh, D. T. et al., 1992

溶離液はTHF.括弧内は蒸気浸透圧法で求めた値.

因する.絶対分子量測定には,普遍較正曲線が好ましい[3].これは,流体力学半径を考慮に入れ,溶出体積に対し log[η]M をプロットしたもので,すべての形態の高分子に適用できる(図 4-44).しかし,この方法では固有粘度([η])を求めないと,分子量は得られない.最近では,SEC の検出器用の粘度計や多角度光散乱検出器が開発され,絶対分子量の測定とともに,分子量分布の測定が容易になった[4].

表 4-7 に,これまで報告されている単離リグニンの分子量とその分布を示す.リグノスルホン酸は 10 万にも及ぶ巨大な分子量画分も存在するが[5],一般的には Mn で 2,000 程度,$\overline{Mw}/\overline{Mn}$ も 2 ～ 3 程度と,単離リグニンは合成高分子に比べ,小さな分子である.

2) リグニンの高分子物性

(1) 熱 的 性 質

高分子結晶を加熱すると,わずかに体積を増加させながら,やがて液体となる.この相転移温度が融点である.非晶領域を持つ結晶性高分子や非晶性高分子(ガラス状高分子)では,柔らかくなったのち液体となる.図 4-45 に示すように,非晶性高分子は低温では,ミクロブラウン運動が凍結されたガラス状態にある.ミクロブラウン運動の開始によりゴム状態になる温度を,ガラス転移温度(glass transition temperature,Tg)という.さらに加熱を続けると,分子の重心が移動する,すなわち液体の挙動を示すようになる.この温度を流動開始温度(thermal flow-starting temperature,Tf)と呼ぶこともあり,高分子結晶の融点に相当する.

現在,高分子の熱的性質は示差走査熱量計(differential scanning calorimetry,DSC)で調べられる.ガラス転移は熱容量の変化であり,ベースラインのシフトとして観測される.熱流動は,昇温過程では吸熱ピークを与える(図 4-45).構造が不均一なリグニンは,1 回目の昇温では不連続な吸熱ピークを示し Tg の検出は難しく,一度昇温-冷却の熱履歴を経た 2 回目の昇温過程で,Tg の検出が容易になる.しかし,合成高分子で観測されるような DSC プロ

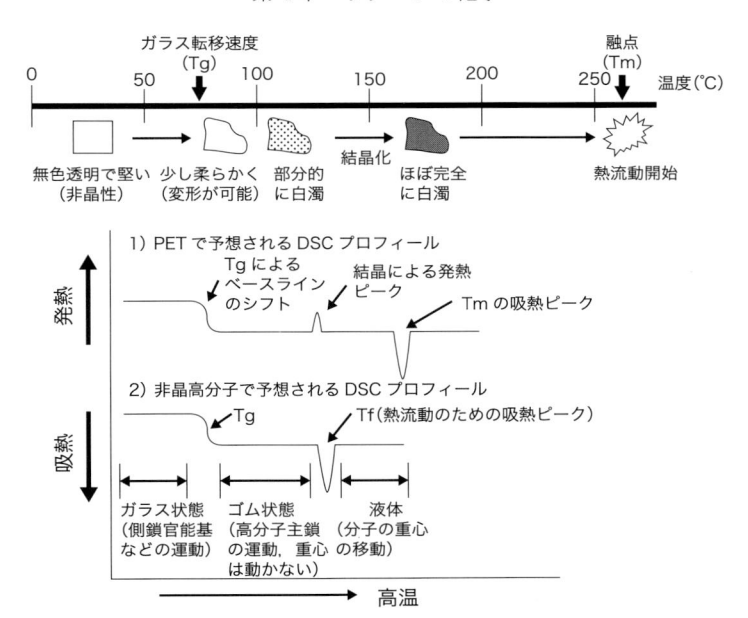

図4-45 高分子(PETを例として)の熱挙動と典型的な昇温時のDSCプロフィール

フィールを得るのは難しい．また，熱流動による吸熱ピークも，単一の相転移として観測できないために，実際の検出はほとんど不可能である．

15年ほど前まで，リグニンは熱流動（溶融）しないと思われていたが，近年，オルガノソルブパルプ化で得られるリグニンに熱流動性が見出された．図4-46に引用した例が，最初に熱溶融が報告された酢酸リグニンである．DSCでは，TgもTfも吸熱ピークのように見え，判別が難しい．そこで，熱機械分析(thermomechanical analysis, TMA)を用いる新たな分析方法が提案された[6]．測定原理は，試料に荷重を加え，加熱による体積変化（正確には，高さの変化）を追跡する機器で，試料は成形体でも粉体でもよい．成形体の場合，TgもTfも顕著な体積増加として検出される（図4-47）．粉体のときは，ガラス転移による軟化で荷重用のプレートが試料に押し込まれ，粉体空隙の空気が排除され体積が減少する．さらに熱溶融すると，荷重プレートが液体に埋没して体積が

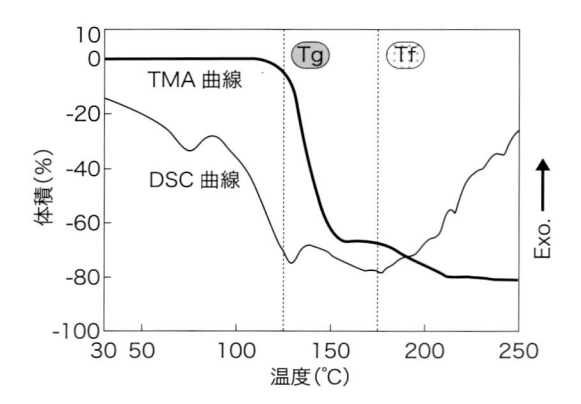

図4-46 広葉樹酢酸リグニンの DSC プロフィール
参考のために TMA プロフィールも掲載.

減少したように観測される．したがって，Tg と Tf を持つリグニンでは，2段階の体積変化として熱挙動が現れる．Goring[7]も同様な原理の装置を開発して，数種のリグニンの熱的性質を調べたが，熱溶融性リグニンは見出せなかった．

広葉樹酢酸リグニンは Tg を 128℃，Tf を 177℃に示した[8]．酢酸リグニンで熱溶融が観測された理由は，パルプ化の過程でリグニンにアセチル基が導入され，この官能基が加熱によって生じる脱水縮合を妨げる内部可塑剤として機能したことと，熱運動性の高い低分子画分が外部可塑剤として機能したことに起因する．針葉樹酢酸リグニンは広葉樹に比べて芳香核の縮合構造に富むため，ベンゼン環の運動性が抑制され熱溶融しない．しかし，低運動性の高分子画分の除去や，アリールエーテル結合を切断する処理を行うことで，溶融性リグニンとなる[9]．

そのほか，アルコール系のオルガノソルブパルプ化で得られるリグニンの熱溶融性も確認されている．これも分子量分布に起因する外部可塑化の効果のほかに，パルプ化溶媒のアルコールがリグニンに縮合し，熱運動性の高いアルキル基が内部可塑剤として機能している．クラフトリグニンは熱流動しないとされていたが，近年，縮合構造の少ない広葉樹クラフトリグニンも溶融体になることが明らかとなった[10]．

第4章 リグニンの化学

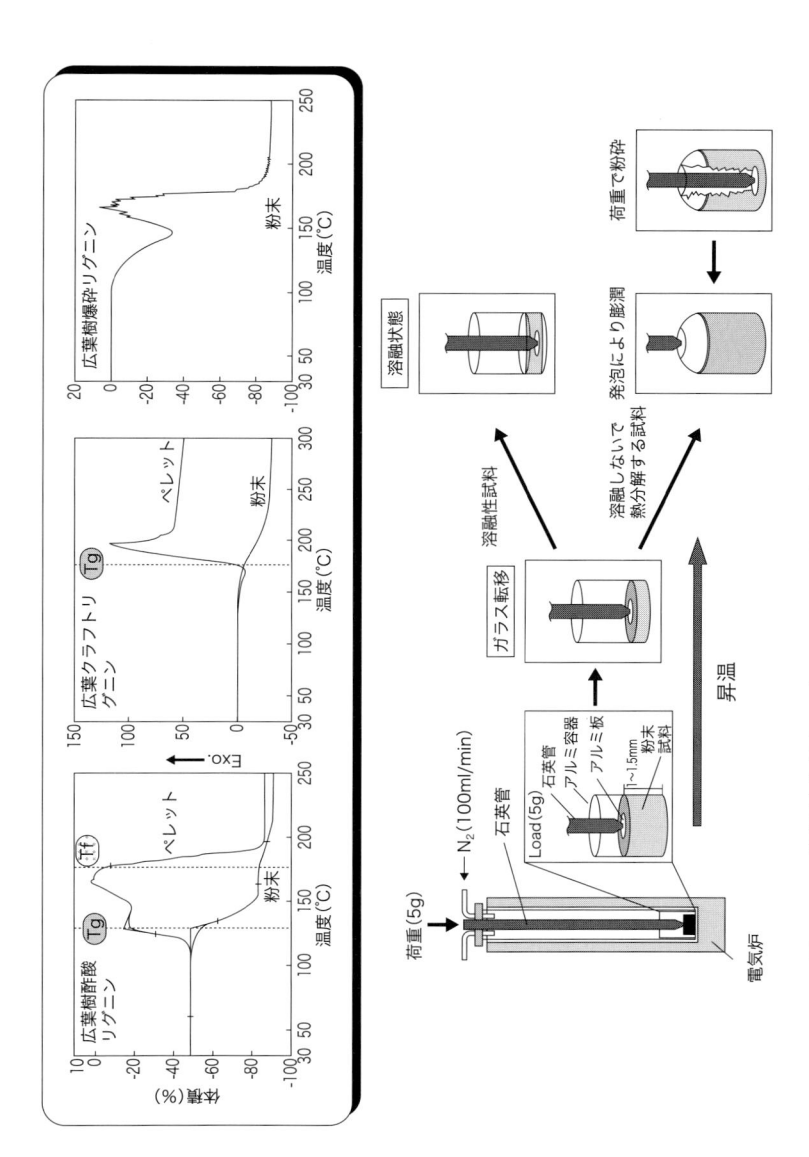

図4-47 熱機械分析(TMA)の原理と単離リグニンのTMAプロフィール

高分子の熱的特性は成形利用と密接に結び付いている．射出成形やインフレーション成形には，ガラス転移による軟化でなく，熱流動が要求される．そこで，リグニンの化学修飾による熱溶融性の付与も検討されてきた[11]．爆砕リグニンに対しては，水素化分解やフェノール化が有効である[12,13]．リグノフェノールにも熱流動性が見られるが，これも回転運動に富むフェノール核の導入に起因すると考えられる[14]．前述したアルキル基も熱運動性を高めるため，アルキル化も有効な化学修飾法である．溶融性リグニンの利用として，溶融紡糸による繊維化，さらに，不融不溶化を経て炭素化による炭素繊維への変換が確立されつつある[8,15]．また，この炭素繊維を賦活化して，活性炭素繊維への研究も進んでいる[16,17]．

3）分光学的性質

(1) 紫外部および可視光部吸収スペクトル

リグニンは芳香族化合物のため，$\pi \to \pi^*$ 遷移による紫外線（ultraviolet，UV）の吸収を生じる．表4-8にモノリグノール類似物の吸収最大波長

表4-8 モノリグノール類似物の吸収最大波長（λ）および分子吸光係数（ε）

R	HO–⟨⟩–R 微酸性		HO–⟨⟩–R アルカリ性		HO(CH₃O)–⟨⟩–R 微酸性		HO(CH₃O)–⟨⟩–R アルカリ性		(CH₃O)₂HO–⟨⟩–R 微酸性		(CH₃O)₂HO–⟨⟩–R アルカリ性	
	λ max	ε	λ max	ε	λ max	ε	λ max	ε	λ max	ε	λ max	ε
–CH₂–CH₂–CH₃	224	7,600	242	10,200	280	2,800	245	9,100	273	1,150	248	8,100
	279	1,860	297	2,570			296	4,100			289	3,800
–CH₂–CH₂–CH₃ (5,5'-ビフェニル型)	244	10,000	251	10,700	251	10,500	261	9,800				
	293	7,400	321	8,500	292	6,000	313	7,400				
–CH–CH–CH₂ OH OH OH	276	2,610	295	—	230	5,500						
					281	2,000	296	2,750	272	1,230	260	10,000
–CHO	283	16,000	330	28,000	279	11,000	347	26,000	306	12,600	363	24,000
					309	9,600						
–CH=CH–CH₂OH	263	19,500	290	22,400	266	15,100	290	16,600	222	26,900		
							315	15,100	276	14,100	320	17,000
			255	7,600								
–CH=CH–CHO	236	10,700	303	2,400	222	8,700	260	7,400	242	16,200	268	11,700
	327	28,200	314	3,170	239	9,800	312	2,140	341	21,900	436	36,300
			398	38,900	337	21,800	414	35,500				

（λmax）と分子吸光係数（ε）を示す．一般的に，p-ヒドロキシフェニル核にメトキシル基が導入されたグアイアシル核では，λmaxが長波長側に移動（深色効果）し，εも大きくなる（濃色効果）．さらに，メトキシル基が増えたシリンギル核では，浅色効果（短波長シフト）と淡色効果（εの減少）が観測される[18]．

アルカリ性になるとフェノール性水酸基が解離するために共役系が生成して，顕著な深色および濃色効果が現れる．この現象に基づき，フェノール性水酸基を定量するイオン化示差スペクトル（$\Delta \varepsilon_i$）法が提案されている．この方法では，通常pH13以上の溶液が用いられるが，芳香核に共役系カルボニルを有するリグニンでは，あらかじめ還元処理を行い，測定に供する必要がある．

UV吸収スペクトルは定量性の高い測定法であるために，酸可溶性リグニンの定量やアセチルブロマイド法との組合せによるリグニンの定量にも用いられる．

（2）赤外線吸収スペクトル

赤外線（infrared）吸収スペクトルは官能基の同定に用いられ，グアイアシル核とシリンギル核の違いが，1,300～1,100 cm^{-1}に現れる[18]．最近では，リグニンとほかの分子との分子間水素結合の検出に用いられ，相溶性を評価する手段でもある[19]．

4）リグニンの核磁気共鳴スペクトル

核磁気共鳴分光法（nuclear magnetic resonance spectroscopy，NMR）は，さまざまな有機化合物の構造解析には欠かせない分析法の1つである．リグニンやリグニンモデル化合物もその例外ではなく，1次元，2次元，3次元の各種のNMR分光法がリグニンの分析に用いられている[20]．単離したリグニン試料の場合は，そのままあるいはアセチル化したのち，それぞれDMSO-d_6やCDCl$_3$などの重水素化溶媒に溶解させ，スペクトルを測定する．シグナルの帰属には，二量体リグニンモデル化合物のデータなどが用いられる．モデル化合

物のデータはデータベース化されており[21]，シグナルの帰属やリグニン分解物の同定などにたいへん便利である．シグナルの面積比からリグニンの主要な構造の定量分析も可能であり，リグニンの化学構造の変化の解析にも用いられる．

(1) ^{1}H-NMR スペクトル

^{1}H-NMR スペクトルでは，水素（^{1}H）を持つ官能基に関する情報が得られ，異なる官能基の水素がそれぞれ異なる位置（化学シフト）にシグナルとして現れる．分子量の小さいリグニンモデル化合物の分析には，^{1}H-NMR は非常に有効であり，構造に関するさまざまな情報が得られる．しかし，複雑な高分子リグニンや DHP（dehydrogenation polymer）の場合には，シグナルが幅広くなり，リグニンの各部分構造間の分離もよくない．そのため，構造解析には，後述する ^{13}C-NMR や2次元 NMR と組み合わせて利用されることも多い．図4-48 にアセチル化したトドマツ MWL（milled wood lignin）の ^{1}H-NMR スペクトルを示す．β-O-4 構造などリグニンの主要な構造由来のシグナルのほかに，アセチル基由来のシグナルが観測できる．このアセチル基の面積から，リグニン中のフェノール性水酸基と脂肪族水酸基を定量することができる．

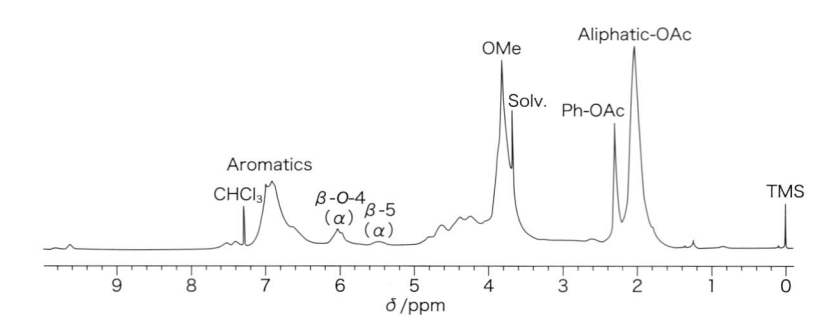

図4-48 アセチル化トドマツ MWL の ^{1}H-NMR スペクトル
溶媒：CDCl$_3$．

(2) ^{13}C-NMR スペクトル

リグニンの ^{13}C-NMR スペクトルからは，リグニン構造中の各炭素（^{13}C）に

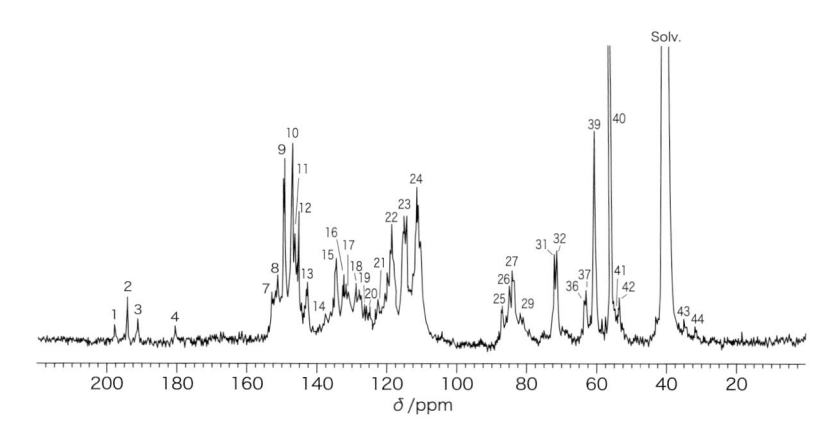

図4-49 トドマツ MWL の ^{13}C-NMR スペクトル
溶媒：DMSO-d_6.

表 4-9 トドマツ MWL の ^{13}C-NMR スペクトルの主な帰属（溶媒：DMSO-d_6）

シグナル番号	化学シフト（ppm）	帰属
2	194.0	C＝O，Ar-CH＝CH-CHO / Ar-CO-CH(-OAr)-C- 構造
3	191.0	C＝O，Ar-CHO 構造
9	149.6	C3，非フェノール性 G 核
10	147.6	C4，非フェノール性 G 核；C3，フェノール性 G 核
15	135.4	C1，非フェノール性 G 核
22	119.0	C6，G 核
23	115.7	C5，G 核
24	111.6	C2，G 核
25	87.2	Cα，β-5 構造
26	84.8	Cβ，β-O-4 構造（threo）
27	83.8	Cβ，β-O-4 構造（erythro）
31	71.9	Cα，β-O-4 構造（erythro）
32	71.4	Cα，β-O-4 構造（threo）
36	63.4	Cγ，β-5/β-1 構造
39	60.3	Cγ，β-O-4 構造
40	55.8	OCH$_3$
41	53.9	Cβ，β-β 構造
42	53.3	Cβ，β-5 構造

G：グアイアシル.

関する情報が得られる．^{13}C の天然存在比は約 1.1 % であるため，測定の際に比較的多くのサンプル量が必要である．^{1}H-NMR スペクトルと比較して，シグナルの分離がよいため，リグニンの構造に関するより多くの情報が得られる[22, 23]．通常の測定法では核オーバーハウザー効果（NOE）のため，シグナルに定量性はないが，逆ゲートデカップリング法を用いることにより，各シグナルの定量も可能である．現在でもリグニンの構造解析に最も利用される NMR 分光法の 1 つである．トドマツ MWL の ^{13}C-NMR スペクトル（逆ゲートデカップリング法）を図 4-49 に，そのシグナルの主な帰属を表 4-9 に示す．また，アセチル化したリグニン試料の場合には，1 級，2 級，フェノール性水酸基を区別して定量することができる．

(3) 2 次元 NMR スペクトル

さまざまな 2 次元 NMR がリグニンの分析に応用されている[20]．なかでも特に，HMQC（heteronuclear multiple quantum coherence），あるいはその類似法である HSQC（heteronuclear single quantum coherence）がよく利用されている．HSQC は F_1 方向（^{13}C 側）の分解能が高いという違いがあるが，両者は，基本的に同じスペクトルが得られる．通常の測定法ではシグナルに定量性はないが，定量できる特殊なシーケンスも開発されている．これらのスペクトルでは，メチル（CH_3-），メチレン（-CH_2-），メチン（-CH-）のように，炭素原子と水素原子が直接結合した場合に，シグナルとして観察される．4 級炭素（-$\overset{|}{\underset{|}{C}}$-）であるカルボニル基やリグニンのベンゼン環の 1 位や 4 位などには水素原子がないため，シグナルが現れず観測できない．^{1}H-NMR や ^{13}C-NMR などの 1 次元 NMR では重なった 1 つのシグナルとして現れていた場合でも，2 次元 NMR では分離した 2 つ以上のシグナルとして観測できることも多い．図 4-50 にトドマツ MWL の側鎖部分の HMQC スペクトルを示す．β-O-4, β-β, β-5 構造などのほか，1990 年代半ばに報告された新しい構造であるジベンゾジオキソシン構造に由来するシグナルも確認できる．

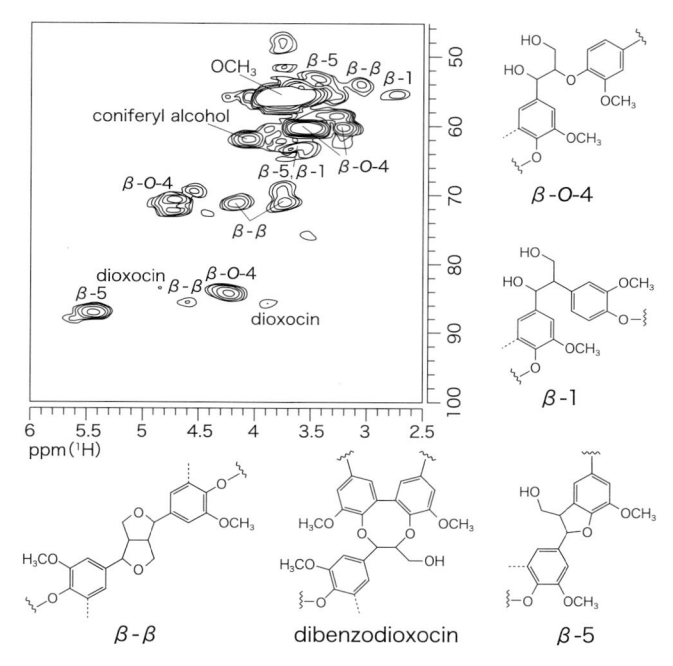

図4-50 トドマツ MWL の HMQC スペクトル
溶媒：DMSO-d_6.

8．リグニンの利用

　リグニンは，樹体内にあって細胞壁の剛直化，細胞間接着，水分通道組織のシールなど重要な役割を有しており，さらに土壌中においては高耐久性高分子担体として栄養素，金属元素の吸着固定化などに長期間機能する異色の長期循環資源である．現代の社会に不可欠な石油，石炭などの化石資源も，その重要なルーツの1つとしてリグニンとつながっている．自然界におけるその存在量は約 3×10^{11}t と試算され，しかも毎年 2×10^{10}t が新たに生合成されている [1]．この量は循環系有機資源としてセルロースに次いでいるが，一方リグニンの生分解速度は際だって遅く，生態系に蓄積している有機資源として評価す

ると，その最大量がリグニンといえる．

　自然界における量，重要性とは対照的に，現在われわれの生活空間の中にリグニン由来の製品は皆無に等しく，リグニンの存在すら一般にはほとんど知られていない．しかし一方では，リグニン関連の研究論文と特許は世界にあふれている．この事実は，20世紀までの研究とモノづくりの基本スタンスがリグニンには通用しないこと，リグニンの機能的な利用開発には全く新しい視点が必要であることを意味する．

　本節では，これまでのリグニン利用システムの中で特に最近行われている試みを概説するとともに，新しい視点からのリグニン設計図の解読，その機能的逐次活用システムについて述べる．工業リグニンを対象とする従来の利用技術の詳細は，これまでの総説など[2]を参照されたい．

1）リグニン利用の現状

　リグニンは，生態系において単体として存在せず，植物細胞壁内において炭水化物とセミ相互進入高分子網目構造をとり，高度に複合化されている．したがって，リグニンの利用は，複合状態での利用，あるいは何らかの単離過程を経た変性リグニン試料（工業リグニンなど）を対象として検討が行われてきた．

（1）複合系での利用

　ラッカーゼおよびペルオキシダーゼは一電子酸化剤であり，これによりリグニン中にフェノキシラジカルが生成する．リグニンはフェノール系モノマーの酸化重合によって形成された高分子であり，その際，フェノール性水酸基の大部分が結合形成に関与する結果，高分子内部に残存するフェノール活性は低く，したがって，フェノール酸化酵素による高頻度な分子内ラジカル生成は期待されないが，これを2次的な結合形成に積極的に活用する試みがなされている．Haarsらはリグニンスルホン酸と白色腐朽菌の培養濾液の混合物により薄板を接着し，尿素樹脂接着積層ボードの強度を超える複合積層板が形成されることを報告している．Felbyら[3]はアスプルンドパルプをラッカーゼ処理したのち，

湿式法および乾式法によりファイバーボードを作製し，いずれもコントロールと比較し，その強度が1.5倍程度上昇することを報告している．ファイバー表層のリグニンが活性化され，ファイバー間接合に関与したと考えられるが，一方では剛直な表層リグニンが一部酵素分解されたことも考えられる．実際，酵素処理パルプのESR観察によりフェノキシラジカルの発生が観察されている．同様の現象は木質ファイバーのペルオキシダーゼ処理によっても観察されている．リグニンは細胞壁内に高分子状で存在するため，その活性化率は低く，また細胞壁内におけるその自由度を考慮すると分子間架橋密度の大きな増大は期待できない．そこで山口らはTMPに分子間架橋剤としてバニリン酸を配合し，ラッカーゼで硬化させることによって，その機械強度が大きく改善されることを確認している．

　酵素を用いた前記細胞壁リグニンの改質は，結果として木質複合系の機能改質を目指しているが，一方，矢野，渡辺ら[4]は近年，酵素処理木粉の熱圧処理のみにより合成高分子に匹敵する高強度の成型物が得られることを報告している．5mm程度の薄板の場合，光も透過する均質材料が得られ，成型物の強度向上とリグニン軟化温度には明確な相関があることが確認されている．前記検討は，リグニン本体に保持されたフェノール性水酸基にラジカル活性種を発生させることによる2次的な架橋密度の上昇を目指すものであるが，一方，前処理として酵素によりメトキシル基を脱メチル化させ，フェノール活性を高める試みもなされている．Sellersらは褐色腐朽菌によりリグニンのメトキシル基が一部脱メチル化されることに着目，ダグラスファー褐色腐朽材から抽出したリグニンのフェノールホルムアルデヒド樹脂原料としての特性について検討し，その反応性がコントロールと比較してきわめて高いことを確認した．

(2) 高分子素材としての利用

　明確な分子設計，分子変換制御の下に機能性リグニン素材の取得を主目的として工業的に稼働しているシステムは世界的に皆無であり，現行のリグニン利用は，樹木構成炭水化物の利用を目的としたプロセス（パルプ化，加水分解な

ど)の副産物(工業リグニン)が対象となる.

現行のパルプ製造法はクラフト法が主流であるが,一部サルファイト法も稼働しており,ここから排出されるサルファイトリグニンは,そのスルホン基に基づく分散性,粘結性から,古くから染料分散剤,コンクリート減水剤,造粒剤などとしての用途がある[2]. しかし,これらの用途は分子内に存在するスルホン基に基づく機能を活用するものであり,リグニン骨格を積極的に活用するものではない.さらに,パルプ製造法がサルファイト法からクラフト法へと移行している今,この素材のさらなる発展は期待できない.

一方,クラフト法により副生されるクラフトリグニンは,高度なアルカリ変性を受けており,その分子構造の詳細を理解し,機能制御することは不可能に近い.また,現行ではそのほとんどがプロセス内で燃焼されており,高分子素材としての今後の積極的な利用展開は困難である.

世界のリグニン製品の消費量は1991年約97万tであり,この量は減少傾向にある[2]. リグニン製品供給メーカーもAmerican Can, Reedなど大手メーカーが相次いで撤退しており,現在日本では日本製紙1社のみである.提供されるリグニン製品は,そのほとんどがスルホン基により特徴付けられるリグニンスルホン酸であり,米国大手クラフトリグニンメーカWestvaco社もその主要製品はクラフトリグニンのスルホメチル化物である.日本における消費量は最近20年ほとんど変動しておらず,約10万t/年である.これは固定的な用途が持続的にある反面,新しい用途が全く見出されていないことを示している.主要な用途はコンクリート減水剤(約6万t/年)であり,鉱石造剤としての活用(約1万t/年)がそれに次いでおり,いずれもリグニンスルホン酸が対象となっている[2].

クラフトリグニンは構造的変性が大きく,さらに特徴的な機能を有しないため,その利用開発には何らかの分子修飾が求められるが,現行の主要製紙工程から排出される工業リグニンとして,これまで世界的にその利用分野が模索されてきた.コアリグニンに異種分子を導入することによる機能変換は,容易なリグニン変性,材料化手法として古くから多くの試みがなされている[5]. 例え

ば，ポリスチレン鎖導入による撥水性，耐水性の付与，ポリカプロラクトンとの共重合による結晶性の付与，イオン性単量体導入によるイオン交換能の付与，グリシジルトリメチルアンモニウムクロリド導入による凝集剤の調製などが行われており，さらにリグニン変性フェノール樹脂，エポキシ樹脂，ウレタン樹脂など汎用樹脂のリグニン変性研究には膨大なデータの蓄積がある[2]．しかし，これらのアプローチはリグニン固有の構造特性を積極的に活用するものではなく，言い換えればリグニンを活用する意義に乏しく，これがリグニンの活用を阻んでいる大きな要因である．

2）リグニンの逐次機能制御と新しい応用展開

生態系を撹乱することなくリグニンを機能的に活用するためには，リグニンの生態系における意義，その循環システムを分子レベルで理解するとともに，それを機能的に逐次活用する新たな材料開発と多段階的利用システムを開発する必要がある．

(1) リグニンの循環設計

① **1st キーポイント　前駆体形成**…リグニン前駆体の主要なルーツはフェニルアラニンである．フェノール性水酸基を有しないが，ヒドロキシラーゼの作用によってこれに複数個のフェノール性水酸基が付加され，その後1つを残してそのすべてはメチル化によりブロックされる（図4-51）．

② **2nd キーポイント　脱水素重合**…残された唯一のフェノール性水酸基から水素ラジカルが引き抜かれ，フェノキシラジカルから始まる共鳴混成体間のランダムなラジカルカップリングにより単位間結合が形成される（図4-52）．ラジカルスピン密度の高いフェノキシラジカルは優先的にカップリングに関与し，その結果，遊離フェノール性水酸基の頻度は大幅に減少する．活性ポイントの数およびフェノキシラジカルの高反応性から，この過程で高密度3次元ネットワークは形成されず，もっぱらリニア型サブユニットへと成長する．

③ **3rd キーポイント　活性キノンメチドの安定化**…前記過程で生成するキノ

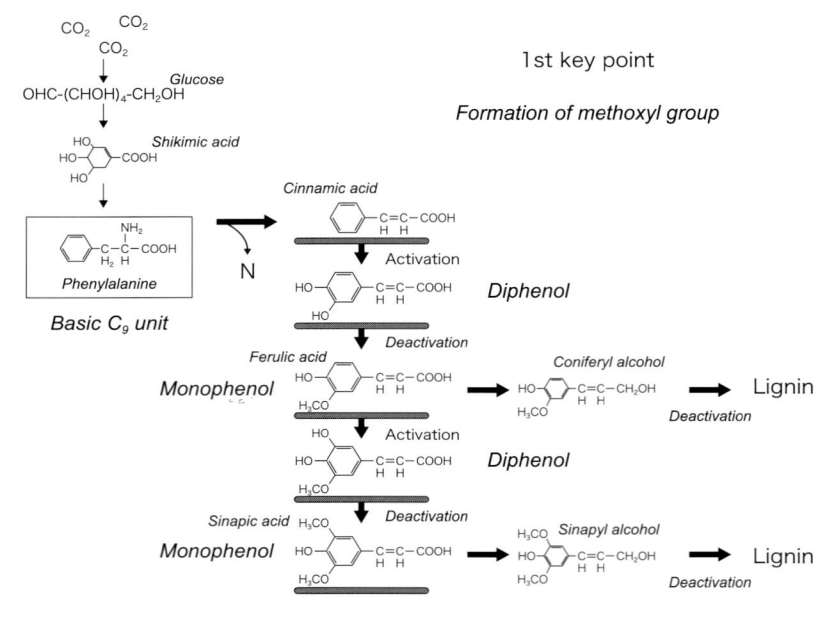

図4-51 リグニン前駆体の形成

ンメチドには隣接求核種が付加し，ベンジル位に多様な活性サイトが形成される（図4-52）．隣接リグニンユニットが攻撃した場合，フェノール性水酸基量のさらなる減少と最も不安定な単位間結合（ベンジルアリールエーテル）が導かれる．

　リグニン利用のポイントは，分子に内在している前記特性を逐次積極的に分子機能変換に活用することにある．ベンジル位を中心に発現している鋭敏な環境応答性は低エネルギー型構造制御に活用することができ，ベンジルアリールエーテルの選択的な開裂のみで，そのネットワーク構造はリニア型へと大きく転換されるはずである．$C\beta$-アリールエーテルの開裂は，フェノール活性のみならずその分子構造の大幅な転換を導き，リグニン高分子は最終的に二量体へと導かれる．さらに，潜在性多価フェノール構造として組み込まれたメトキシル基を逐次脱メチル化することにより，持続的なフェノール活性の発現が可

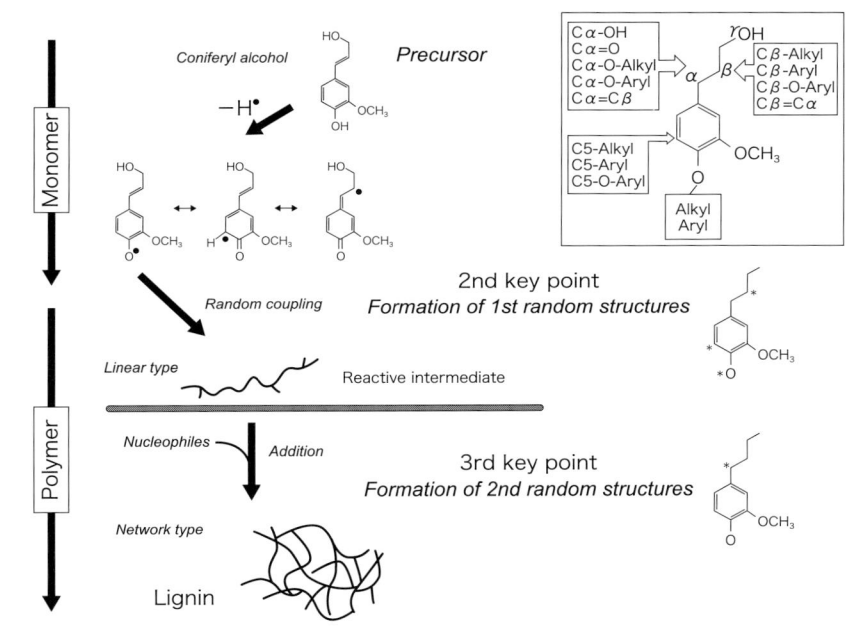

図4-52 リグニン高分子形成に関与する2段階の反応
脱水素重合とキノンメチドへの付加.

能となる.

(2) リグニンの逐次機能変換システム

舟岡ら[6-9]は,天然リグニンの循環機能を応用する新しい機能可変型リグニン系素材を設計するとともに,それを炭水化物との複合系から低エネルギーで選択的に誘導,分離する新しい機能制御システムを考案した.リグニン構造制御のポイントは,ベンジル位への選択的フェノールグラフティングによる1,1-ビス(アリール)プロパン型構造ユニットの構築と,結果として分子内に高頻度で誘導される1,1-ビス(アリール)プロパン-2-O-アリールエーテル型ユニットの機能変換素子(スイッチング素子)としての活用にある.前者は天然リグニンの環境応答機能を積極的に分子変換に活用するものであり,形成さ

れる 1,1- ビス（アリール）プロパン型構造は核交換反応により低エネルギーでその構成核の遊離が可能である．後者は，ベンジル位導入フェノール核の隣接炭素に対する分子内求核攻撃を利用し，そのフェノール活性を導入核からリグニン芳香核へと交換，フェノール活性と分子鎖の制御を行うことを意図している．

　従来の高エネルギー型変換システムに対し，新規に開発されたシステム（相分離系変換システム）のキーポイントは，疎水性リグニンと親水性炭水化物に個別の反応系（機能環境媒体）を設定し，両相の界面にてリグニンは Phenolysis により，一方，炭水化物は Hydrolysis により常温常圧下で選択的に変換および分離することにある（図 4-53）．

　リグノセルロース系複合体を疎水性媒体（フェノール誘導体）で溶媒和したのち，酸水溶液中に投入し，界面で酸と接触させる．すると炭水化物は膨潤，部分加水分解を受け，一方，リグニンのベンジルアリールエーテルが開裂，生成したカチオンにはフェノール誘導体が導入され，高度な細胞壁複合系が緩み始める（1st Control）．加水分解を受けた親水性炭水化物はフェノール相から水相へと抜け出すが（2nd Control），一方，変換によって疎水性の高まったリ

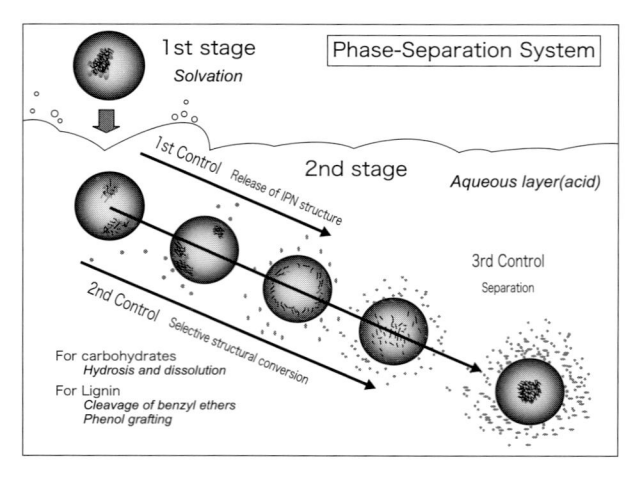

図4-53 リグノセルロースの相分離変換システム

グニンは反対に粒子界面から中心部へと移行し，結果として酸との接触による複雑な2次変性は可及的に抑制される（3rd Control）．系の撹拌を停止すると，両相の比重差により反応系は機能変換リグニンを含む有機相（上層）と炭水化物を溶解した水相（下層）に分離する．

前述の変換反応は室温，開放系での短時間の撹拌処理（10〜60分）で進行し，針葉樹，広葉樹，草本などいずれのリグノセルロース系複合体からも，その天然リグニンはほぼ定量的に1,1-ビス（アリール）プロパンユニットを高頻度で含むリニア型フェノール系リグニン素材（リグノフェノール）に変換される．一方，水相には，構成多糖が主として分子量2,000以下の低分子画分および分子量10万以上の水溶性ポリマーとして分離される．プロセスには1段法と2段法がある．1段法はリグニン用機能環境媒体を変換体の分離溶媒としても機能させる手法であり，一方2段法は，リグニン用変換媒体と分離媒体を別に設定する手法である．両手法によりさまざまな機能を持ったリグニン-フェノールハイブリッド素材（リグノフェノール）が誘導される．三重大学構内には，前記システムを具現化する第1号試験プラントが建設され（2001年），さらに北九州には事業化レベルの第2号試験プラントが完成（2003年），実用化に向けた検討が続けられている（図4-54）．

図4-54 相分離系変換システムを具現化するリグノセルロース変換システムプラント
左：第1号システム（三重大学，2001年），右：第2号システム（北九州，2003年）．

前記反応により分子内に形成される 1,1-ビス（アリール）プロパン-2-O-アリールエーテル型ユニットのうち，側鎖導入核がリグニン結合位置のオルト位にフェノール性水酸基を有する場合，分子内機能変換素子として効果的に機能し，その分子内頻度に従って効果的にリグノフェノールの分子鎖が解放される[10]（図4-55）．このような分子鎖のスイッチング機能は，導入フェノール核の求核性と分子内運動性によって制御され，スイッチング核の分子内頻度および側鎖構造制御によって精密な分子機能制御が可能である．さらに，スイッチング核上の活性ポイントの有無（反応性素子と安定素子）により，リグノフェノール系高分子の架橋密度とその循環特性を精密に制御することが可能である．

天然リグニンのリグノフェノールへの変換により展開する新しい循環型リグニン利用システムの一例を以下に示す．

①**リグノセルロースプラスチック**…加水分解制御条件下で相分離系変換処理を行うことにより，リグノセルロース複合体は150〜170℃の温度範囲で効果的に流動するリグノセルロースプラスチックへと転換される．熱圧成形加

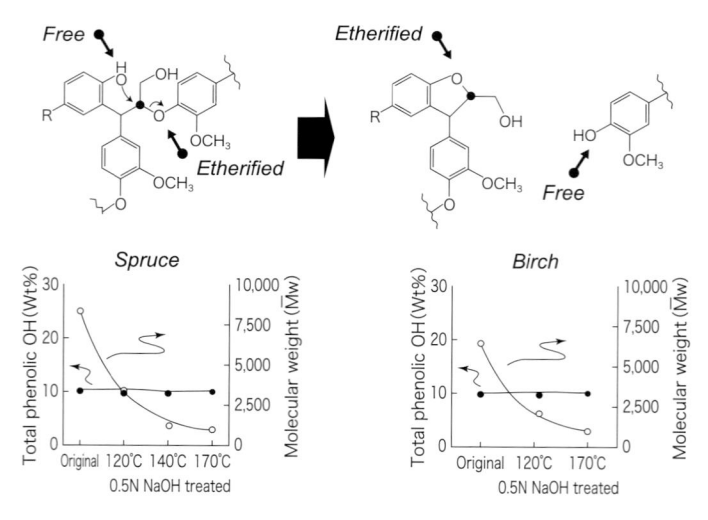

図4-55 分子内機能変換素子とその機能

工によって循環性を有する材料が誘導され，さらに分離後のリグノフェノールをパルプと複合すれば，木質感あふれる循環型複合材料を構成することができる．複合素材の密度，強度は繊維の高次構造，リグノフェノールの複合化量およびその高分子構造を制御することによって任意に変化させることができ，加熱，加圧を行うことなく木材と同等あるいはそれを越える物性（MOR 60～80MPa）を発現させることが可能である．

②**酵素複合系**…リグノフェノールは優れたタンパク質吸着特性を保持しており，活性は側鎖導入核のフェノール性と高い相関を有している．さらに，分子内スイッチング素子を活用し二量体レベルまで2次機能制御することにより，その吸着特性は工業リグニン試料の約70倍まで増幅される．リグノフェノールに固定化された酵素は，高い活性と安定性を保持しており，脱着型固定化酵素システムとしての応用が期待される．また，リグノフェノールはラッカーゼにより効率よく熱的安定性の高いポリマーを与え，その高分子特性はC1フェノール核の特性により制御可能である．

③**金属複合系**…鉛蓄電池の負極にリグノフェノールを複合化すると，その持続性が向上する．性能はリグノフェノールのメトキシル基頻度と相関しており，持続的脱メチル化によるカテコール構造の再生とそれに伴う負極表面鉛粒子の微細化に基づいている．自然界においてリグニンの有する「持続性」をバッテリーケース内で再現する1つの機能的活用法である．リグノフェノール（カテコールタイプ）の鉛（II）イオンに対する飽和吸着量は1.79mol/kgときわめて高い．また，リグノフェノールは金に対し優れた選択性と高吸着特性（飽和吸着量1.92mol/kg）を有しており，しかも吸着された金はリグノフェノール表面に粒子状で存在することが確認された．金の選択的分離・回収剤としての実用化が期待される．

④**ポリエステル複合系**…リグノフェノールはバイオ系高分子の結晶性制御素材として効果的であり，p（3HB）の場合，スイッチングによるリグノフェノール2次機能変換体の複合化によりその結晶性は大きく減少し，フィルムの伸びはコントロールの20倍にも達する．複合素材は優れた熱安定性，生分解性，

紫外線吸収特性を有するのみならず，再度リグニン素材とバイオポリエステルに定量的に分離することも可能である．

⑤**電子伝達系**…リグノフェノールの電子伝達系を活用し，色素増感太陽電池を構成することが可能である．天然リグニンから1次変換した高分子リグノフェノールで有機系色素に匹敵する電力が発生し，分子内スイッチング素子の活用による2次機能変換体ではさらにその機能が増幅する．リグノフェノールのフェノール性水酸基，基本構成ユニットである1,1-ビス（アリール）プロパンユニットと酸化チタンの相互作用が関与しており，酸化チタン上のポリマー鎖に分散して存在する共役系が相補的に幅広い波長の光を吸収し，光電変換を行うと考えられる．

⑥**光応答型複合系**…ジアゾナフトキノン／リグノフェノール複合系は，印刷用およびプリント配線用フォトレジストとして，市販品に匹敵する感光性能を発現する．プリント配線用フォトレジストでは耐エッチング性に優れ，$30\mu m$幅のライン／スペースまで再現可能である．

⑦**炭素構造制御**…リグノフェノールの高密度芳香核構造を利用することにより，電磁波シールド材料や分子分離膜として機能的に活用できる．リグノフェノール系分離膜は従来の高分子膜と比較してピンホールなどの欠陥が少なく，より優れた分離性能を発現する．これは，リグノフェノールの熱流動特性に基づく．

3）リグニン利用の将来

石油が枯渇を迎えたとき，世界が混乱することは必至である．その量，質ともに石油にかわり得るポテンシャルを持った生態系芳香族資源は，リグニン以外に見当たらない．しかし，リグニンは生態系炭素フローの上流側に位置する複数の潜在機能を内包する高分子であることを忘れてはならない．単純な構造が要求される化学工業原料までには多段階の機能変換が要求され，この各段階で発現する機能をいかに材料の機能として活用するかがその利用の成否のキーとなる．その構造と長期循環性を無視した短絡的なエネルギー変換，鋭敏な環

境応答性を理解しない高エネルギー処理，潜在的フェノール活性を逐次利用しない単発的製品化など，これまでの利用開発システムから1日も早く脱却し，リグニンの機能を生態系に従い逐次精密に活用する全く新しい資源制御システムを構築しなければならない．

引 用 文 献

1．リグニンの分布と確認
1）右田伸彦ら（編）：木材化学（上），共立出版, pp.78, 1968.
2）Akiyama, T. et al.：Phytochemistry, 64, 1157, 2003.
3）Bailey, A. J.：Ind. Eng. Chem. Anal. Ed., 8, 386, 1936.
4）趙　南爽ら：木材学会誌, 26, 527, 1980.
5）Whiting, P. et al.：J. Wood Chem. & Technol., 1, 29, 1981.
6）Meshitsuka, G. and Nakano, J.：J. Wood Chem. & Technol., 5, 391, 1985.
7）Lange, P. W.：Svensk Papperstidn., 59, 525, 1954.
8）Fergus, B. J. et al.：Wood Sci. & Technol., 3, 117, 1969.
9）Saka, S. et al.：Wood Sci. & Technol., 16, 269, 1982.
10）Adler, E. et al.：Acta Chem. Scand., 2, 93, 1948.
11）飯塚堯介, 中野準三：木材学会誌, 23, 232, 1977；24, 563, 1978.
12）Adler, E. and Lundquist, K.：Acta Chem. Scand., 15, 223, 1961.

3．リグニンの存在形態と単離法
1）Hage, E. R. E. van der：Pyrolysis Mass Spectrometry of Lignin Polymers, Ph. D. dissertation, p 3, Univ. Amsterdam, 1995.
2）Fergus, B. J. et al.：Wood Sci. Technol., 3, 117-138, 1969.
3）Fengel, D. and Wegener, G.：Wood-Chemistry, Ultrastructure, Reactions, Walter de Gruyter, Berlin, New York, pp.167-174, 1984.
4）Eriksson, Ö. and Lindgren, B. O.：Svensk Papperstidning, 80, 59-63, 1977.
5）中野準三, 飯塚堯介（監訳）：リグニン化学研究法，ユニ出版, pp.21-25, 1994.
6）Hägglund, E. and Richtzenhain, H.：Tappi, 35, 281-284, 1952.
7）Wald, W. J. et al.：J. Amer. Chem. Soc., 69, 1371-1377, 1947.
8）Brauns, F. E.：J. Am. Chem. Soc., 61, 2120-2127, 1939.
9）Schubert, W. J. and Nord, F. F.：J. Amer. Chem. Soc., 72, 977-980, 1950.
10）Björkman, A.：Svensk Papperstidning, 59, 477-485, 1956.

11) Pew, J. C.：Tappi, 40, 553-558, 1957.
12) Chang, H-m, et al.：Holzforschung, 29, 153-159, 1975.
13) Pepper, J. M. et al.：Can. J. Chem., 37, 1241-1248, 1959.

4. リグニンの化学構造
1) Higuchi, T. et al.(eds.)：Recent Advances in Lignin Biodegradation Research, UNI Publishers, 1983.
2) Adler, E.：Wood Sci. Technol., 11, 169-218, 1977.
3) 原口隆英ら：木材の化学, 文永堂出版, 1985.
4) 中野準三（編）：リグニンの化学 - 基礎と応用 -(増補改訂版), ユニ出版, 1990.
5) Fengel, D. and Wegener, G.：Wood, Chemistry, Ultrastructure, Reactions, Walter de Gruyter, 1984.
6) 原口隆英ら：木材の化学, 文永堂出版, 1985.
7) Freudenberg, K. and Neish, A. C.(eds.)：Constitution and Biosynthesis of Lignin, Springer-Verlag, 1968.
8) Hon, D. N. -S. and Shiraishi, N.(eds.)：Wood and Cellulosic Chemistry, 2nd ed., revised and expanded, Marcel Dekker, Inc., 2001.

5. リグニンの分解反応
1) Adler, E.：Wood Sci. Technol., 11, 169-218, 1977.
2) Lundquist, K.：Appl. Polymer Symp., 28, 1393-1407, 1976.
3) Nimz, H. H.：Angew. Chem. Int. Ed. ,13, 313-321, 1974.
4) Lapierre, C. et al.：Holzforschung, 40, 47-50, 1986.
5) Freudenberg, K.：Angew. Chem., 52, 362-363,1939.
6) Pearl, I. A. and Beyer, D. L.：Tappi, 33, 544-548,1950.
7) Freudenberg, K. et al.：Chem. Ber., 69, 1415-1425, 1936.
8) Miksche, G. E. et al.：Liebigs Ann. Chem., 1323-1332, 1976.
9) Matsumoto, Y. et al.：Holzforschung, 40, Suppl 81-85, 1986.
10) Pepper, J. M. and Steck, W.：Can. J. Chem., 41, 2867-2875, 1963.
11) 榊原 彰ら：木材学会誌, 26, 628-632, 1980.

6. リグニンの反応性
1) Gierer, J：Holzforschung, 36, 43-51, 1982.
2) Lundquist, K. et al.：Acta Chem. Scand., 26:2005-2023, 1972.
3) Gierer, J. et al.：Svensk Papperstidn., 80, 510-518, 1977.
4) Yokoyama, T. et al.：J. Pulp Pap. Sci., 22, J151-J154, 1996.

5) Kaneko, T. et al.：J. Wood Chem. Technol., 3, 399-411, 1983.
6) Magara, K. et al.：J. Pulp Pap. Sci., 24(8), 264-268, 1998.
7) Ragnar, M. et al.：Holzforschung, 53, 292-298, 1999.
8) Eriksson, T. et al.：Holzforschung, 45, 23-30, 1991.
9) Sano, Y.：Mokuzai Gakkaishi 21, 508-519, 1975.
10) Matsumoto, Y. et al.：Mokuzai Gakkaishi, 26(12), 806-810, 1980.
11) Meshitsuka, G. et al.：J. Wood Chem. Technol., 7, 161-178, 1987.
12) Katahira, R. et al.：J. Wood Chem. Technol., 23, 71- 87, 2003.
13) Lu, F. et al.：J. Agrc. Food Chem., 45, 4655-4660, 1997.
14) Gierer, J. et al.：Svensk Papperstidn., 86, R100-106, 1983.
15) Freudenberg, K. et al.：Chme. Ber., 97, 903-909, 1964.
16) Leary, G.：Wood Sci. Technol., 14, 21-28, 1980.

7. リグニンの物理的性質

1) Kolpac, F. J. et al.：J. Appl. Polym. Sci. Appl. Polym. Symp., 37, 491, 1983.
2) Dong, D. and Fricke, A. L.：J. Appl. Polym. Sci., 50, 1131, 1993.
3) Himmel, M. E. et al.：In Lignin, ACS Sympo. Ser., 397, 82, 1989.
4) Cathala, B. et al.：J. Chromatogr. A, 1020, 229, 2003.
5) Fross, K. et al.：In Lignin -Properties and Materials-(eds. by Glasser, W. G. and Sarkaren, S.), ACS Sympo. Ser. 397, 124, 1989.
6) Kubo, S. et al.：Holzforschung, 50, 144, 1996.
7) Goring, D. A. I.：Pulp. Paper. Mag. Can. 64, T517, 1963.
8) Uraki, Y. et al.：Holzforschung, 49, 343, 1995.
9) Kubo, S. et al.：Mokuzai Gakkaishi, 43, 655-662, 1997.
10) Kadla, J. and Kubo, S.：Macromolecules, 36, 7803, 2003.
11) Glasser, W. G., Jain, R. K.：Holzforschung, 47, 225, 1993.
12) Sudo, K. and Shimizu, K.：J. Appl. Polym. Sci., 44, 127, 1992.
13) Sudo, K. et al.：J. Appl. Polym. Sci., 48, 1485, 1992.
14) 永松ゆきこら：第51回日本木材学会大会研究発表要旨集, p.468, 2001.
15) Kubo, S. et al.：Carbon, 36, 1119, 1998.
16) Uraki, Y. et al.：Holzforschung, 51, 188, 1997.
17) Uraki, Y. et al.：J. Wood Sci., 47, 465-469, 2001.
18) 中野準三（編）：リグニンの化学 - 基礎と応用 -(増補改訂版), ユニ出版, 1990.
19) Kubo, S. and Kadla, J. F.：Macromolecules, 37, 6904, 2004.

20) Ralph, J. et al.：In Advances in Lignocellulosic Characterization, TAPPI Press, p.55-108, 1999.
21) Ralph, S. A. et al.：http://ars.usda.gov/services/docs.htm?docid=10491
22) Robert, D.：In Methods in Lignin Chemistry, Springer-Verlag, p.250-273, 1992.
23) Chen, C. -L.：In Lignin and Lignan Biosynthesis, ACS Sympo. Ser. 697, p.255-275, 1998.

8. リグニンの利用

1) Sandermann, H. Jr. et al.：J. Appl. Polym. Sci., Appl. Polym. Symp., 37, 407, 1983.
2) 飯塚堯介（監修）：ウッドケミカルスの最新技術, シーエムシー, 2000.
3) Felby, C. et al.：Holzforschung, 51, 281, 1997.
4) Yano, H. et al.：J. Materials Science, 36, 1939, 2001.
5) Lindberg, J. J. et al.：ACS Symp. Ser. 397, Glasser, W. G. and Sarkanen, S. Eds., ACS, Washington D. C., 190, 1989.
6) Funaoka, M. et al.：Tappi J. 72, 145, 1989.
7) Funaoka, M. et al.：Holzforschung, 50, 245, 1996.
8) Funaoka, M.：Polymer International, 47, 277, 1998.
9) Funaoka, M.：Macromol. Symp. 201,213, 2003.
10) Nagamatsu, Y. and Funaoka, M.：Green Chemistry, 5, 595, 2003.

第 5 章　抽出成分の化学

1．テルペノイドの分布と特性

1）テルペノイドとその分布

　イソプレン単位が生体内で複数個結合した化合物群をイソプレノイド（isoprenoids）といい，イソプレノイドのうち，イソプレン単位の結合数が2個から6個までの化合物群を，特にテルペノイド（terpenoids）という．すなわち，モノテルペン（イソプレン単位数2，炭素数10個，以下同じ），セスキテルペン（3，15個），ジテルペン（4，20個），セスタテルペン（5，25個），トリテルペン（6，30個）をテルペノイドといい，イソプレンが8個結合したカロテノイド，イソプレンが多数結合し高分子化した天然ゴム，トリテルペンから派生して生じたステロイドなどは，同じイソプレン単位から構成されるもののテルペノイドとは呼ばない．テルペノイドはテルペン類と呼ばれることもある．

　テルペノイドのうち，比較的低分子で揮発性の高いモノテルペン，セスキテルペンは芳香を持つものが多く，蒸留によって得られる植物精油の主要な成分で，特に樹木精油はその大部分がこれらのテルペノイドで占められている．

　樹木精油は，葉，幹，根などの各部位に含まれており，一般に葉にその含量が高いが，なかにはクスノキのように葉にも幹にも精油を多く含むものもある[1]．表5-1に，主な樹種の葉に含まれる精油含量を示す．その含量は樹種によって大きな差はあるが，一般に針葉樹の方が広葉樹よりも高い．葉油，材油中には通常50種前後から100種程度のモノテルペン，セスキテルペンが含まれる[2, 3]．テルペン類を主とした精油含量は，夏に最大となり冬に最小とな

表 5-1 主な国産樹種の葉油含量 *

針葉樹		広葉樹	
樹　種	精油量 (ml)	樹　種	精油量 (ml)
トドマツ	8.0	クスノキ	2.4
ネズコ	4.2	ヤブニッケイ	2.0
スギ	3.1	タブノキ	2.2
ヒバ	1.4	シロダモ	0.4
ヒノキ	4.0	シロモジ	0.4
アスナロ	2.4	シキミ	4.4
シラベ	2.1	アセビ	0.1
エゾマツ	2.1	ノリウツギ	0.1
ハイマツ	2.0	サンショウ	0.6
イチョウ	0.4	ミヤマシキミ	2.4
カラマツ	0.3	クヌギ	～0
イヌマキ	0.1	シラカシ	～0
イチイ	0.1	スダジイ	～0

＊乾葉 100g 当たりの精油含量 (ml).

る[4]．

　含酸素セスキテルペン，ジテルペン，セスタテルペン，トリテルペンは固体成分がほとんどで，アルコールなどの有機溶媒で抽出することが可能であるが，通常は，フラボノイド，タンニン，リグナンなどのほかの抽出成分とともに混合物として抽出される．国産材，米材，北洋材などの木材の場合にはこれらの抽出成分含量はおおよそ数％であるが，東南アジア材の中には，チークなどのように 20％近くを含んでいるものもある[5]．

　テルペン，フェノール類などの抽出成分は，主要三大成分が細胞壁を形成しているのに対して，細胞内や細胞間に存在する．また，抽出成分含量は木材の横断面で見ると，辺材よりも心材に多く，心材色の濃色の原因となっている．心材部分では移行材と呼ばれる辺心材境界領域を境にして心材最外側部分に最も多く，髄に向かって減少する．縦方向では末口よりも根元に多い．マツの根株からの樹脂酸などのテルペン類を主としたウッドロジンの採取は，この現象を利用したものである．

2）テルペノイドの種類と起源

(1) モノテルペン

モノテルペンは炭化水素としては，樹木の香りの主要成分で，ほとんどの樹木精油に含まれる．α-ピネン[1]，レモンの香りのリモネン[2]，含酸素化合物としては，クスノキの主要成分カンファー[3]，ハッカの成分メントール[4]，ユーカリ成分で害虫忌避作用を有する1,8-シネオール[5]，熱帯の早成樹種メラルーカに含まれる殺蟻成分α-テルピネオール[6]などがある．

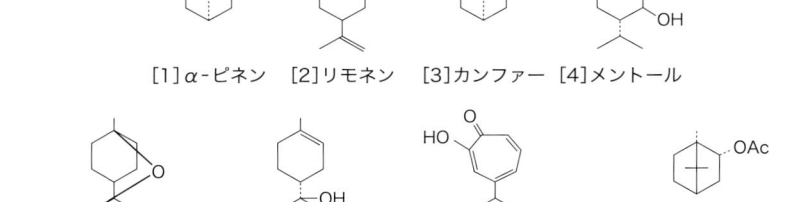

[1]α-ピネン　[2]リモネン　[3]カンファー　[4]メントール

[5]1,8-シネオール　[6]α-テルピネオール　[22]ヒノキチオール　[23]ボルニルアセテート

[24]ツヨン　[26]チモール　[27]カルボン　[31]シトロネラール

図5-1　モノテルペンの例

(2) セスキテルペン

セスキテルペンはテルペノイドの中で最も多種多様で変化に富む構造を有し，化合物の種類も多い．ヒバ材成分のツヨプセン[7]，ヒノキの抗菌成分α-カジノール[8]，トドマツに含まれ幼若ホルモン作用を持つジュバビオン[9]，エンピツビャクシンの殺虫成分セドロール[10]などがある．

[7]ツヨプセン　[8]α-カジノール　[9]ジュバビオン　[10]セドロール

[21]β-サンタロール　[28]クリプトメリオン　[33]α-オイデスモール　[34]サントニン

図5-2 セスキテルペンの例

[11]アビチエン酸　[12]パクリタキセル　[13]イヌマキラクトンA

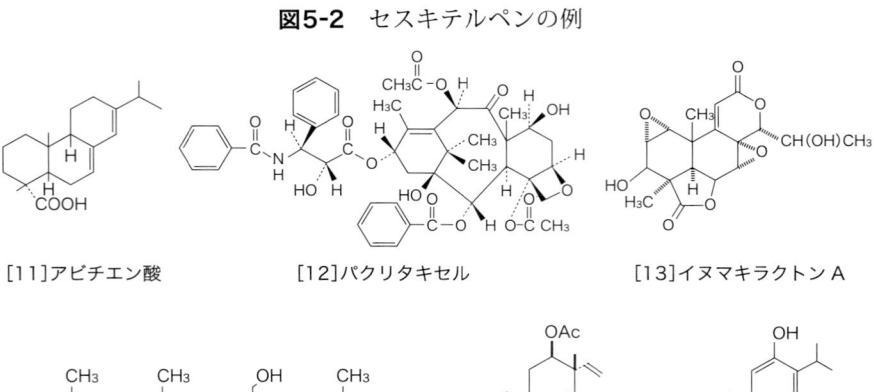

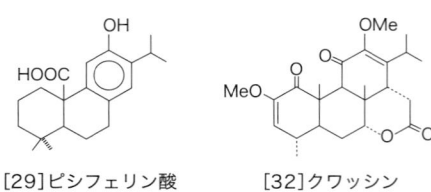

[14]プラウノトール　[20]サンダラコピマル酸　[25]フェルギノール

[29]ピシフェリン酸　[32]クワッシン

図5-3 ジテルペンの例

(3) ジテルペン

ジテルペンには，マツヤニの樹脂成分アビエチン酸[11]，タイヘイヨウイチ

イから見出された抗がん物質パクリタキセル[12]，イヌマキからの植物成長阻害物質イヌマキラクトンA[13]，プラウノイからの胃潰瘍治療成分プラウノトール[14]などがある．

（4）セスタテルペン

　セスタテルペンは，ほかのテルペンに比べて天然から見出されたのが遅く，例も少ないが，海綿など海洋生物，地衣類，植物病原菌，昆虫の分泌物などから見出されている．カイガラムシの分泌するワックスから見出されたアルボセロール[15]，イネに寄生する病原菌イネゴマハガレ病より白癬菌，トリコモナス菌に対して発育阻止作用を持つ物質として見出されたオフィオボリンA[16]などがある．

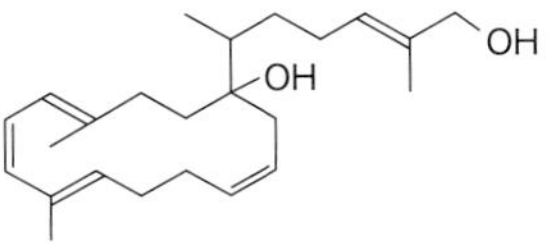

[15]アルボセロール 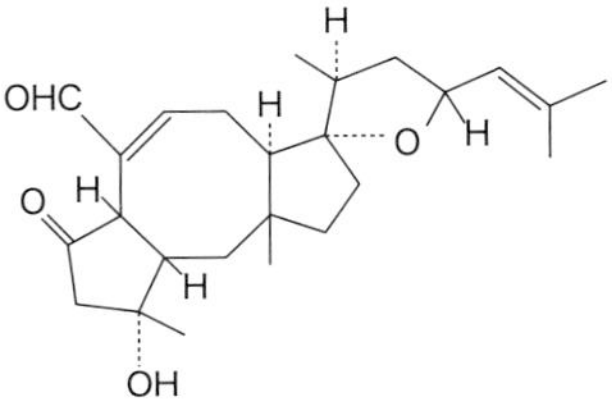　　　　[16]オフィオボリンA

図5-4　セスタテルペンの例

（5）トリテルペン

　トリテルペンには樹脂成分で4環性，5環性のものが多い．ツバキのカメリアゲニンA[17]，シラカバのベチュリン[18]，ダマール樹脂より単離されたダンマレンジオール[19]などがある．

（6）サ　ポ　ニ　ン

　サポニンは，トリテルペンあるいはステロイドの配糖体である．多様な薬理活性を持ち，生薬として用いられるものが多い．サポニンの非糖質部分をアグリコンまたはサポゲニンという．

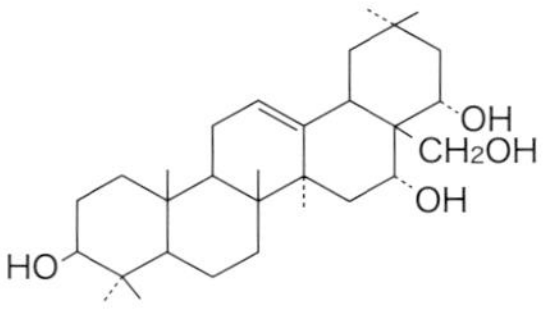

[17]カメリアゲニン A 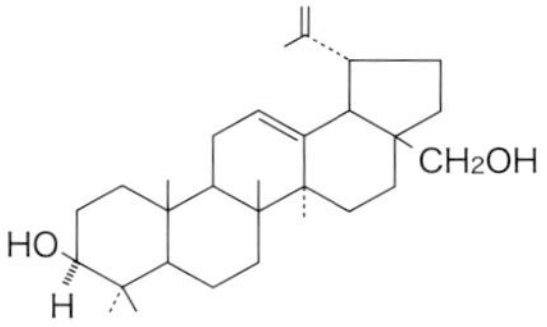　　　[18]ベチュリン

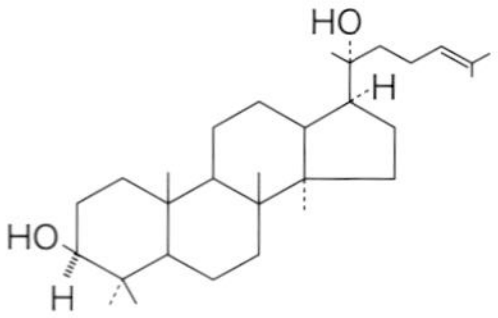

[19]ダンマレンジオール 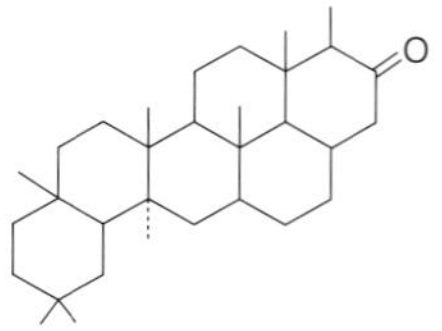　　[30]フリーデリン

図5-5　トリテルペンの例

(7) そのほかテルペノイドを含む主なもの

a．マツヤニ（松脂，naval stores）

　マツの幹を切り付けると滲出する樹液，生松ヤニ（pine oleoresin）は揮発性のテレビン（turpentine）と不揮発性樹脂のロジン（rosin）で構成されている．テレビンの主成分はα-ピネン[1]で60〜80％を占める．テレビンの主な用途は溶剤，合成香料原料などである．ロジンは主にジテルペンのアビエチン酸[11]，サンダラコピマル酸[20]などのジテルペンで構成されている．ロジンの用途は紙サイズ剤，合成ゴム乳化剤，印刷インキなどである．

b．樹　木　精　油

　樹木精油（tree essential oils）の主要成分はモノテルペン，セスキテルペンで，精油の多くは香料，香料原料，工業用原料，医薬品，浴用製品などに用いられる．樹木精油の代表的成分としては，α-ピネン[1]，リモネン[2]，カンファー[3]などのほかに，ビャクダン材のβ-サンタロール[21]，ヒバ材のヒノキチオール[22]，トドマツ葉のボルニルアセテート[23]，ニオイヒバ葉のツヨン[24]，ヒマラヤスギのセドロール[10]などがあり，木によって主要成分はそれぞれ異なっている．

3) テルペノイドの生物活性

(1) 抗菌作用

耐朽性に優れた木材は，木材腐朽菌の繁殖を抑える抗菌成分を含んでいることが多い．ヒバのヒノキチオール[22],6)，ヒノキのα-カジノール[8],7)，スギのフェルギノール[25]などはそのよい例である．α-カジノールは虫歯菌 *Streptococcus mutans* に対しても抗菌作用を示す．

モノテルペンでは，メントール[4]，チモール[26]，α-テルピネオール[6]，カルボン[27]，1,8-シネオール[5]，リモネン[2]などが抗菌作用を示す．これらは，植物が成長段階で蓄えている潜在的な抗菌性物質である．これとは別に，本来植物には存在しないが病原菌による感染後に作出される抗菌性物質があり，ファイトアレキシン（phytoalexin）と呼ばれる．ファイトアレキシンのテルペンの例としては，ジャガイモのリシチン，ルビミン，イネのモミラクトンAなどがある．

(2) 殺虫作用

サワラ材のカメシノン，カヤ材のヌシフェラール，トレイオール，メラルーカ葉のα-テルピネオール[6]，ヒバのヒノキチオール[22]，ツヨプセン[7]などに殺蟻作用が見出されている．

喘息，アトピーの原因となる室内塵ダニに対してはベイスギ，ベイヒバ，スギ，ヒノキなど用材に含まれるテルペンを主体とした精油に殺ダニ作用が見出されている．スギ材のクリプトメリオン[28]，セドロール[10]，サワラ葉のジテルペン，ピシフェリン酸[29]とその類縁体に強い殺ダニ活性が見られる．

(3) アレロパシー

植物が放出あるいは分泌する成分が，ほかの植物の発芽・成長阻害を起こす作用をアレロパシー（allelopathy）といい，その作用物質を他感物質，あるいは他感作用物質という．植物間の相互的有害作用が一般的な概念8)だが，広

義では有害作用に限らず有益な作用も含み，さらに他植物だけでなく同種の植物に対する作用も含んでいる[9]．さらに，植物間のみならず，植物 - 動物，植物 - 微生物などにもアレロパシーの概念を適用する場合もあるが，一般的ではない．

　北米西部ではサルビア属灌木が牧草地に侵入していくサルビア現象が知られているが，これはカンファー[3]，1,8- シネオール[5]，α - ピネン[1]などのモノテルペンのアレロパシーによるものである．シソ科のハッカもメントール[4]を放出し，周囲の雑草を制御する．フトモモ科ユーカリやメラルーカは葉から揮発性モノテルペンを放出し，周囲の雑草や灌木の発芽および成長を抑制する．小笠原に生育するトウダイグサ科アカギは，小笠原の固有植生を駆逐し繁殖するが，他感物質としてトリテルペン，フリーデリン[30]が見出されている．

(4) 薬 理 作 用

　薬理作用を持ち生薬として用いられてきたものには，テルペンを有効成分として含むものが少なくない．芳香性辛味性健胃薬としてのサンショウのシトロネラール[31]，苦味健胃薬のニガキのクワッシン[32]，腹痛，咳止めに効果のあるホウノキの樹皮のα - オイデスモール[33]などである．

　ほかに薬理作用を持つテルペンとしては，リモネンのコレステロール系胆石溶解作用，カンファーの局所刺激，1,8- シネオールの去痰作用，サントニン[34]の駆虫作用などが知られている．

(5) 健康阻害作用[10]

　木材の切削，研磨などの加工時に，喘息，呼吸障害，皮膚炎などを起こす場合があり，木材成分が関わっていることが多い．健康阻害の原因物質としてはキノン類，サポニン類が多いが，テルペン類が原因となる場合もある．皮膚炎を起こすアフリカンマホガニーはアントテコール[35]，鼻，のどを刺激するマコーレはバシック酸[36]，くしゃみ，鼻血，頭痛を起こすマンソニアはマンソノン A[37]をはじめとするマンソノン類などが原因となっている．発症事例は

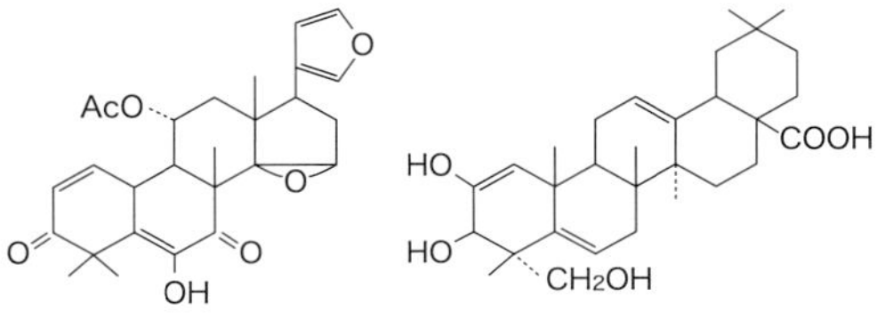

[35]アントテコール　　[36]パシック酸　　[37]マンソノンA　　[38]チモキノン

図5-6 木材に含まれる健康阻害成分

少ないものの，接触性湿疹を起こすインセンスシーダーのチモキノン[38]もその一例である．

2．リグナンの分布と特性

1）リグナンと関連化合物の定義

　リグナン（lignan）はフェニルプロパノイド二量体の一種であり，2分子のフェニルプロパン単量体がプロパン側鎖の真中（C8）同士で結合した化合物である（図5-7）．一方，ネオリグナン（neolignan）は，そのほかの様式で結合したフェニルプロパノイド二量体である．リグナンとネオリグナンの基本炭素骨格と同じものは，フェニルプロパノイドのポリマーであるリグニン中に二量体構造（サブストラクチャー）として存在する．リグナンとネオリグナンの区別にはやや混乱が見られ，さらに，リグニンの生合成過程で生成する二量体とリグナンおよびネオリグナンとの関係にも混乱があるように思われる．よって，まずこれらの化合物の定義についてふれたい[1]．

　リグナンという述語は，1936年にHaworthによって初めて導入された．すなわち，リグナンはフェニルプロパノイド二量体で，2分子のフェニルプロパン単量体がプロパン側鎖の真中（C8）同士で結合した化合物と定義された．その後，McCredieらは，p-ヒドロキシフェニルプロパン単位の酸化カップリ

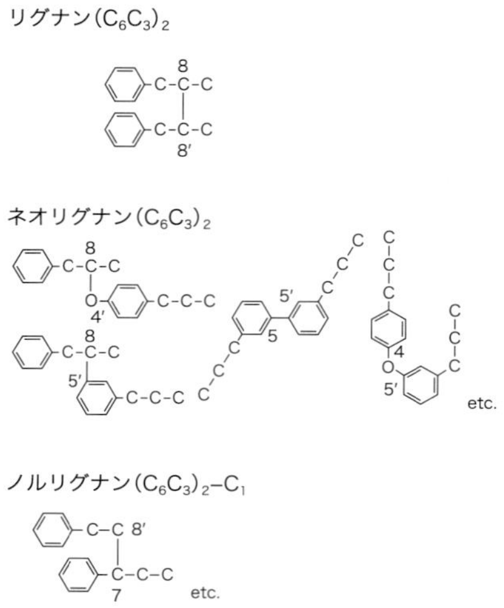

図5-7 リグナンおよび関連化合物の基本骨格

ングによって生成する低分子の化合物すべてをリグナンに含めるよう提案した．これに対し，Gottliebは1972年にC8-C8' 以外で結合したフェニルプロパノイド二量体にネオリグナンという名称を提案した（図5-7）．ところが，その後Gottliebは別の定義を再提案し，C8-C8' 結合の有無にかかわらずアリル，あるいはプロペニルフェノール類の二量体をネオリグナンとし，一方，リグナンをケイ皮アルコール類（あるいは対応するケイ皮酸類）の二量体とした．これらの結果，リグナンの意味するところは混乱することとなったが，Haworthの定義とGottliebの1972年の定義を使う例が多かった．そして，2000年に出されたIUPAC Recommendations 2000でもこの定義を採用している[1]．

一方，リグニンの生合成過程において，ケイ皮アルコール類の二量体が生合成中間体として生成するが，リグナンやネオリグナンはリグニン生成の中間体ではなく，リグニンの生合成過程で生成しているラセミ体の二量体は単にジリグノール（dilignol）と呼ばれている[1]．

なお，ノルリグナン（norlignan）はフェニル基-C_5-フェニル基という骨格を持つ化合物の総称である（図5-7）．

2）リグナンの一般的特徴

(1) リグナンの分類

リグナンは，芳香核の置換様式やプロパン側鎖の酸化段階および環化様式に従って，数種に分けられる．すなわち，ジベンジルブタン，ジベンジルブチロ

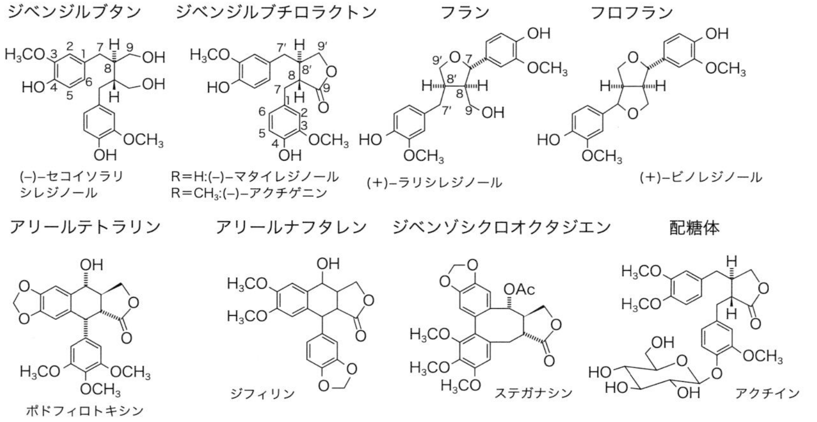

図5-8 各種リグナンの例

ラクトン，フラン，フロフラン，アリールテトラリン，アリールナフタレン，ジベンゾシクロオクタジエンなどである．また，配糖体として存在しているものも多い．代表的なリグナンの例を図5-8に示す[1,2]．

(2) リグナンの立体化学

リグナン分子は，一般に不斉炭素原子を持ちキラルである．そして，植物から単離されるリグナン，すなわちリグナン分子の集合体は，一方のエナンチオマーのみから構成されるか，もしくは一方のエナンチオマーが優先的に存在し，光学的に活性である．一方，リグニンはサブストラクチャーに着目するとラセミ体的である．例えば，代表的なリグナンであるピノレジノールと同一の構造が，サブストラクチャー（ピノレジノールサブストラクチャー）としてリグニン分子内に存在するが，(＋)-ピノレジノール型のサブストラクチャーと（－)-ピノレジノール型のサブストラクチャーは同数存在する．この立体化学的性質の違いから，リグナンとリグニンの生合成における立体化学制御機構の違いについて古くから興味が持たれており，この機構の違いも大筋では解明された．その概略は，第1章5.「抽出成分の生合成」で解説した．

(3) リグナンの生理活性

種々のリグナンは，抗腫瘍性や抗ウイルス活性，抗酸化性をはじめとするさまざまな有用生理活性を持つことが知られている[3]．例えば，ポドフィロトキシンは抗腫瘍性を持つことでよく知られており，このリグナンを有機化学的に改変して得られる半合成リグナン，エトポシドは，臨床的にがんの治療に用いられている．ポドフィロトキシンは，メギ科のヒマラヤハッカクレンから抽出されているが，この植物が希少になりつつあるため，代替植物の分子育種について多くの研究が進行中である．また，ポドフィロトキシンのほかにもステガナシンなどのリグナンが抗腫瘍性を示すことが知られている．

また，ポドフィロトキシンとその類縁体は，サイトメガロウイルスや単純ヘルペスウイルス1型に対する抗ウイルス活性を示す．

最近，多数の報文が報告されているのは，植物性の食物中のリグナンとそれに由来する，いわゆる哺乳動物リグナン（mammalian lignan）の生理活性である．ケイ皮酸モノリグノール経路を持たない動物はリグナンを産生しないが，植物由来のリグナンが哺乳動物体内で変換されて生成したリグナンは，哺乳動物リグナンと呼ばれている．例えば，アマ種子に含まれるセコイソラリシレジノール配糖体などは，哺乳動物体内でエンテロジオールやエンテロラクトンなどに変換されるが，これらのリグナンがファイトエストロゲンとしての活性を持ち，発がんの抑制と関連していることから，関連する多数の研究が報告されている．また，世界的に多量に消費されているゴマにもリグナンが多量に含まれている．すなわち，セサミノールは抗酸化性を，セサミンは肝機能改善作用を持つことが報告されており，これらのリグナンが生体機能調節物質として人間の健康維持に重要な働きを果たしているものと考えられている．

血小板活性化因子（PAF）はリン脂質の一種で，炎症や喘息などにおけるメディエーターとなるため，PAFアンタゴニストについて多くの研究が報告されているが，ある種のリグナンは，PAFアンタゴニストとしての活性を持つことが見出されている．また，チョウセンゴミシから単離されるゴミシンAなど

のジベンゾシクロオクタジエン型リグナンは，肝障害に対する改善作用を示す．

一方，植物体内におけるリグナンの生理化学的役割，あるいはリグナン生合成系が植物体内で果たす役割について，実証的に機構まで明確に論じられているものは少ない．しかし，現象として微生物，植物，昆虫，魚などに対してさまざまな生理活性を示すリグナンの例が多数知られているので，少なくともある種のリグナンは植物の生存に生理化学的に重要な働きを果たしていることは間違いないと考えられる．このようなリグナンの例を以下にあげる．すなわち，マタイレジノールは褐色腐朽菌マツオオジによるユーカリの腐朽を阻害することが報告されている．一方，白色腐朽菌カワラタケに寄生されたヤマザクラは，イソオリビルを蓄積する．また，*Fomes annosus* の攻撃を受けたスプルースは，この菌の生育を抑える活性を持つヒドロキシマタイレジノールを蓄積することが知られている．さらに，さまざまなポドフィロトキシン類縁体は，種々の昆虫に対する殺虫活性を持つことが報告されている．一方，メチレンジオキシ基を持つセサミンやヒノキニンは，殺虫剤の共力剤となることが知られている．また，植物に対する作用として，発芽阻害活性や根に対する成長阻害活性を示すリグナンが報告されている．なお，ノルリグナンである *trans*-ヒノキレジノールは，スギのファイトアレキシンとして，また，*cis*-ヒノキレジノールはアスパラガスのファイトアレキシンとして知られている．

リグナンやノルリグナンが植物の生体防御に果たす役割と関連して樹木生理化学的に興味深いのは，心材形成との関わりである．心材は草本植物にはなく木本植物（樹木）独自の形質であり，一般にリグナンやノルリグナンなどの二次代謝産物（心材成分と呼ぶ）の特異的蓄積を伴う．心材は樹体の中心部にあって機械的に樹体を支えているわけであるが，すべて死んだ細胞からなるため，木材腐朽菌などによる攻撃に対抗する術がない．心材成分のすべてに抗菌性が確認されているわけではないが，これらの成分は心材が木材腐朽菌などに侵されないように，心材形成に先立ち生合成されていると考えられている．また心材成分は，木材への保存薬液の注入特性や，木材色，木材の耐朽性，木材の音響特性など，木材の物性や化学的性質に大きく影響することから，心材は樹木

を木材として利用する際の重要な形質となっている．なお，スギ，ヒノキの心材色の原因物質はノルリグナンであり，ベイスギ心材色にはリグナンが関わっているとされている．

心材形成の生化学的機構はほとんど未解明であるが，心材に特異的に蓄積するリグナンやノルリグナンなどの生合成の調節機構を調べることは，心材形成の機構解明につながると考えられ，興味が持たれている．また，将来的には心材成分の生合成を代謝工学的に改変することにより，高機能木材の産生も可能になると期待されている．さらに，心材形成は草本植物にはなく樹木に特有の代謝であるので，その調節機構の解明は樹木独自の代謝活動の理解に展開されると期待され，将来的には森林の保全などにつながることも期待できる．

3）リグナンの分布

リグナンの植物界における分布は広く，代表的な 66 種のリグナンについてだけでも樹木や草本を問わず，維管束植物の少なくとも 118 科からの検出が報告されている[4,5]．リグナンは，これらの植物の幹，葉，根，花，果実などから単離されている．ただし，それぞれのリグナンが，ある植物のすべての組織に均一に含まれているわけではなく，組織特異的な蓄積を示す．また，同一組織においても，時期的にリグナンの含量が異なることが多い．

リグナンは，リグニンやノルリグナンと同様，ケイ皮酸モノリグノール経路を経て生成する．この経路のうち，ケイ皮酸類がケイ皮アルコール類に還元される段階は維管束植物に特有であり，その獲得は維管束植物の進化と密接に関わっている．維管束植物ではなくリグニンを産生しないコケからのリグナンの単離も近年多数報告されているが，コケのリグナンは，カフェー酸の二量体型の構造を持ち，フェニルプロパン単位の 9 位の酸化段階がカルボキシル基である点が特徴である．すなわち，維管束植物のリグナンの多くやリグニンでは，9 位がケイ皮アルコールの酸化段階まで還元されていることとは対照的である．

リグナン生合成系の進化の解明は，植物科学においても興味ある課題である．

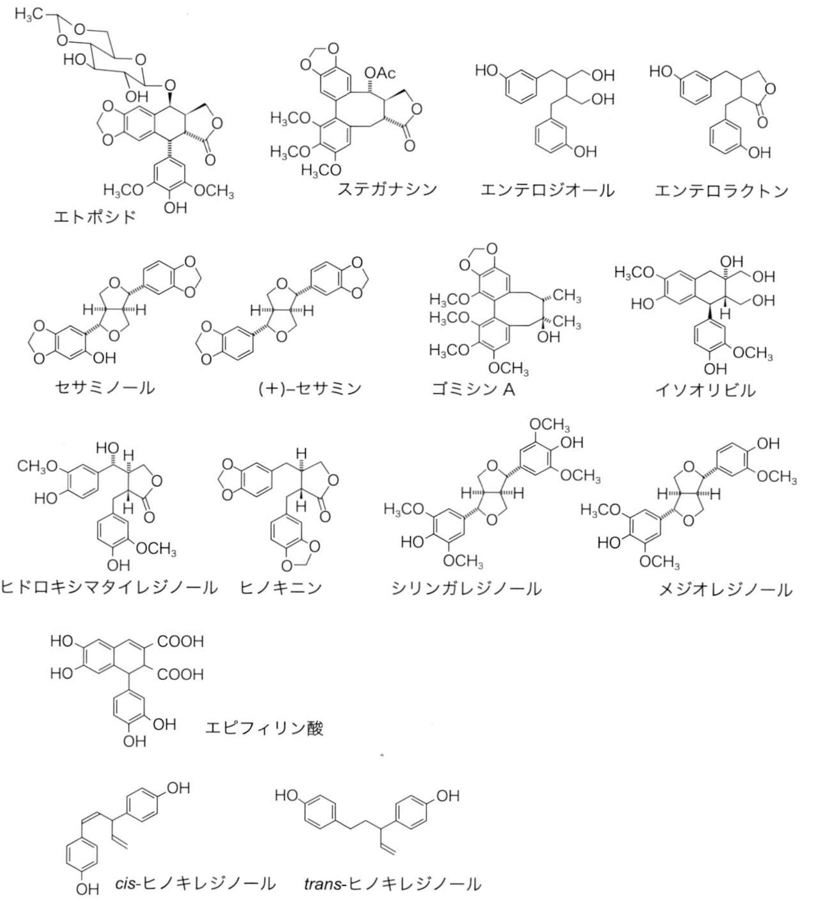

第5章　抽出成分の化学

図5-9　本項に出てくるリグナンおよびノルリグナン

1990年に初めて光学的に純粋なリグナンを生成させる *in vitro* 系の反応が報告されて以来，リグナン生合成に関する研究は大きく進展してきており，現在では多くのリグナンの生合成経路について概略の推定が可能となってきた．しかし，リグナン生合成の分子生物学は，分子進化の検討を可能にするほどは進展していない．また，リグナン生合成などの二次代謝は化石にその進化の記録

を求めることができない．そこで最近，種々の現生植物における各種リグナンの生成蓄積がデータベース検索により調べられ，その結果がそれぞれのリグナンの生合成経路と植物系統分類表との対比により解析された[4, 5]．

すなわち，代表的な66種のリグナンにつき，これらを産生する植物種がデータベースで検索され，その結果が系統分類的に整理された．その要約は以下の通りである．

①まず，9位に酸素原子を持たないリグナンは，主にモクレン亜綱の植物に認められるが，この亜綱の植物は，9位に酸素原子を持たないフェニルプロパノイドモノマーを多く産生する．

また，主にグアイアシルリグニンを産生する球果目植物（針葉樹）から得られるフロフランリグナンはグアイアシル型のピノレジノールであるのに対し，グアイアシル/シリンギルリグニンを産生する双子葉植物からは，ピノレジノールとシリンギル基を持つシリンガレジノール（あるいはメジオレジノール）がともに得られている．

以上の結果は，フロフランリグナン生合成系の進化が，リグニンやそのほかのフェニルプロパノイドの生合成進化と密接に関わっていることを示唆している．

②これに対して，ある種のリグナンの生合成は，リグニン生合成の出現に先立って獲得されたことも示唆された．すなわち，タイ類は維管束植物ではなく，リグニンや高等植物に広く見られるコニフェリルアルコール由来のリグナンを産生するという報告はないが，エピフィリン酸などのカフェー酸の二量体型のリグナンを産生する．したがって，この種のリグナンの生合成がケイ皮アルコール由来のリグニンやリグナンの生合成系の進化に先んじて獲得されたことが示唆される．

③一方，ジベンジルブチロラクトン型リグナンは，一般に $8R$, $8'R$ 型で左旋性であるが，被子植物であるジンチョウゲ科およびシダ植物であるイワヒバ科植物は右旋性の $8S$, $8'S$ 型エナンチオマーを与える．すなわち，この例は系統分類的に遠く離れた種において，この種のリグナンの生合成が平行的に進化

してきたことを示唆している.

 以上は,現世植物からの各種リグナン単離報告に基づいているが,今後各種の植物におけるリグニンおよびリグナンの生合成酵素遺伝子に関する情報が蓄積することにより,リグナンおよびリグニンの生合成の進化過程の解明が進展すると期待される.

3. フラボノイドとスチルベノイドの分布と特性

1）フラボノイドの分布と化学構造

 フラボノイド（flavonoid）は,2つの芳香環（C_6）とそれらをつなぐ3個の炭素（C_3）からなるジフェニルプロパン（C_6-C_3-C_6）骨格を有する化合物の総称である.通常,その芳香環には複数の水酸基が置換し,ポリフェノール化合物の代表的な物質として知られている.フラボノイドは,植物の茎,幹,葉,根,花,果実,種子に広く分布しており,現在4,000種以上の存在が確認されている[1].また,樹木辺材部では配糖体として存在するのに対し,心材部では糖がはずれたアグリコンとして局在している.フラボノイドは,その名の基本となったフラボン（flavone）が,ギリシャ語のflavus（黄色のという意味）に由来するように色素成分も多い.花や果汁の赤色,紫色,青色のほとんどはアントシアニン（anthocyanin）によるものである.

 フラボノイドは,前述のフラボンやアントシアニンのほかに,植物の常成分といわれるほど広範に存在するフラボノール（flavonol）,カルコン（chalcone）,フラバノン（flavanone）,ジヒドロフラボノール（dihydroflavonol）,オーロン（aurone）,イソフラボン（isoflavone）,フロバフェンや3-デオキシアントシアニンの前駆体であるフラボン-4-オール（flavone-4-ol）,アントシアニンのアグリコンであるアントシアニジン（anthocyanidin）,縮合型タンニンの基本骨格でもあるカテキン（catechin）やロイコアントシアニジン（leucoanthocyanidin）などに分類される.これらフラボノイドの分類（太字で示している）と

化学構造を図5-10に示した．フラバノンのようにA，B，C環を持ち，C環の構造の違いによって分類されていることがわかる．この中で，カルコンとC環のC-2位にB環が結合しているフラボノイドを合わせて，狭義にフラボノイドと分類する場合もある．これら狭義のフラボノイドの分布が植物界に普遍的なのに対して，B環の結合位置の異なるイソフラボンなどはマメ科などにのみ分布することから，植物化学分類学（plant chemotaxonomy）上，興味深い指標化合物である．このほかに，フラボノイドが2分子結合したものや，イソプレノイド側鎖を持つプレニルフラボノイドも多数報告されている．

　図5-10には，分類されたフラボノイド同士の生合成関係を示す[2-4]．フラボノイド骨格は，B環と複素環部分（C環）がケイ皮酸誘導体から，A環が3分子の酢酸から生合成される．この反応はカルコンシンターゼという酵素によって触媒され，4-クマロイルCoAとマロニルCoA 3分子を基質とする（経路a）．生成したカルコンは，閉環してフラバノンへと変換され（経路b），さらに種々の酵素によってさまざまなフラボノイド化合物へと誘導される．

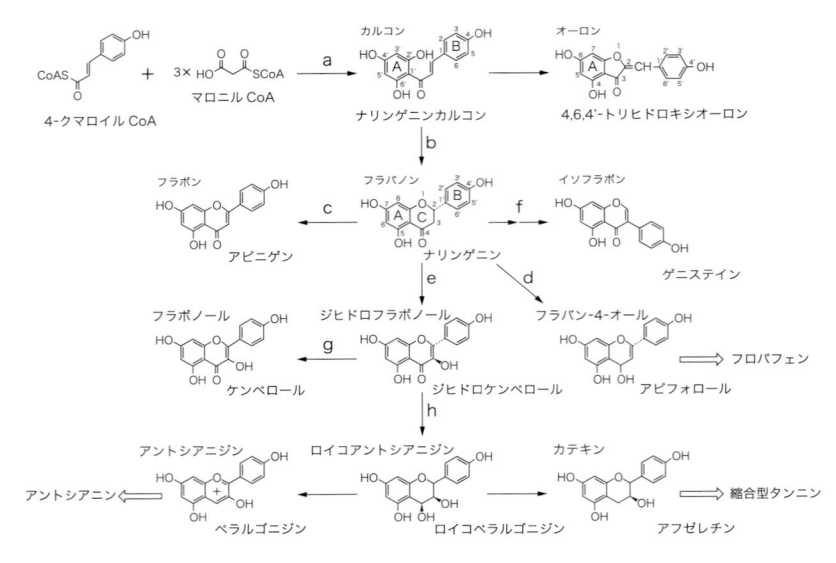

図5-10 フラボノイドの化学構造と生合成の相互関係

フラバノンが基質として引き起こされる生化学変換には，脱水素によってC-2位とC-3位間に二重結合が導入されるフラボンの生成（経路c），C-4位ケトン基が還元されて水酸基になるフラバン-4-オールの生成（経路d），C-3位に水酸基が新たに導入されるジヒドロフラボノールの生成（経路e）がある．イソフラボンも複雑なB環の転位反応を経てフラバノンから誘導される（経路f）．また，ジヒドロフラボノールのC-2位とC-3位間に二重結合が導入されるとフラボノールが生成し（経路g），C-4位が還元されると，カテキン，縮合型タンニン（プロアントシアニジン），アントシアニンの前駆体であるロイコアントシアニジンが生成する（経路h）．

フラボノイドの芳香核に置換した水酸基のうち，図5-10に示したようにA環のC-5位とC-7位水酸基はカルコン生合成時に形成され，B環のC-4'位水酸基は4-クマロイルCoA由来である．これに対し，B環C-3'位およびC-5'位の水酸基はフラボノイド骨格が完成したあとに導入される（図5-11）．水酸化はフラバノン（ナリンゲニン）とジヒドロフラボノール（ジヒドロケンペロール）の段階で起こることが知られている．これら，B環の水酸基置換パターンは色素と深い関係がある．4'-ヒドロキシ体のペラルゴニジンから誘導され

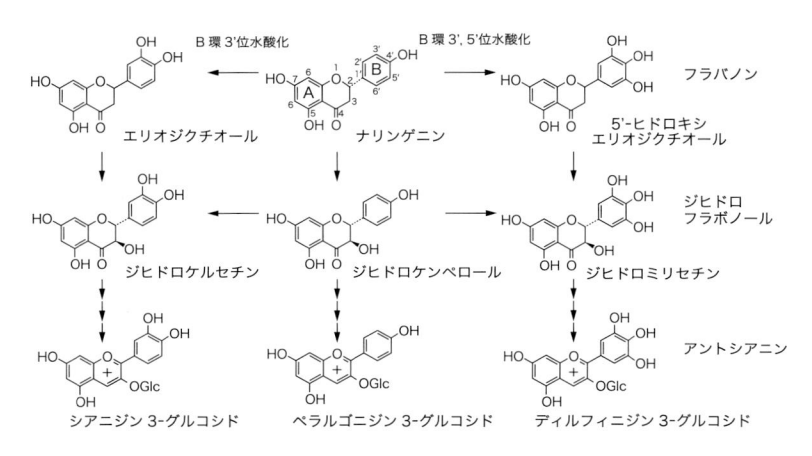

図5-11 フラボノイドB環の水酸化

る色素はオレンジ色系であるが，3',4'-ジヒドロキシ体のシアニジンはピンク-赤系，3',4',5'-トリヒドロキシ体のデルフィニジンは紫-青系である[5]．このフラボノイド水酸化酵素には，C-3'位しか水酸化できない酵素と，C-3'，C-5'位両方を水酸化する2種類の酵素が存在する．バラにはC-3'，C-5'位両方を水酸化する酵素が存在しないため，自然界では青色のバラは存在しない．しかしながら，ほかの植物からこの酵素遺伝子を取り出し，バラに導入することで青色の花びらを持つバラが作出されている[5]．

フラボノイドは二次代謝産物の中では最も研究の進んでいる分野である．特に，色素と健康科学に関与するフラボノイド類の代謝工学は，世界中でしのぎを削った研究が展開されている．

2）フラボノイドの生理活性と利用

フラボノイドの植物内での役割としては，植物-微生物間のシグナル物質，抗菌および抗虫や摂食忌避などの防御物質，UV保護物質などがあげられ，ファイトアレキシンとして誘導されるものも多い[6]．ファイトアレキシンとは「微生物感染後，植物内で生合成および蓄積される低分子量の抗菌性化合物」のことである．ごく一部を紹介すると（図5-12），サクラネチンや，ピセチンを含むプテロカルパン類の抗菌活性，ロテノンに代表されるロテノイドの魚類や昆虫に対する強い毒性，ダイゼインやゲニスティンやその配糖体の抗カビ作用，

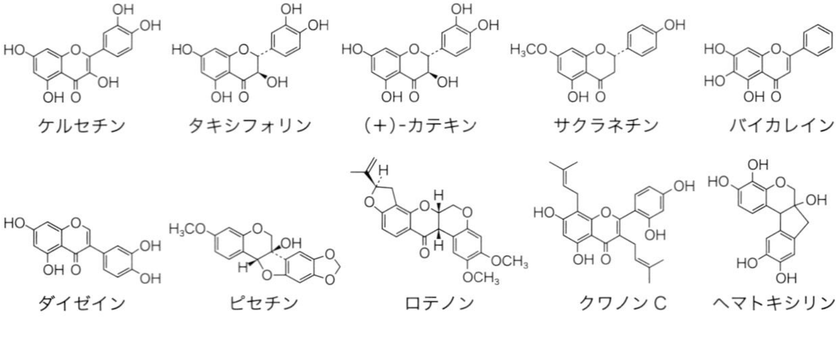

図5-12 生理活性を有するフラボノイドの例

リパーゼ阻害作用などがあげられる．種子育種に重要な雄性不稔に関わる可能性も示されている[4]．

フラボノイドは，われわれの食生活素材（穀物，野菜，果物，嗜好品）にも多く含有されるため，薬効としてアルカロイドのような顕著な活性を期待することはできない．しかしながら，ケルセチンに代表されるフラボノールやタキシフォリンなどの強い抗酸化作用，ケルセチン配糖体のルチンやバイカレイン，クワノンCなどの毛細血管透過性抑制作用，イソリクイチゲニンやゲネステインなどのエストロゲン様作用など，生理活性を持つ化合物が数多く報告されている．現在は，これら生理活性フラボノイドを多く含む特定保健用食品や健康補助食品が注目を集めている[6]．例えば，フランス人の冠動脈硬化疾患による死亡率が低い（フレンチパラドックス）理由の1つとされている赤ワインポリフェノールや，生活習慣病予防に効果があるといわれる緑茶ポリフェノールやフラバンジェノールの主成分はともにカテキン類であり，イチョウ葉抽出物には，多量のフラボノール配糖体が含まれる．また，ダイズには骨粗鬆症やがん予防に効果があるといわれるイソフラボン類が含まれる[3,4]．

そのほかには，赤キャベツ色素（シアニジン誘導体）が食用色素として，ログウッド（ヘマトキシリン）やブラジルウッド（ブラジリン）が古くから染料として利用されている．

3）スチルベノイドの分布と化学構造

ジフェニルエタン（C_6-C_2-C_6）骨格を有するスチルベノイド（stilbenoid）は，もともとは1,2-ジフェニルエテンであるスチルベン誘導体のみを指したが，ビベンジル，フェナンスレンとそのジヒドロ体，ビスビベンジルやスチルベンオリゴマーなどが単離され，現在ではこれら化合物を総称してスチルベノイドと呼ぶ[7]（図5-13）．後述するように，生合成はフラボノイドときわめて類似した経路を経由する．

スチルベノイドの植物界における分布は，マツ科などの裸子植物（針葉樹），ラン科などの単子葉植物，フトモモ科，ツバキ科，クワ科などの双子葉植物な

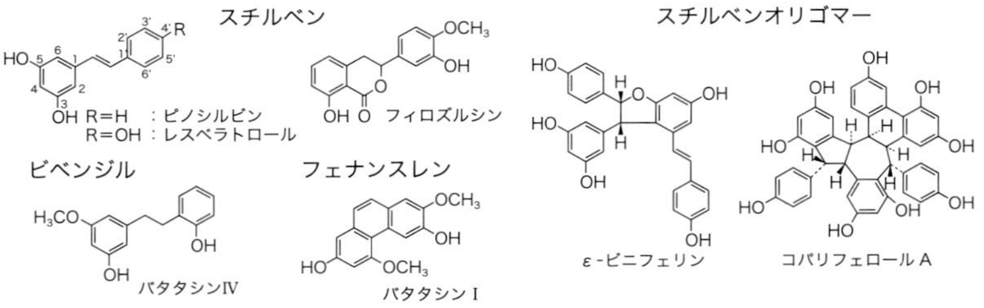

図5-13 スチルベノイド化合物

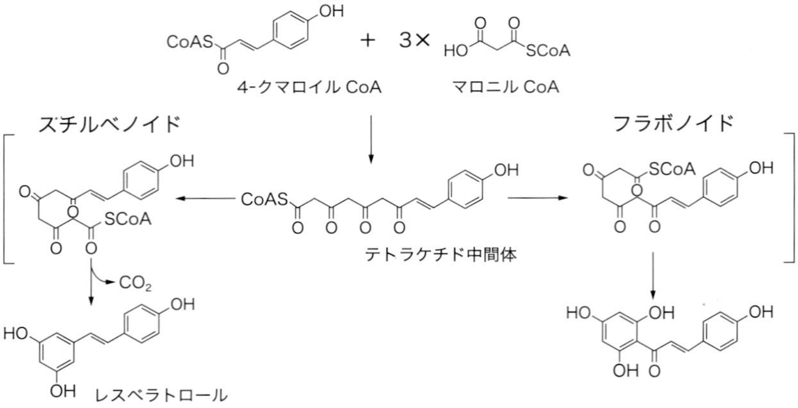

図5-14 同じ基質から生合成されるスチルベノイドとフラボノイド

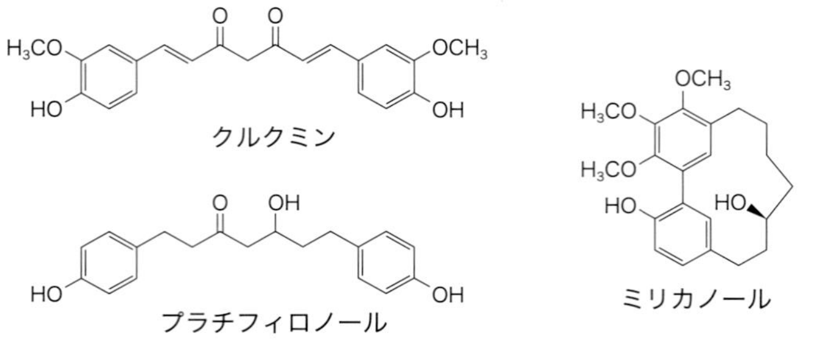

図5-15 ジアリールヘプタノイド化合物

ど意外に広く，苔類や真性シダ類にも分布する．レスベラトロールが最も広く植物界に分布するが，現在までに報告されたスチルベノイドは300種を越えている[7]．

スチルベノイドはフラボノイドと同様，4-クマロイルCoAとマロニルCoA 3分子からスチルベンシンターゼによって生合成される[3, 7, 8]（図5-14）．スチルベノイドが，スチルベンシンターゼによるテトラケチド中間体の分子内アルドール縮合で生合成されるのに対し，フラボノイドではこの中間体がカルコンシンターゼによって分子内クライゼン縮合しカルコンへと変換される．これら2つの酵素反応は，同じ基質を使用するにもかかわらず厳密に制御されている[9]．また，これら2つの酵素を含むポリケチド生合成酵素群はカルコンシンターゼスーパーファミリーと呼ばれ，生物学的，薬理学的に関心が持たれている．

このカルコンシンターゼスーパーファミリーに含まれる酵素によって生合成されるもう1つの抽出成分に，ジアリールヘプタノイド（C_6-C_7-C_6）がある[8]（図5-15）．ウコン（ターメリック）の主成分であるクルクミンが最も有名なジアリールヘプタノイドであるが，樹木でもカバノキ科（プラチフィロノールなど）や，ヤマモモ科（ミリカノールなど）に存在することが報告されている．生合成的には2分子のフェニルプロパノイドと1分子のマロン酸から生合成されると考えられている[8]．

4）スチルベノイドの生理活性と利用

スチルベノイドの植物内での役割としては，抗菌活性や植物の休眠や成長阻害があげられ，ファイトアレキシンとして誘導されるものが多い[7]．図5-13に示したマツ科心材成分のピノシルビンは殺線虫活性を有し，バタタシンI，IVはヤマノイモ科根茎の休眠因子であると考えられている．ε-ビニフェリン（ブドウ科），コパリフェロールA（フタバガキ科）などはファイトアレキシンの一例である．スチルベノイドの生理活性としては，レスベラトロールのがん化学予防活性（chemopreventive activity）が注目される[8]．そのほか，ピノシ

ルビンとそのメチルエーテルが，酸性亜硫酸蒸解の際の脱リグニンを阻害すること，フィロズルシンがアマチャ（甘茶）の甘味成分であることが知られている[7]．

4．タンニンの分布と特性

「ポリフェノール」，この単語は化学の専門用語であるにもかかわらず，健康ブームやヘルシー食品といった流行とともに，近年急激に広く世間一般に認知されてきている．これは偏に食品業界の企業努力の賜物であるが，森林資源の利用の観点からも，この恩恵は計り知れないものであろう．なぜなら，この「ポリフェノール」は，植物，その多くを森林バイオマス資源である樹木に由来するからである．森林資源を構成する樹木は，樹体内のあらゆる生理作用や外的要因に対する防御作用の結果として，二次代謝成分を作り出している．すなわち，樹木は生理・生物活性を有する物質を大量に作り出すことができる宝庫といえよう．これらの物質の一群として，化学的に「多数のフェノール性水酸基を持つ芳香族化合物群」と定義される「ポリフェノール」が存在し，多くの高等植物に分布している[1]．植物界の多様なポリフェノールのうち，代表的なものにフラボノイド類とタンニン類があるが，ここではタンニンについて解説する．

1）タンニンの化学と分布

タンニンは，タンパク質や塩基性物質，金属などに強い親和性を示し，難溶性の沈殿を作りやすいポリフェノール化合物群の総称である．分子量は500〜3,000程度で，酸や酵素（タンナーゼ）によって加水分解される加水分解型タンニンと，逆に高分子化する縮合型タンニンに大別される．

加水分解型タンニンは，糖または類似環状多価アルコールに没食子酸（ガリック酸）やその誘導体が複数エステル結合したものが基本構造となっている．フェノール性残基としてガロイル基のみを持つものをガロタンニンと呼び，ヌ

ルデ (*Rhus javanica*) の虫こぶ（五倍子）や *Quercus infectoria* の虫こぶ（没食子），ボタン (*Paeonica moutan*) の根皮などに含まれている．タンニン酸の主成分はグルコースに5分子のガロイル基が結合したペンタガロイルグルコース（PGG）である（図5-16）．また，ガロタンニンの隣接するガロイル基間の酸化的カップリング（脱水素反応）によって生じるヘキサヒドロキシジフェノイル（HHDP）基を有するものをエラジタンニンと呼び，モクマオウ（*Casuarina stricta*），*Quercus pedunculata* から最初に見出されたカジュアリクチン，ペデュンケラジン（図5-16）がその代表例である．特にエラジタンニンは，2分子以上が縮合したオリゴマーも存在し，多様な構造を持つ．このほかにもグルコースが直鎖型をとり，そのC-1位が芳香環と直接C-C結合したC-配糖体型タンニンや，このC-配糖体型タンニンが，縮合型タンニンの基本単量体であるカ

ペンタガロイルグルコース（PGG）

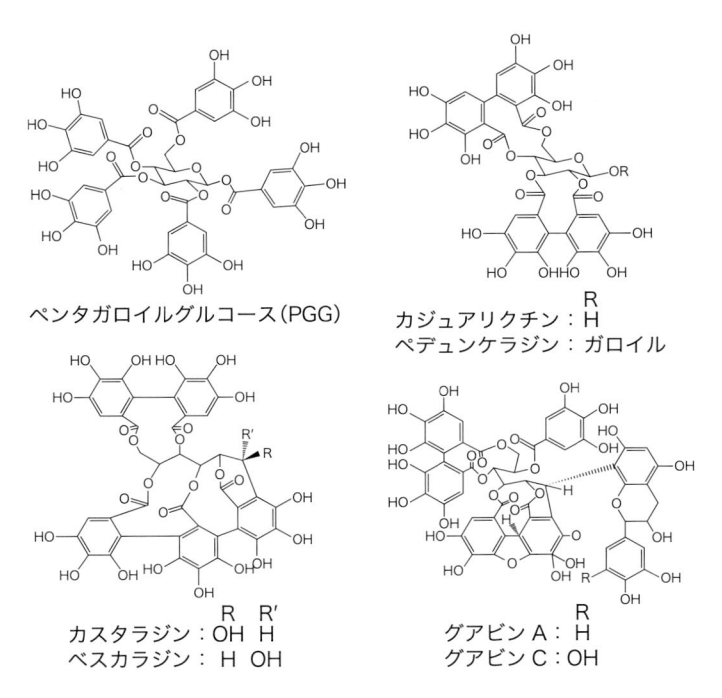

　　　　　　　　　　　R
カジュアリクチン：H
ペデュンケラジン：ガロイル

　　　　　　R　R'
カスタラジン：OH　H
ベスカラジン：H　OH

　　　　　R
グアビンA：H
グアビンC：OH

図5-16 代表的な加水分解型タンニンの化学構造

テキン類と縮合した複合タンニンなどがある[2]．加水分解型タンニンは種子植物の中でも双子葉植物の離弁花植物にほぼ限定して存在しており，進化の特定のルートに沿ってその存在が認められているので，加水分解型タンニンの生産能を進化の系統に沿って遺伝したものであると考える研究者もいる．

　一方，縮合型タンニンは，シダ植物から単子葉，双子葉植物まで広くその存在が認められている．基本構造は（＋）-カテキンや（－）-エピカテキンなどのフラバン-3-オール類が4,8-位または4,6-位でC-C結合により縮合重合しており，フラボノイド類と同様にA環およびB環の水酸基パターンの違いにより5つのグループに分類される（図5-17）．縮合型タンニンはフラバン-3-オール類のC-4カルボカチオンの求核反応によって生成されるといわれており，構成単量体が多様であり重合度の大きいものは4,8-，4,6-結合が入り交じり，水酸基が部分的にガロイル化されているものもある．縮合型タンニンは種々の植物体の特に果実，果皮，種子，樹皮などに多く含まれている[3]．特にカラマツ（*Larix kaemphesis*）などの針葉樹皮にはプロシアニジンが，マメ科のアカシア類（*Acacia mearnsii*, *A. mangium*）の樹皮にはプロロビネチニジンが，ウルシ科のケブラコ（*Scinopsis lorentzii*）心材にはプロフィセチニジン型のタンニンが多く含まれている．

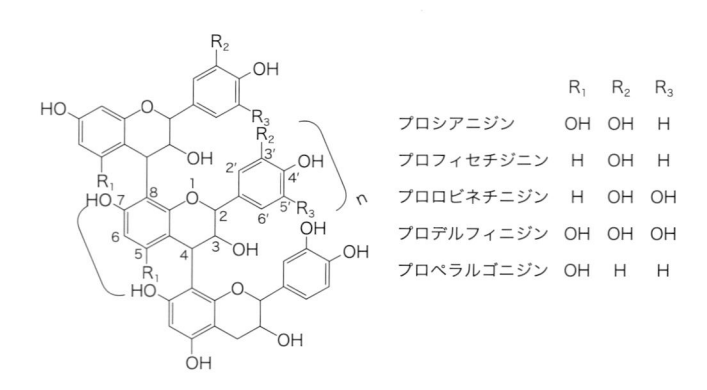

	R_1	R_2	R_3
プロシアニジン	OH	OH	H
プロフィセチジニン	H	OH	H
プロロビネチニジン	H	OH	OH
プロデルフィニジン	OH	OH	OH
プロペラルゴニジン	OH	H	H

図5-17　縮合型タンニンの構造

2）生　合　成

　ガロタンニンの生合成については Gross らが精力的に研究を行っている．その中で重要な鍵化合物は β-グルコガリンである（図5-18）．これはグルコシルトランスフェラーゼ（GTase）により，UDP-グルコースとガリック酸がアノマー位でエステル結合した化合物で，D-グルコースにガロイル基を転移する能力，すなわちアシル供与物質として生体内で働くことが明らかとなっている．また，それぞれのガロタンニンの生成にはグルコシルトランスフェラーゼが基質特異的に働いていることも明らかとなっている．一方，天然での分布も広く，種類の多いエラジタンニンの生合成は，Okuda らの研究によると，PGG の分子内で起こる芳香核の酸化カップリングや分子間の結合により起こると予想されている．実際に PGG からの酸化段階を触媒するラッカーゼタイプのポリフェノールオキシダーゼがユキノシタ科の *Tellima grandiflora* 葉から単離され，PGG からテリマグランジン II への変換を触媒することが示されている（図5-18）．

　縮合型タンニンの生合成は，構成単位のフラバン-3-オールの生合成と同様

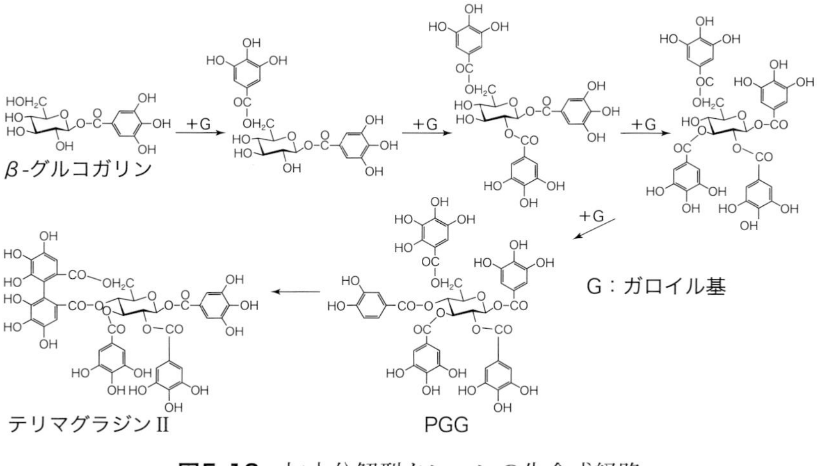

図5-18　加水分解型タンニンの生合成経路

に，まず3分子のマロニル CoA と 4-クマロイル CoA がカルコンシンターゼ（CHS）により，ナリンゲニンカルコンを形成する．CHS はフラボノイドの起源となる C_{15} 骨格形成の鍵酵素であり，酵素反応，基質特異性，発現調節などが詳しく調べられ，結晶構造も報告されている．ナリンゲニンカルコンはカルコンイソメラーゼ（CHI）により閉環され，ナリンゲニンを生成する．ナリンゲニンは，ジオキシゲナーゼであるフラバノン-3-ヒドロキシラーゼ（FHT）の作用を受けると，3β-水酸化が起こり，2R, 3R-ジヒドロフラボノールが生成する．ジヒドロフラボノールのC4カルボニル基がジヒドロキシフラボノール-4-レダクターゼ（DFR）によって還元されると，縮合型タンニンやアントシアニンの前駆体であるロイコアントシアニジンが生成する．ロイコアントシアニジンはロイコアントシアニジン-4-レダクターゼ（LAR）により還元され，カテキンを生成する．このカテキンを開始単位（terminal unit）とし，ロイコアントシアニジンが変換されたキノンメチドまたはカルボカチオン中間体を伸張単位（extended unit）として重合し，縮合型タンニン（プロアントシアニジン）が生成されると考えられているが，未解明な点が多く残されている．

　Stafford らのマツ針葉を用いた組織培養研究では，タンニンの縮合経路における縮合酵素の存在が予想されている[4]．そこで提唱されている縮合経路では，まず2つの NADPH 依存型還元酵素が小胞体の膜上で（＋）-カテキンの合成を触媒し，膜内に遊離の（＋）-カテキンが蓄積される．次に，2,3-トランスジヒドロケルセチン（DHQ）のエピメラーゼ（異性化酵素）が働き，2,3-シスDHQ へ変換が促進される．これらの異性体はそれぞれ特異的な DHQ 還元酵素（トランス DHQ 還元酵素，シス DHQ 還元酵素）で3,4-ジオール体に変換され，膜上にある縮合酵素内で，キノンメチドまたはカルボカチオン中間体を経て伸張単位となる．一方，3,4-ジオール体のごく一部は3,4-ジオール還元酵素により（＋）-カテキンや（－）-エピカテキンとなり，先の縮合酵素の違った部分において開始単位として結合する．合成されたオリゴマーは，縮合酵素から離れ，小胞体に蓄積される．これが Stafford らによる生合成予想メカニズムである．

3）生理活性と生体内での役割

　植物中のタンニンは，古くから染料，食品，化粧品，薬用などとして経験的に人間生活と深く関わってきた．そして今日，合成技術や分析技術の発展とともに，そのきわめて多彩な生理機能や元来持つ植物生体内での役割が in vivo レベルまたは分子レベルで明らかになりつつある．例えば，生理機能としては，抗酸化活性，抗ウイルス活性，美白効果[5]，抗炎症作用[6]，抗ヘルペス活性，虫歯予防[7]，抗腫瘍活性[8]，肥満抑制[9] など，人に対する生理活性は近年，特に注目を集めている．このようなタンニンの生理活性，特に抗酸化活性については，水酸基の数や置換位置に依存することが報告されている．一方，酵素阻害については水酸基のみではなく，立体構造や分子量が関与する場合もある．特に酵素阻害能力は，タンニンの持つタンパク質吸着作用が深く関わっていることが多い．

　一方，植物体内での役割としては，生体防御物質としての機能が明らかとなってきている．*Eucalyptus nitens* および *E. globulus* では，外傷部分にタンニンを含む多量のポリフェノールが蓄積されることが報告されており[10]，ポリフェノールの持つ抗酸化能力が樹木の生体防御反応に大きく関与していると考えられている．また，木材腐朽菌やバクテリアに対する抗菌活性についても多くの報告がある．これらのポリフェノールの抗菌活性は，菌の生成する酵素の阻害，菌体膜への作用，ミトコンドリアにおける電子伝達阻害などにより引き起こされると考えられる[11]．

4）タンニンとタンパク質の親和性

　タンニンの特性の１つに，前述したようにタンパク質と強い親和性を示すという性質があり，この性質はタンニンの生理機能のうち，酵素阻害能力と密接に関係していると考えられている．タンニン - タンパク質錯体は，共有結合やイオン結合から形成されるのではなく，図 5-19 に示すようにタンニンのフェノール性水酸基とタンパク質のペプチド結合中のカルボニル酸素間で生じる水

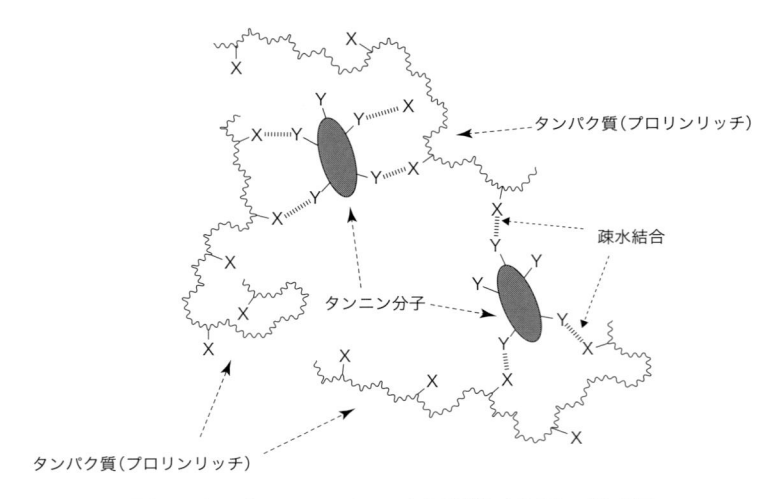

図5-19 タンニン-タンパク質相互作用の模式図

素結合や，タンパク質の非極性領域（プロリン，トリプトファンのような疎水性アミノ酸）とタンニンの非極性領域間で生じる疎水結合により形成されると考えられている．

　タンパク質は，アミノ酸組成や分子の大きさ，等電点の違いによりタンニンとの結合性が異なる．特に，プロリンの含有量が大きく影響する．これは，プロリン含有量の多いタンパク質が α-ヘリックス構造をとらないために開かれた構造をしており，タンニンに容易に近付くことができるため，取込みやすいと考えられる．また，分子量の小さいタンパク質は，タンニンとの親和性が低いこと，そしてタンパク質同士の静電的反発力が最も小さい等電点での親和性が高いことも報告されている[12]．

　ポリフェノール類のタンパク質沈殿能は，その分子量よりも立体構造に密接に関係しており，ガロタンニンではPGGがタンパク質（牛血清アルブミン）と最も高い親和性を示す．これは，PGGの柔軟な立体構造によるものであると推定されている．一方，プロアントシアニジンが比較的低い親和性を示すのは，繰り返されるインターフラボノイド結合による立体配座が制限されるため

であると考えられている．

　このように，有用性を無限に秘めた樹木抽出成分，特にポリフェノールは，樹種や樹体組織によってさらに多様性を持つ．しかしながら，その成分の多様性は，逆に樹木の種の多様性に相当しており，解明されていないか発見されていない生理機能，生体機能が存在することを意味している．したがって，さまざまな角度からその実体に迫ることは重要な研究であるとともに，再生産可能な森林バイオマス資源の高付加価値な利用の観点からも大いに意義深いことである．

5）利　　　　用

　タンニンは古くから皮なめし剤として利用されていたが，性能や時間短縮などの理由で，今日ではクロムなめしに取ってかわられている．皮なめし以外では，フェノール系接着剤，化粧品美白剤，虫歯予防剤および消臭剤などの利用研究が行われている．最近注目されているのは，フランス南西部の大西洋沿岸に生育するフランス海岸松の樹皮に含まれるタンニンの高い抗酸化性である．これは，ビタミンCの20倍，ビタミンEの50倍もの抗酸化性を示すプロアントシアニジンである．その中でも，特に低分子量画分OPC（オリゴメリックプロアントシアニジン）は，ピーナッツ，ターメリック，ブドウの種，ブルーベリー，緑茶などに豊富に存在しており，商品化されているフラバン茶の血液サラサラ効果の有効成分であると考えられている．OPCの効用としては，主に老化防止，紫外線による皮膚へのダメージ軽減，癌，心臓病（狭心症，心筋梗塞），脳卒中のリスク軽減，感染症の予防，アレルギー体質の改善（アトピー性皮膚炎，鼻炎，花粉症），コラーゲン特性の向上，冷え性や血行障害などさまざまである．現在，これらの体内における活性メカニズムや構造活性相関などの研究が進められている．

　タンニンは文字通り，渋み（収斂性）を持ち有色であるため，これまでは食品，化粧品分野などでは嫌われる存在であったが，前述したような生理機能や特性および高分子構造との関連性の理解がさらに深まることで，近い将来にさ

まざまな分野でタンニンが活躍できる日が来るであろう．

引 用 文 献
1. テルペノイドの分布と特性
1) 谷田貝光克：植物抽出成分の特性とその利用, 八十一出版, p.18-19, 2006.
2) Yatagai, M. et al.：Biochem. Sys. Ecol. 13(4), p.377-385, 1985.
3) Yatagai, M. and Sato, T.：Biochem. Sys. Ecol. 14(5), p.469-478, 1986.
4) Yatagai, M. and Takahashi, T.：Mokuzai gakkaishi, 29, 274-279, 1983.
5) Yatagai, M. and Takahashi, T.：Wood Science 12(3), p.176-182, 1980.
6) 岡部敏弘ら：青森ヒバの不思議, 青森ヒバ研究会, 1990.
7) 近藤隆一郎ら：木材学会誌, 32(3), p.213-217, 1986.
8) Muller, C. H.：Recent Advance Phytochem. 3, p.106, 1970.
9) Rice, E. L.：Allelopathy, 2nd ed., Academic Press, p.422, 1984.
10) 安江保民：加工時における健康阻害, 木材利用の化学, 共立出版, p.89-104, 1983.

2．リグナンの分布と特性
1) 梅澤俊明：植物の成長調節 36, 57-67, 2001.
2) 梅澤俊明：化学と生物 43, 461-467, 2005.
3) 梅澤俊明：木材学会誌 42, 911-920, 1996.
4) Umezawa, T.：Wood Research, No. 90, 27-110, 2003.
5) Umezawa, T.：Phytochemisty Reviews, 2, 371-390, 2003.

3．フラボノイドとスチルベノイドの分布と特性
1) Harborne, J. B.：Natural products of woody plants I (ed. by Rowe, J. W.), Berlin, Springer-Verlag, p.533-570, 1989.
2) Heller, W. and Forkmann, G.：The flavonoids, Advances in research since 1986 (ed. by Harborne, J. B.), London, Chapman and Hall, p.499-535, 1994.
3) Dixon, R. A. and Steele, C. L.：Trends Plant Sci., 4, 394-400, 1999.
4) Forkmann, G. and Martenes, S.：Curr. Opinion Biotehcnol., 12, 155-160, 2001.
5) Tanaka, Y. et al.：Plant Cell Physiol., 1119-1126, 1998.
6) 吉田隆志：天然物化学（田中　治ら 編), 南江堂, p.215-226, 2002.
7) Gorham, J.：The biochemistry of the stilbenoids, London, Chapman and Hall, p.1-262, 1995.
8) Schröder, J.：Trends Plant Sci., 2, 373-378, 1997.

9) Yamaguchi, T. et al.：FEBS Lett., 460, 457-461, 1999.

4. タンニンの分布と特性

1) Haslam, E.：Plant polyphenols(syn. vegetable tannins)and chemical defense a reappraisal. J. Chem. Ecol. 14:1789-1806, 1988.
2) Okuda, T. et al.：Pharmacologically active tannins isolated from medicinal plants, pp. 539-569(eds. by Hemingway, R. W. and Laks, P. E.). Plant Polyphenols. Plenum Press, New York, 1992.
3) Haslam, E.：Plant polyphenols, pp.1-14, Cambridge University Press, Cambridge, 1989.
4) Stafford Helen, A.："Chemistry and Significance of Condensed Tannins"(eds. by Hemingway, R. W. and Karchesy, J. J.), Plenum Press, p.47-70, p139, 1989.
5) Shimizu, K. et al.：The inhibitory components from Artocarpus incisus on melanin biosynthesis. Plant med. 64:408-412, 1998.
6) Kakegawa, H.：Inhibitory effects of tannins on hyaluronidase activation and on the degranulation from rat mesentery mast cells. Chem. Pharm. Bull. 33:5079-5082, 1985.
7) Mitsunaga, T.：Inhibitory effects of bark proanthocyanidins on the activities of glucosyltransferases of Streptococcus soburinus. J. Wood Chem. Technol. 17:327-340, 1997.
8) Wang, C. C.：Antitumor activity of four macrocyclic ellagitannins from Cuphea hyssopifolia. Cancer Lett. 140:195-200, 1999.
9) Han, L.：Anti-obesity action of Salix matsudana leaves(Part1). Anti-obesity action by polyphenols of Salix matsudana in high fat-diet treated rodent animals. Phytother. Res. 17:1188-1194, 2003.
10) Eyles, A.：Host responses to natural infection by Cytonaema sp. in the aerial bark of Eucalyptus globules. For. Path. 33:317-331, 2003.
11) Scalbert, A.：Antimicrobial property of tannins. Phytochemistry 30:3875-3883, 1991.
12) Hagerman, A. E.：Chemistry of tannin-protein complexation, pp.323-333(eds. by Hemingway, R. W. and Karchesy, J. J.), Chemistry and Significance of Condensed Tannins. Plenum Press, New York, 1989.

第6章 木材の生分解

1. 木材腐朽菌

　木材腐朽とは，微生物が木材を構成する主要成分を分解し，その結果として木材の組織構造が破壊され，形態的損傷と強度低下が生じる現象をいう．このような木材腐朽をもたらす微生物として，担子菌，子嚢菌および不完全菌などが知られており，これらの微生物を木材腐朽菌と総称している．子嚢菌あるいは不完全菌に属す軟腐朽菌（soft rot fungi）は，担子菌に属す白色腐朽菌（white rot fungi）や褐色腐朽菌（brown rot fungi）が腐朽できないような高含水率の木材の表面に軟化をもたらすが，担子菌に属す菌群の方が高い木材腐朽力を有している．

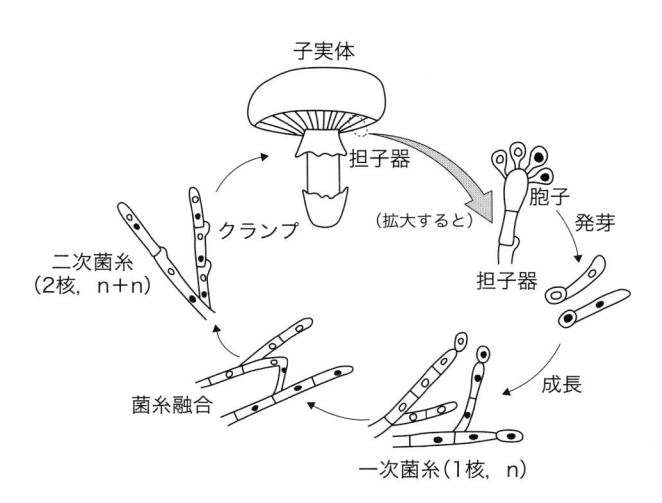

図6-1 担子菌の生活環
（柳　園江，1988）

担子菌は，胞子をつくる担子器を形成する糸状菌であり，胞子（1核，n）から発芽した一次菌糸（1核，n）が接合型の異なるほかの一次菌糸と接合して二次菌糸（2核，n + n）となり，二次菌糸細胞の隔壁部分にはクランプと称される担子菌特有のカスガイ状突起を持つ．次いで，クランプを持つ二次菌糸から子実体を形成し，その後，子実体中の担子器で再び胞子を形成するという過程を繰り返して自然界で生育している．このような一連の過程を生活環といい，図6-1のように模式化[1]できるが，木材腐朽性担子菌はその胞子が湿ったあるいは濡れた木材の中に侵入し，発芽した胞子から菌糸が形成され，菌糸が木材中に蔓延する過程で木材を腐朽させている．自然界における枯死木や風倒木の腐朽を例にすると，ある細胞の内腔へ侵入した胞子が発芽して菌糸となり，これが木材成分を分解して栄養源としながら菌糸体を発達させる．すると，菌糸がその細胞の壁孔を通ったり，細胞壁を直接貫通して，隣接する細胞内腔へ侵入するようになり，これを繰り返すことで菌糸が木材中で蔓延し腐朽が生じてくる．

　木材腐朽性担子菌は木材に対する腐朽のタイプにより，腐朽が進むと腐朽材の外見を白く変化させる白色腐朽菌と，褐色に変化させる褐色腐朽菌に大別される．白色腐朽菌はセルロース，ヘミセルロースおよびリグニンといった

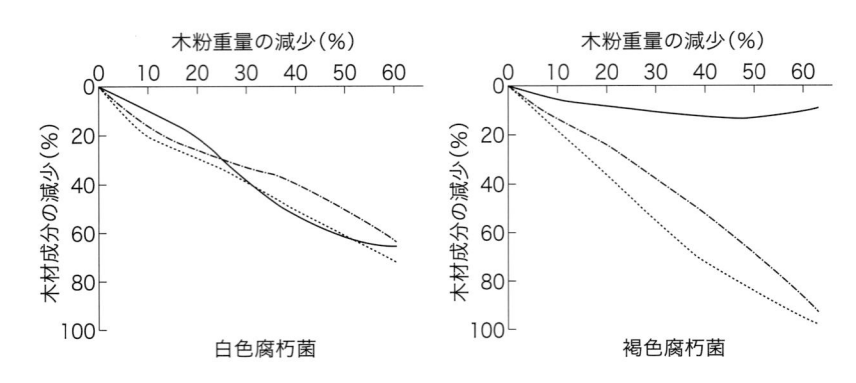

図6-2 木材腐朽菌による木材成分の分解
――リグニン，---セルロース，……ヘミセルロース．（Kirk, T. K. and Highley, T. L., 1973）

第6章　木材の生分解

木材主要成分のいずれも分解できるのに対し，褐色腐朽菌はセルロースとヘミセルロースを分解し，リグニンをほとんど分解できない（図6-2）[2]．また，このような木材主要成分に対する分解能の差異に加え，白色腐朽菌と褐色腐朽菌は木材腐朽の様相も異なっている．白色腐朽菌は，木材細胞の内側から徐々に細胞壁を薄くしたり，2次壁に亀裂を入れたり，リグニン濃度の高い細胞間層を消失させたりするが，腐朽が進んでも木材の形状が保たれている場合が多い．一方，褐色腐朽菌は2次壁に亀裂を入れたあとにその亀裂を次第に拡大させ，腐朽が進むと木材の形状は容易に崩壊することが多い．なお，わが国の代表的な白色腐朽菌であるカワラタケ（*Trametes versicolor*）を図6-3に示すが，カワラタケをはじめとする木材腐朽性担子菌のほとんどはヒダナシタケ目に集中しており，一般には硬質の子実体を形成する．これに対して，軟質の子実体

図6-3　既知の代表的な白色腐朽菌（カワラタケ）

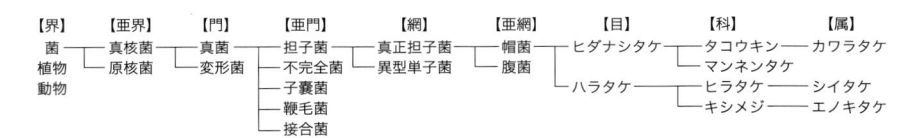

【界】	【亜界】	【門】	【亜門】	【綱】	【亜綱】	【目】	【科】	【属】
菌	真核菌	真菌	担子菌	真正担子菌	帽菌	ヒダナシタケ	タコウキン	カワラタケ
植物	原核菌	変形菌	不完全菌	異型単子菌	腹菌		マンネンタケ	
動物			子嚢菌			ハラタケ	ヒラタケ	シイタケ
			鞭毛菌				キシメジ	エノキタケ
			接合菌					

図6-4　木材腐朽菌の菌学的分類

を形成する通常の食用キノコはハラタケ目に属しており，木材腐朽性担子菌と食用キノコとは近縁関係にあるといえる（図6-4）．

木材腐朽性担子菌による腐朽のされやすさ（腐朽性）は樹種によって異なり，腐朽されやすい樹種と，そうでないものとがある．このような腐朽性は抽出成分の影響を受け，広葉樹の方が針葉樹よりも腐朽されやすい理由は，広葉樹の抽出成分量が針葉樹のそれよりも少ないことによる．なお，抽出成分の影響に加えて，以下の理由で広葉樹は針葉樹よりも腐朽されやすいとされている．

①針葉樹リグニンは主にグアイアシルプロパン（G）構造からなり，広葉樹リグニンは主にG構造とシリンギルプロパン（S）構造からなるが，木材腐朽性担子菌はG構造よりもS構造のリグニンを分解しやすいため，S構造を含む広葉樹においてより腐朽が進む．

②ヘミセルロースの中でもペントサン系のヘミセルロースが木材腐朽性担子菌で分解されやすいため，それを多く含有する広葉樹の方が腐朽されやすい．

③広葉樹には大きなサイズの道管が存在するために，針葉樹と比べると木材組織内への水の浸透が容易であり，木材腐朽性担子菌の生育に必要な水分を長期にわたって高濃度に保持できることから腐朽されやすい．

1）白色腐朽菌のリグニン分解特性

前述したように，白色腐朽菌と褐色腐朽菌の最も大きな差異は，白色腐朽菌がリグニンを分解できるのに対し，褐色腐朽菌は分解できない点である．よって，白色腐朽菌が自然界におけるリグニン分解に大きく関与するが，木材中のプロトリグニンを二酸化炭素と水にまで無機化するには，放線菌，細菌，酵母といった白色腐朽菌以外の微生物も関与してくる．しかしながら，これらの微生物は低分子のリグニンを分解し代謝するものの，高分子のプロトリグニンを分解する能力はないことから，自然界におけるリグニン分解は，白色腐朽菌がまず木材中の高分子リグニンの分解に関与し，次いでほかの微生物，例えば，土壌中の細菌などが残渣リグニンをさらに分解すると考えるべきである．

白色腐朽菌のリグニン分解活性は，「二次代謝」すなわちセルロースなどの

多糖類を分解して栄養源とし，一次成長が完了したあとに発現する代謝活性であり，さらには培地中の窒素や炭素源が消費されたあとに活性の発現が大きくなることが知られている．このことは，白色腐朽菌にとってセルロースなどの多糖類の方がリグニンよりも旨い餌であり，まずは多糖類を食べて（分解して）生育し，これらの餌が少なくなるとリグニンを食べていく．また，木材中には窒素がほとんど含有されないことから，白色腐朽菌は自然界でリグニンを食べやすい環境に置かれていると考えれば理解しやすい．

なお，白色腐朽菌で腐朽させたスプルース木片を96％ジオキサンで抽出し，得られた腐朽リグニンの元素および官能基分析を行うと，腐朽を受けていない健全リグニン（MWL）よりも酸素，カルボニルおよびカルボキシル基が増加し，メトキシル基は減少することから[3]，白色腐朽菌はリグニンを脱メトキシル化しながら酸化的に分解することが示されている（表6-1）．また，各種リグニンモデル化合物を用いた研究から，白色腐朽菌はアルキル-フェニル間結合，側鎖炭素-炭素間結合，アリールエーテル結合および芳香環などを開裂できることも明らかになっている（図6-5）．

表6-1 スプルースMWLおよび腐朽リグニンの元素および官能基分析

リグニン試料	元素組成（％）			C_9示性式	官能基（モル/C_9）	
	C	H	O		共役カルボニル基	カルボキシル基
健全材MWL	62.85	6.08	31.07	$C_9H_{8.66}O_{2.75}(OCH_3)_{0.92}$	0.02	0.10
腐朽リグニン（カワラタケ処理）	57.97	4.70	37.23	$C_9H_{7.26}O_{3.95}(OCH_3)_{0.74}$	0.17	0.55

(Chang, H. - m. et al., 1980)

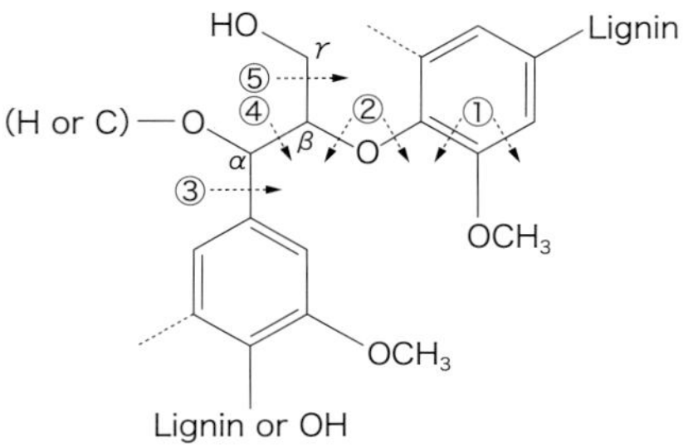

図6-5 白色腐朽菌によるリグニン分解様式
①芳香環の開裂，②アリールエーテル結合の開裂，③アルキル-フェニル間結合の開裂，④側鎖炭素$C\alpha$-$C\beta$間結合の開裂，⑤側鎖炭素$C\beta$-$C\gamma$間結合の開裂．

2) 白色腐朽菌と褐色腐朽菌の判別

　腐朽材などから分離した木材腐朽性担子菌から，リグニン分解能を有する白色腐朽菌とそうでない褐色腐朽菌とを迅速に区別する方法（プレートテスト）として，バーベンダム（Bavendamm）反応が古くから用いられてきた．前述したように，白色腐朽菌はリグニンを酸化分解することから，白色腐朽菌はフェノール類を酸化する酵素（フェノールオキシダーゼ）を産生してリグニンを分解するはずである．バーベンダム反応は，フェノールオキシダーゼの検出剤である没食子酸あるいはタンニン酸といったフェノール性物質を添加したポテト・デキストロース・寒天（PDA）培地で木材腐朽性担子菌を培養し，フェノールオキシダーゼ産生による培地上の着色帯形成（フェノール性物質が酸化されることによる着色）の有無で，リグニン分解能を有する白色腐朽菌か否かを判定するという考えに基づいている．

　しかしながら，この方法では着色帯形成が認められてもリグニンを分解しない菌株，あるいはその逆に着色帯形成が認められなくてもリグニンを分解する菌株が存在することから，リグニン分解菌の検出方法としては不完全なものであることが明らかにされ，バーベンダム反応にかわる方法が開発されている[4]．この方法は，フェノールオキシダーゼの検出剤としてグアヤコール（GU）を用い，GUを添加した木粉・寒天培地で木材腐朽性担子菌を培養したのち，培地上の着色帯形成の有無を観察するものであるが，着色帯を形成する菌株のすべてがリグニン分解能を有しており，着色帯を形成しない菌株にリグニン分解能はないことが示されている（表6-2）．バーベンダム反応と比べて，白色腐朽菌を精度よく検出できる理由は，白色腐朽菌が生育する自然界の環境に近い木粉培地を用いたこと，さらには，天然リグニン中のグアイアシルプロパン構造と同一の芳香核構造を有するグアヤコールを用いたことによるものであり，この方法を利用してリグニン分解能に優れた白色腐朽菌が腐朽材から分離されるに至っている．

　なお，窒素および炭素源を含む寒天培地にリグニンスルホン酸を添加し，こ

表 6-2 リグニン分解菌の定性的検定法

	グアヤコール添加木粉寒天培地		没食子酸添加 PDA 培地（バーベンダム反応）	
	着色帯形成		着色帯形成	
	あり	なし	あり	なし
菌株数（A）	52	44	78	18
(A) のうち，リグニン分解能を有する菌株数（B）	52	0	46	6
検出率（%，B/A）	100		59	
見逃し率（%，B/A）		0		33
培　地	木粉寒天		PDA	
フェノールオキシダーゼの検出剤	（グアヤコール構造式：ベンゼン環に OCH₃ と OH）		（没食子酸構造式：ベンゼン環に COOH と 3つの OH）	

木材腐朽菌 96 菌株を供試.　　　　　　　　　　　　　　　　　　(Nishida, T. at al., 1988)

の培地上で培養したあと，塩化第二鉄-フェリシアン化カリウム水溶液で染色するという方法も知られている．リグニンスルホン酸は，塩化第二鉄-フェリシアン化カリウム水溶液によって青色に染色されることから，この方法では，菌体の真下や周囲の培地を無色にする菌株がリグニン分解能を有する白色腐朽菌として判定される．

3）白色腐朽菌の工業用途

　木質資源は再生可能なバイオマス資源であり，近年のバイオテクノロジーの進展に伴いリグニンの生分解および生物変換が可能となれば，種々の工業用途が開けるものと期待が高まっている．現在，リグニン生分解の利用は 2 方面から試みられており，1 つは木質資源からのリグニン除去（脱リグニン），ほかの 1 つはリグニン成分の利用であるが，前者の試みの方が先行しており，①省資源・省エネルギー・低環境負荷型のパルプ化および漂白（バイオメカニカルパルピングやバイオブリーチング），②木質資源の脱リグニンによる有用成分への生化学的変換（木材糖化のための前処理や木質資源の粗飼料化），③環境汚染物質の分解による浄化および修復（バイオレメディエーション）など

の分野に応用可能と期待されている．

(1) バイオメカニカルパルピング

メカニカルパルプは，繊維が相互に強く結合している木材を機械的作用でほぐすこと，すなわち解繊（リファイニングまたはグラインディング）することによって製造されており，木材の全成分が利用されることから95％以上の高収率を示す．リファイニング時に加えられた機械的エネルギーの大部分は熱に変化して細胞間層中のリグニンを軟化させ，その結果として，木材の繊維同士を結び付けている細胞間層の膠着力が弱まり，繊維の分離（繊維化）が生じる．このような膠着力を弱める作用として，前述のリグニンの熱軟化のほかに，細胞間層あるいは細胞壁の膨潤，細胞間層あるいは細胞壁中のリグニン除去などが知られている．したがって，白色腐朽菌によってリグニンを分解および除去すれば，木材は繊維化されやすくなりメカニカルパルプ化の際のリファイニングエネルギーは低減することが期待される．また，リファイニング工程において，繊維はカッティングなどの損傷を受けるため，メカニカルパルプはその強度が弱いという欠点があるが，微生物処理によってリファイニングの程度を軽減できれば，繊維の損傷も少なくなり強度も向上することが期待される．このような点から，白色腐朽菌のリグニン分解能力をメカニカルパルプ製造プロセスに組み込むというバイオメカニカルパルピングが試みられており，リファイニングエネルギーの低減とパルプ強度の向上が認められている．

(2) バイオブリーチング

蒸解後の未晒クラフトパルプ（UKP）中には，強く着色したリグニンが数％残留しているため，上質紙などの高白色度を要求される用途に用いるには，残留リグニンを除去して白色度を付与する漂白が必要となる．

従来の漂白は塩素系多段漂白法が主流であったが，漂白排水は金属腐食性を示すことから，薬品回収工程での濃縮および燃焼や，漂白工程での再循環利用が困難であり，多量の漂白排水を活性汚泥や凝集沈澱といった処理を行ったの

ち系外に排出していた．しかし，処理排水中から有機塩素化合物が検出され，塩素系漂白剤による環境汚染が懸念された．そこで，現在の漂白では，分子状塩素のかわりに二酸化塩素を使用する ECF（elemental chlorine free）漂白が採用されているが，白色腐朽菌を利用して UKP を漂白するというバイオブリーチングも試みられている．

(3) 木材糖化

木質系バイオマス資源の有効利用の1つとして，木材中のセルロース系多糖類をセルラーゼ系酵素で加水分解し，得られた糖類を発酵してエタノールに変換するというプロセスがあげられる．木材中のセルロース系多糖類を糖類に加水分解することを「木材糖化」というが，セルラーゼ系酵素による木材糖化においては，酵素処理に先立って木材の細胞壁構造を変化させ，酵素がセルロース系多糖類と物理的に接触できるよう前処理する必要がある．その理由は，細胞壁中においてセルロース系多糖類はその周りをリグニンで被覆されており（図6-6）[5]，このままでは酵素との物理的接触が不十分でセルロース系多糖類の糖化（加水分解）が進まないことによる．そこで，白色腐朽菌で細胞壁中のリグニンを分解したのち，セルラーゼ系酵素処理を行うという木材糖化プロセ

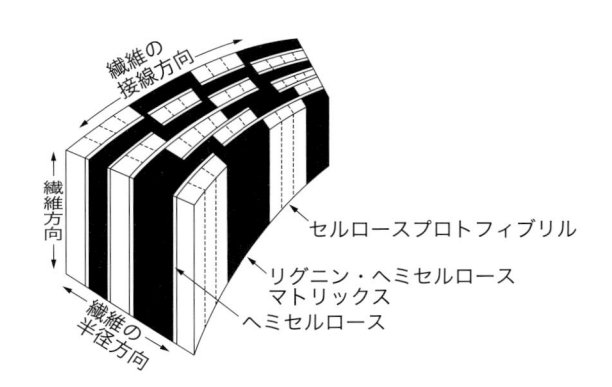

図6-6 二次壁中のリグニンおよび多糖の分布を示す不連続ラメラモデルの模式図
(Kerr, A. J. et al., 1975)

スが提案されている．リグニンを選択的に分解できる白色腐朽菌を用いると，リグニン分解に伴うセルロースの分解が少なく，しかも脱リグニンの進行とともにセルラーゼと接触しやすい状態のセルロース（露出したセルロース）が増加する．これに対し，リグニン分解の選択性が低い白色腐朽菌では，リグニン分解と同時にセルロースをも分解してしまい，セルラーゼと接触しやすい状態のセルロースはさして増えない．よって，木材糖化前処理としての効果を高めるには，白色腐朽菌がリグニンを高度にかつ選択的に分解することが重要となる[6]．

(4) バイオレメディエーション

バイオレメディエーション（生物的環境修復, bioremediation）とは，生物（主に微生物）の機能を利用して環境汚染物質を分解，無毒化する技術のことであり，エネルギー消費が少なく薬品を使用しないことから，省エネルギー，低環

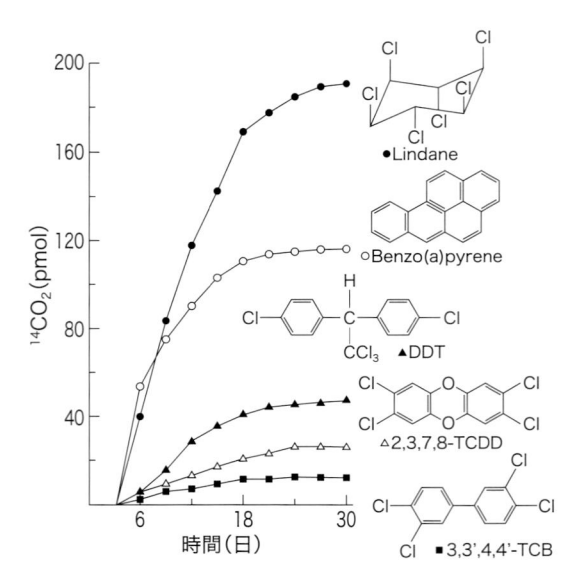

図6-7 *Phanerochaete chrysosporium* による難分解性物質の分解
(Bumps, J. A. et al., 1985)

境負荷型の技術として注目されている．バイオレメディエーションは，汚染サイトに存在する微生物の活性を高めることで環境を修復するバイオスティミュレーション（biostimulation）と，汚染サイトに分解能力の高い微生物を外部から導入して修復するバイオオーギュメンテーション（bioaugmentation）に分類されるが，白色腐朽菌は一般の汚染サイトには存在しないことから，白色腐朽菌を用いる汚染サイトの修復はバイオオーギュメンテーションに相当することになる．

1985年，Bumpsらは白色腐朽菌が芳香族性のリグニンを分解することに着目して，*Phanerochaete chrysosporium*（和名なし）による芳香族性環境汚染物質の分解を試み，図6-7に示すような物質が分解されることを明らかにした[7]．その後，白色腐朽菌およびリグニン分解酵素をバイオレメディエーションに応

表6-3 白色腐朽菌およびリグニン分解酵素で分解される環境汚染物質

多環式芳香族炭化水素	農薬	トリフェニルメタン系染料
Benzo(a)pyrene	DDT	Crystal violet
Phenanthrene	Lindane	Cresol red
Anthracene	(2,4,5-Trichlorophenoxy) acetic acid	Bromphenol blue
Fluoranthene	Chlordane	Ethyl violet
Benzo(b)fluoranthene	Dieldren	Malachite green
Benzo(k)fluoranthene		Brilliant green
Indeno(ghi)pyrene	ニトロ化合物	
Benzoperylen	Dinitrotoluene	船底防汚剤
Fluorene	Trinitrotoluene	Irgarol 1051
	Nitroglycerin	
芳香族炭化水素		合成高分子
Benzene	クロロアニリン	Polyethylene
Ethylbenzene	4-Chloroaniline	Nylon
Toluene	3,4-Dichloroaniline	Polyacrylic acid
Xylene		
	アゾ系染料	エストロゲン（様）物質
クロロフェノール	Orange II	Bisphenol A
Pentachlorophenol	Tropaeolin	Nonylphenol
2,4-Dichlorophenol	Congo red	4-*tert*-Octylphenol
		17β-estradiol
ポリ塩化ビフェニル	アントラキノン系染料	Ethinylestradiol
3,4,3',4'-Tetrachlorobiphenyl	Fast sky blue B	Methoxychlor
	Sky blue FSE	Genistein
ダイオキシン		Butylparaben
2,3,7,8-TCDD		

用しようとする研究に拍車がかかり，現在では種々の芳香族性環境汚染物質の分解が確認されているが（表6-3），生分解を受けないとするのが定説であった非芳香族性のポリエチレンやナイロンも分解されることが示されている[8]．このように，白色腐朽菌は芳香族および非香族性の難分解性物質を分解でき，ほかの微生物と比べると基質特異性が低く，多機能を有する微生物といえる．

2．セルロースの生分解

1) セルロースを分解する生物

　セルロースを分解する生物は，好気性細菌，嫌気性細菌，また動物や昆虫の消化器官に存在するルーメン細菌，放線菌，酵母，子嚢菌や担子菌などの糸状菌に至るまでの微生物に幅広く分布しており，またそれぞれが多様なセルロース分解酵素系を保持していることが知られている[1]．また，最近では，シロアリやその腸内原生動物にもセルロース分解酵素系が存在することが明らかとなってきている[2]．

　木材のような植物細胞壁中のセルロースを分解するためには，ヘミセルロースやリグニンに対する分解能力を同時に有していることが必要である．多くの生物の中でもリグニン分解能力を有するものは，担子菌類に属する糸状菌に限られている．木材を分解する担子菌類を木材腐朽菌と呼んでいるが，これらは前節で述べられているように，さらに木材の腐朽形態の差異によって白色腐朽菌と褐色腐朽菌に大別される．これらとは別に軟腐朽と呼ばれる木材腐朽形態も知られており，これには子嚢菌類や不完全菌類の糸状菌が関与している．このように，木材などの植物細胞壁中のセルロースの生分解においては糸状菌の果たす役割が大きいと考えられることから，本節では糸状菌によるセルロース生分解について述べる．

2）糸状菌によるセルロースの生分解

　セルロースはグルコース残基が β-1,4-グルコシド結合によって繰返し重合した直鎖の高分子化合物である．したがって，分子鎖レベルでのセルロースの生分解は β-1,4-グルコシド結合開裂による解重合である．β-1,4-グルコシド結合では2つのグルコース残基のC-1位とC-4位をつなぐO原子との間では分極化が起こっていることから，プロトンがO原子へ求電子的に攻撃することによって β-1,4-グルコシド結合の加水分解が起こる．糸状菌によるセルロースの生分解では，一般に菌体外にセルラーゼと総称される加水分解酵素を分泌して，この反応を常温下で進行させる．糸状菌が生産するセルラーゼは単一の酵素ではなく，同一菌株でも非常に多様なセルラーゼを生産することが知られている．また，セルロースの分子鎖の β-1,4-グルコシド結合は加水分解反応だけではなく，酸化反応によっても分解されることが知られている．その例としては，Fenton反応によって生成した強力な活性酸素種である水酸基ラジカルによる開裂反応があげられる．褐色木材腐朽菌によるセルロース生分解においては，このような酸化的な β-1,4-グルコシド結合開裂反応が関与していると指摘されている[3]．しかしながら，水酸基ラジカルによる酸化反応では生体反応に特徴的な基質認識や反応特異性を確保することが困難であることから，これらの酸化反応によるセルロース分解を正しく理解するためにはさらに検討が必要である．

　分子鎖レベルでのセルロースの生分解については以上述べた通りであるが，天然のセルロースは分子鎖が単独に遊離した形で存在するわけではなく，多数の分子鎖がパラレル方向で規則的に配列した結晶性のミクロフィブリル固体構造をとっている．したがって，糸状菌によるセルロースの生分解においては分子鎖の β-1,4-グルコシド結合の開裂以前の問題として，ミクロフィブリル固体構造に対するセルラーゼの作用特性についてまず考慮する必要がある．実際に，最近の研究では，セルラーゼによるセルロース分解はミクロフィブリル固体表面への吸着平衡状態が律速段階となることが指摘されている[4]．さらに，

木材をはじめとする植物の細胞壁中において，セルロースはヘミセルロースやリグニンなどと複合体を形成しているため，糸状菌は必ずしもセルロースを単独の物質として認識しているとは限らず[5]，セルロースをヘミセルロースやリグニンと同一次元上で捉えて，その生分解について考えていく必要がある．

3）セルラーゼ

セルラーゼは，糸状菌をはじめとする微生物によるセルロース生分解において中心的な役割を果たす酵素である．従来，セルラーゼはセルロース分解特性の差異によってエンド型グルカナーゼ（endo-glucanase, EG）とセロビオヒドロラーゼ（cellobiohydrolase, CBH）に大別されてきた．EGは非結晶化されたセルロースや可溶性セロオリゴ糖，さらにCMCなどのようなセルロース誘導体に対する反応性が高く，またそれらの分子鎖を内側からランダムに切断し重合度を著しく低下することを機能的特徴としている．その一方において，EGは結晶構造を持つセルロースミクロフィブリルへの反応性は低い．これに対して，CBHは結晶性セルロースを分解することができ，さらにセルロースの加水分解反応による主要な生成物としてセロビオースを与えることを機能的特徴としている．一方，CBHはCMCのようなセルロース誘導体への反応性は低い．さらに，すでに述べたように同一菌株でも性質の異なる複数のEGとCBHを生産することが知られていることから，EG I，EG II，EG III，CBH I，CBH IIといった番号を付け，個々の酵素をさらに区別することが行われてきた．また，最近の研究では，セルラーゼをEGとCBHといった概念で単純に分類することは必ずしも適切ではないことが示されている．しかしながら，EGやCBHという名称がすでに定着しているため，これらの用語は今でもセルラーゼの呼称として用いられている．

多くのセルラーゼについては，すでに一次構造（タンパク質としてのアミノ酸配列情報）が明らかにされているが，さらに主要なセルラーゼについてはタンパク質結晶に対するX線回折像の解析に基づき高次構造についても明らかにされている．その結果，現在では，セルラーゼは加水分解反応機能を有する

触媒ドメイン（catalytic domain）の高次構造の特徴に基づく糖質加水分解酵素ファミリー（glycoside hydrolase families, GHファミリー）の中で分類されている[6]．GHファミリーによる分類では，糸状菌由来セルラーゼは，ファミリー5，6，7，9，12，45，61，74など8つのファミリーに分布する多様な酵素群としてCAZy（Carbohydrate Active enZymes）データベースの中で位置付けられている[7]．

また，同一菌株においても同一GHファミリー内にセルラーゼと考えられる複数の酵素が存在する場合も多い．GHファミリー7に属するセルラーゼは糸状菌によるセルロース分解において主要な働きをするセルラーゼとして知られているが，すでに全ゲノム情報が開示されている担子菌 Phanerochaete chrysosporium においては，GHファミリー7に属するセルラーゼ遺伝子を6種類も有していることが明らかにされている[8, 9]．このようなことから，GHファミリーに対応付けた新たなセルラーゼの分類基準として，例えばGHファミリー7に属するセルラーゼはCel7とし，さらにGHファミリー7に属する個々のセルラーゼを区別するためにCel7のあとにアルファベットを付して，Cel7A，Cel7B，Cel7C，Cel7D，Cel7E，Cel7Fのように標記するに至っている．

糸状菌が生産するセルラーゼで最も多く研究されているのはトリコデルマ菌（現在は，子嚢菌 Hypocrea jecorina と分類されているが，不完全世代の Trichoderma reesei という学名で広く知れわたっている菌）が生産するセルラーゼCel7Aである．最近までの論文では，この菌が生産するCel7AはCBH Ⅰと記載されている．Cel7Aは，図6-8に示すように触媒ドメイン（catalytic domain）とセルロースに対して結合性のみを有する小さなドメイン（cellulose binding domain, CBD），さらに両ドメインをつなぐリンカー（linker）部分から構成される高次構造を有する一本鎖の酵素タンパク質である．なお，CBDは糖結合性モジュール（carbohydrate binding module, CBM）と呼ばれることが最近では普通になっている．CBMについても構造解析に基づき分類されているが，糸状菌が生産するセルラーゼのすべてのCBMは30数残基のアミノ酸配列によって構成されているCBMファミリー1に属している[7]．

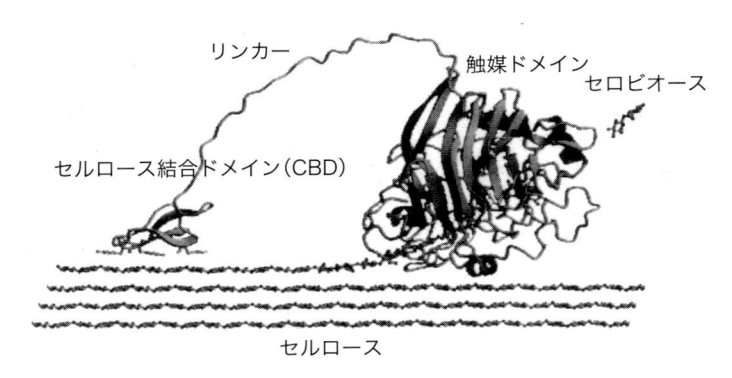

図6-8 トリコデルマ菌由来セルラーゼ Cel7A（CBHⅠ）の構造

　トリコデルマ菌由来 Cel7A は結晶性セルロースを加水分解できる酵素として知られているが，プロテアーゼ処理によってリンカー部分を切断して触媒ドメインから CBM を切り離すと，結晶性セルロースに対する加水分解活性がほぼ完全に失われることが実験的に示されている．しかしながら，可溶性セロオリゴ糖に対する活性については，リンカー部分の切断による CBM の欠落によっても変化しない．このことから，セルラーゼが結晶性ミクロフィブリル上のセルロース分子鎖を加水分解するためには，CBM が触媒ドメインと同一のセルラーゼ分子中に存在していることが必要であると理解できる．

　Cel7A など糸状菌由来セルラーゼの CBM では，チロシン（あるいはトリプトファン）残基などに存在する芳香環構造が 1.04nm 間隔にほぼ同一平面上で直線上に並んだ構造を有していることが知られている．この構造はセルロース分子鎖におけるセロビオース単位の繰返し構造に一致することから，芳香環の配列構造によって形成された平面を利用してセルラーゼはセルロース表面上に吸着し，分子鎖方向に酵素を配向させることで結晶性ミクロフィブリルの固体上に存在するセルロース分子鎖を効率的に加水分解反応することが可能となるが，その作用機構の詳細については明らかになっていない．

　さらに，セルラーゼが結晶性セルロースに作用するためには触媒ドメインについても以下の構造が条件として必要である．すなわち，触媒ドメインに存在

するセルロースのβ-1,4-グルコシド結合の加水分解反応を行う活性中心部分を覆うループ構造の存在が，結晶性セルロースに作用するためには重要な働きをする．図6-9に示すように，トリコデルマ菌由来のCel7A（CBHⅠ）には活性中心を覆うループ構造が存在するが，同菌由来のCel7B（EGⅠ）にはこのループが欠落している．このため，Cel7Aは結晶性セルロースを分解できるのに対して，Cel7Bはほとんど作用することができない．同菌が生産するGHファミリー6に属するCel6Aも結晶性セルロースに作用できるセルラーゼとして知られているが，このセルラーゼにおいてもCel7Aと同様にCBMの存在，さらに触媒ドメインの活性中心を覆うループ構造の存在が確認されている．以上のことから，セルラーゼが結晶性セルロースを分解するためにはセルラーゼ分子中にCBMが存在することと同時に触媒ドメインの活性中心がループ構造によって覆われていることが共通する必要性とみなせる．

さらに，図6-10に示すように，Cel7A（CBHⅠ）を高結晶性のセルロースに作用させるとミクロフィブリルの還元末端側から非還元末端側に向かってミクロフィブリルが細くなっていくことが電子顕微鏡観察によって明らかとなっており，一方，Cel6A（CBHⅡ）の場合は非還元末端から還元末端に向かってミクロフィブリルの分解が進行していることが明らかとなっている[10]．したがって，これらのセルラーゼによる結晶性ミクロフィブリルの分解ではセル

Cel7A（CBHⅠ）　　　　　Cel7B（EGⅠ）

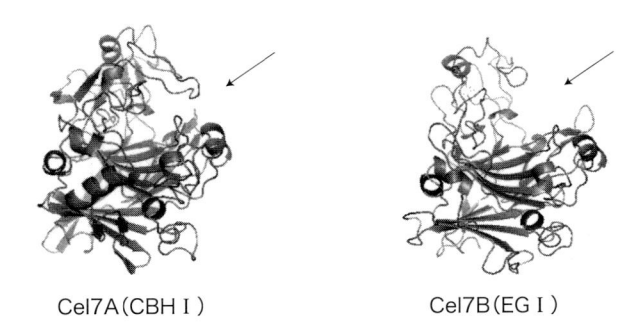

図6-9 トリコデルマ菌Cel7AおよびCel7Bの触媒ドメイン構造
矢印は活性中心を示す．

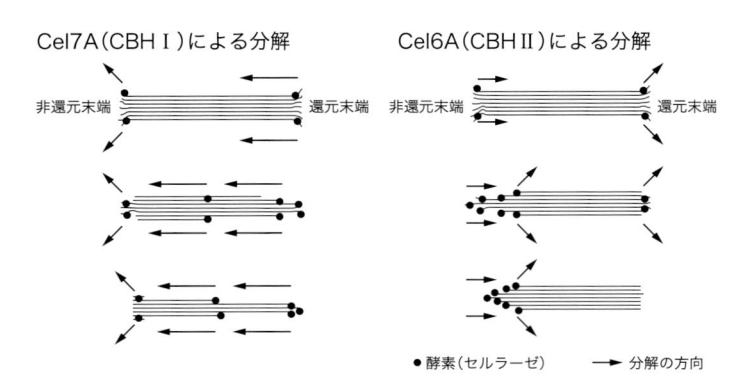

図6-10 トリコデルマ菌由来 Cel7A および Cel6A によるセルロースミクロフィブリルの分解パターン

ロース分子鎖の末端部分付近にまず結合し，その後，セルロース分子鎖を捕まえたまま，一方向に移動しながら，分子鎖を順次連続的に切断していくと考えられる．この現象をプロセッシブ的（processive）な分解と定義し，このような作用ができる Cel7A や Cel6A など従来 CBH と呼ばれてきたセルラーゼは，プロセッシブ酵素（processive enzyme）と呼ばれている．一方，Cel7B など従来 EG と呼ばれていたセルラーゼには活性中心を覆うループ構造が存在せず，セルロース分子鎖をプロセッシブ的に分解することができないことから，このような酵素を非プロセッシブ酵素（non-processive enzyme）と呼んでいる．セルラーゼに対するプロセッシブという概念は図 6-11 に示すようにまとめられるが，この考え方は従来からのエンド-エクソの概念とは大きく異なる．すなわち，前者の概念ではセルラーゼが最初に分子鎖を捉える位置については全く議論をしていないのに対して，後者の概念ではセルラーゼがセルロース分子鎖の中央部分を捉えるか，あるいは端部分を捉えるかといった，セルラーゼがセルロース分子鎖を捉える位置について議論している．また，最近の研究では，Cel7A は Cel7B と同様にセルロース分子鎖を中央部分から捉えることもできることが示されているので，Cel7A のエクソ的な認識はセルロースのミクロフィブリル構造における末端部分のアクセシビリティの高さに依存した現象と理解

第6章 木材の生分解

```
                セルロース分子鎖     セルラーゼ
                                活性中心
                ─○─○─○─○─○─○─○─○─○─○─
        processive 的な分解        non-processive 的な分解
                ↙                        ↘
              移動                        脱離
         ─○─○─●─●─○─○─           ─○─○─●─●─○─○─
         
              移動                        捕捉
         ─○─●─●─●─○─             ─○─○─●─●─●─○─
         
              移動                        脱離
         ─○─●─●─○  ●─○            ─○─○─○  ●─●─●─○
```

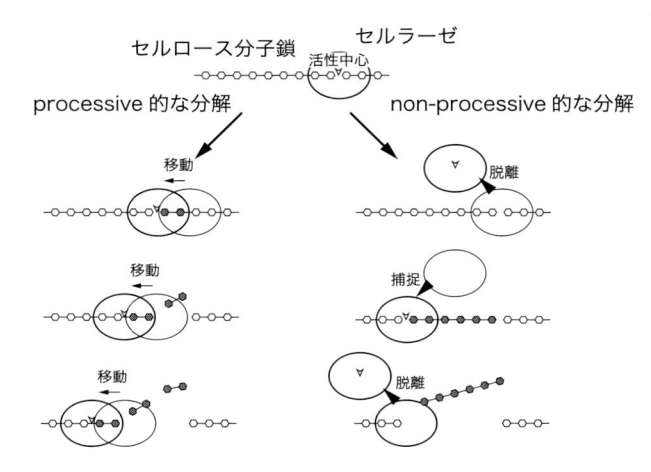

図6-11 セルラーゼによるセルロース分子鎖のプロセッシブ的分解に関する概念

される．したがって，セルロース分子鎖の分解というレベルにおいては真のエクソ型セルラーゼは存在しないと考えるべきである．

　セルラーゼによるセルロース分子鎖グルコシド結合の開裂機構は，アミノ酸残基からのプロトン供与に基づく酸加水分解反応である．図6-12に示すように，その反応はセルラーゼの触媒中心に存在する1つの酸性アミノ酸残基のカルボキシル基（AH）からのグルコシド結合の酸素へのプロトン付加により始まり，それと連動して C-1 位と酸素原子間の結合が開裂する．しかし，その後の水分子から C-1 位への水酸基転移については，セルラーゼの種類によって2通りの機構が存在することが知られている[6]．すなわち，1つの機構は切断されたグルコース残基の C-1 位がセルラーゼの触媒中心に存在するもう1つの酸性アミノ酸残基のカルボキシル基（B^-）と安定な中間体を形成し，同時にプロトン化を受けたグルコース残基が触媒中心から脱離する．それに引き続き A^- 基と C-1 位の間に水分子が入り込み，さらに正荷電を帯びた C-1 位によって水分子から水酸基が引き抜かれ，反応を完結する．この場合，加水分解反応によって C-1 位に導入された水酸基は元の β-グルコシド結合と同様

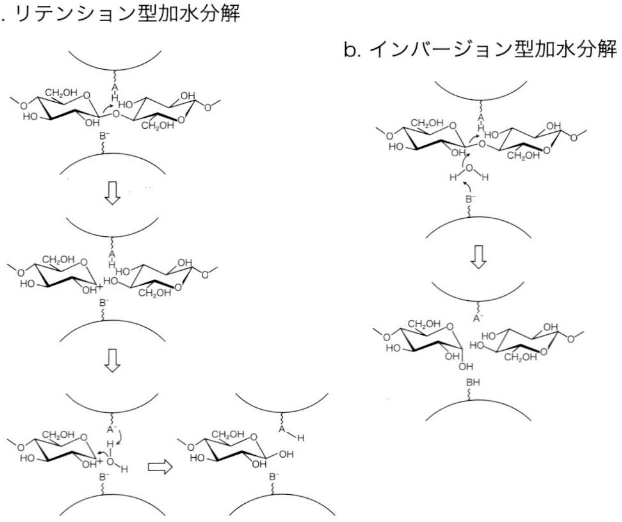

a. リテンション型加水分解

b. インバージョン型加水分解

図6-12 セルラーゼによるセルロース分子鎖グルコシド結合の開裂機構

に β 型の立体配置を保持しているので，このような加水分解様式をリテンション（retention）型加水分解と呼んでいる（図 6-12a）．リテンション型加水分解を行う酵素では，触媒中心に存在する 2 つのカルボキシル基（AH および B⁻）は 0.5 〜 0.6nm 程度の距離で対峙している．GH ファミリー 7 に属する Cel7A や Cel7B などのセルラーゼはこの様式でグルコシド結合を加水分解する．一方，AH 基からグルコシド結合へのプロトン化による開裂と連動して，B⁻基と C-1 位の間に配位していた水分子から水酸基が C-1 位に渡されることにより加水分解反応を完結する反応を触媒するセルラーゼも存在する．この場合，導入された水酸基は β - グルコシド結合に対して立体配置的に反転して α 型となるため，インバージョン（inversion）型加水分解と呼んでいる（図 6-12b）．また，この場合の触媒中心に存在する 2 つのカルボキシル基の距離は 0.9 〜 1.0nm 程度とされている．GH ファミリー 6 に属する Cel6A などはこの様式でグルコシド結合を加水分解する．

すでに述べた GH ファミリーによるセルラーゼの分類とグルコシド結合の加水分解様式ならびに触媒中心で加水分解反応に直接関与する酸性アミノ酸残基の間には明確な関係があり，同一ファミリーに属するすべての酵素で完全に保存されている（表6-4）．

セルラーゼの触媒中心でグルコシド結合の加水分解反応に直接関与しているのはグルタミン酸あるいはアスパラギン酸のカルボキシル基であるが，加水分解反応を触媒するためには片方のカルボキシル基はプロトン化されており（AH），もう一方は解離している（B⁻）ことが必要である．これらのカルボキシル基の pKa は通常は pH4.0 付近に存在することから，セルラーゼでは酸性領域に触媒活性の至適 pH を有する場合が多い．しかしながら，これらのアミノ酸残基にさらにヒスチジンなどが配位することによって pKa を高 pH 領域に移動させ，それにより触媒の至適 pH 領域を中性から弱アルカリ側に有するセルラーゼも存在する．

硫酸や塩酸などの強酸を用いてもセルロース分子鎖のグルコシド結合を加水分解することができるが，この場合は煮沸などの高温処理を行う必要がある．これは，分子鎖を切断する過程での反応中間体を形成するために，多大なエネ

表6-4 触媒ドメインの構造に基づく糖質加水分解酵素ファミリーによる糸状菌セルラーゼの分類

従来からの呼称	起源糸状菌の学名	糖質加水分解酵素ファミリー分類	ファミリーに基づく名称	プロトン供与アミノ酸残基	親核性/塩基性アミノ酸残基	開裂様式
EG II	*Trichoderma reesei*	5	Cel5A	Glu	Glu	Retention
EG I	*Schizophyllum commune*	5	Cel5A	Glu	Glu	Retention
CBH II	*Phanerochaete chrysosporium*	6	Cel6A	Asp	Asp	Inversion
CBH II	*Trichoderma reesei*	6	Cel6A	Asp	Asp	Inversion
CBH I	*Trichoderma reesei*	7	Cel7A	Glu	Glu	Retention
CBH I (CBH58)	*Phanerochaete chrysosporium*	7	Cel7D	Glu	Glu	Retention
EG I	*Trichoderma reesei*	7	Cel7B	Glu	Glu	Retention
EG I	*Humicola insolens*	7	Cel7B	Glu	GLu	Retention
EG III	*Trichoderma reesei*	12	Cel12A	Glu	Glu	Retention
EG V	*Trichoderma reesei*	45	Cel45A	Asp	Asp	Inversion
EG V	*Humicola insolens*	45	Cel45A	Asp	Asp	Inversion

ルギーを必要とするためである．これに対して，セルラーゼのような加水分解酵素では，セルロース分子鎖を触媒中心に捉えることで反応中間体を形成させるための活性化エネルギーを低減化させ，常温での加水分解を可能にしている．実際に，CBH I ではグルコシド結合切断部位の両側を合わせて 9 個のグルコース残基が触媒中心に取り込まれ，セルロース分子鎖が大きく曲げられて，しかも切断部位ではグルコース残基のピラノース環が大きく捻られていることが X 線回折の結果により明らかにされており[11]，これによりセルロース分子鎖の常温下での加水分解を可能にすると考えられている．

一方，天然のセルロースは遊離した分子鎖状態で存在するのではなく，結晶性ミクロフィブリル形態の固体状態で存在する．そのため，セルラーゼによるセルロース分子鎖の加水分解速度は，多くの生化学の教科書に記載されているような溶液系での酵素反応速度論を適用して解析することはできない．最近の研究では，セルラーゼによるセルロースの加水分解速度については，図6-13に示すように，酵素分子のセルロース分子鎖の加水分解速度がセルロース表面への吸着密度に依存していることが指摘されており，固体表面へのセルラーゼの飽和吸着量（A_{max}）に対する吸着密度（$\rho = A/A_{max}$）に基づく反応速度論が提案されている[4]．

糸状菌が生産するセルラーゼとして知られている酵素は，GH ファミリー 7

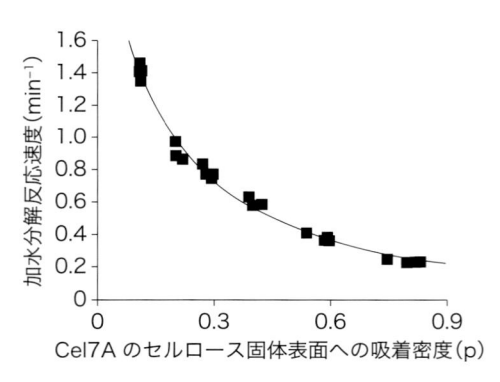

図6-13 セルロース固体表面への Cel7A の吸着密度がグルコシド結合の加水分解速度に与える影響

やファミリー 6 に属する以外に，GH ファミリー 5，12，45，61，74 などに属するものなど多岐にわたっている．しかしながら，これらのファミリーに属するセルラーゼと考えられてきた酵素は，ヘミセルロースに対する活性を有するものも少なくない．また，白色腐朽菌と褐色腐朽菌においてはセルロースの分解形態が大きく異なるが，この大きな原因は両者における GH ファミリー 7 に属するセルラーゼの生産能力とその機能の差異に基づくと考えられている．ごく最近になって，褐色腐朽菌 *Postia placenta* において全ゲノム情報が解読された[12]．その結果，本菌のような褐色腐朽菌では，Cel7 や Cel6 に相当する遺伝子を保持していないことが明らかとなっている．一方，同じ褐色腐朽菌でも *Coniophora puteana* の場合は Cel7 酵素を生産する．したがって，これまでは白色腐朽菌と褐色腐朽菌の間だけでセルロース分解に関与するセルラーゼの差異について議論をしてきたが，今後は褐色腐朽菌内でのセルロース分解ならびにそれに関与するセルラーゼの差異についても議論を進めて行く必要がある．

4）β-グルコシダーゼとセロビオース脱水素酵素

　糸状菌による菌体外におけるセルロースの生分解については，従来は CBH によるセルロースの加水分解によって生成したセロビオースがさらに菌体外に存在する β-グルコシダーゼによってグルコースに変換されたのち，菌体内に取り込まれてエネルギー源として代謝されていくと考えられてきた．しかしながら，現在，この考え方は大きくかわりつつある[13, 14]．

　糸状菌が生産する β-グルコシダーゼ（Bgl）は GH ファミリー 1 あるいは 3 に属することが知られている．このうち，菌体外酵素として存在する Bgl は GH ファミリー 3 に属するが，最近の研究によって，少なくとも担子菌 *Phanerochaete chrysosporium* がセルロース分解培養系で生産する Bgl3 についてはセロビオースを良好な基質とする酵素ではなく，菌体細胞壁成分である β-1,3-グルカンの分解に関与する酵素であることが明らかにされた．また，多くの糸状菌はセルロース分解時にセルラーゼや β-グルコシダーゼなどの加水分解

酵素とともにセロビオースの還元末端の脱水素反応を触媒する酸化還元酵素であるセロビオース脱水素酵素（cellobiose dehydrogenase, CDH）を菌体外に生産する．CDHは適当な電子受容体の存在下でセロビオースをセロビオノラクトンに酸化するが，CDHによるこの反応によりセルラーゼはセロビオースによる生成物阻害を受けることなくセルロースに対して効率的に働くことができるようになることも実験的に示唆されている．また，セロビオースに対するCDHの親和性がβ-グルコシダーゼに比べて著しく高いことも明らかとなっている．したがって，CDHを生産する多くの糸状菌でのセルロース分解では，CDHが菌体外でのセルロース分解過程でのセロビオース代謝において一定の役割を果たしているものと予想される．

一方，GHファミリー1に属するβ-グルコシダーゼ（Bgl1）は菌体内酵素として知られているが，この酵素群の中には，前述のBgl3に比べてセロビオースに対応する親和性が著しく高い酵素が存在することが明らかとなっている[15]．

5）セルラーゼの利用

微生物の生産するセルラーゼのいくつかについては遺伝子組換え発現系などを利用して工業的に大量生産されており，さまざまな用途に利用されている[16]．セルラーゼは，常温で作用できる触媒として機能できることにより特殊な反応装置を必要としないこと，またタンパク質なので使用後に環境中に排出されても容易に分解されるため廃液処理の必要がないことなど，利用上多くの利点を持っているため，セルロース繊維の加工処理や洗剤成分として大きな市場を獲得している．さらに，最近になって，ガソリンの代替エネルギーとしてセルロース系バイオマスからのエタノール生産への動きが非常に活発化しているが，その中でセルラーゼやβ-グルコシダーゼなどの酵素によるセルロースのグルコースへの効率的な変換が注目を集めている．

3. ヘミセルロースの生分解

1) ヘミセルロース分解酵素

　ヘミセルロースを加水分解する酵素は,総称してヘミセルラーゼと呼ばれる．代表的なヘミセルラーゼとしてβ-D-キシラナーゼとβ-D-マンナナーゼがあげられるが,これらの多糖加水分解酵素（glycan hydrolase）は高分子の基質に作用するもので，ヘミセルロースを単糖にまで加水分解するためには，側鎖の枝切酵素を含めて,オリゴ糖を単糖に加水分解する一連のα-, β-グリコシダーゼ（glycosidase）も必要である．

　ヘミセルロースのような多糖を加水分解する酵素の作用様式はエンド（endo）型とエキソ（exo）型の2つに大別できる．エンド型の酵素は多糖に対してランダムな様式で攻撃し，基質の重合度を著しく低下させる．エンド型酵素の作用により，多糖は徐々により短いフラグメントになり，もはやそれ以上分解されない単糖やオリゴ糖が生成するまで酵素の作用は続く．エキソ型の酵素は，多糖の末端から順次作用して，単糖またはオリゴ糖単位で生成物を遊離する．この酵素の攻撃の位置は，通常，多糖の非還元末端側である．ほとんどのヘミセルラーゼの作用様式はエンド型であるとみられるが，エキソ型の作用様式を持つ酵素の報告例もある．

　ヘミセルラーゼの起源は，バクテリア，糸状菌，酵母，原生動物，軟体動物，高等植物など生物界全般にわたるが，特にキシラナーゼの分布は広い．酵素生産能の高い主要な起源はバクテリアと糸状菌で，それらの酵素が菌体内や菌体表面に分布するという報告もあるが，通常，菌体外に生産される．微生物起源のヘミセルラーゼは誘導的に，あるいは構成的にも生成される．

2) β-D-キシラナーゼ

　β-D-キシラナーゼ（EC 3.2.1.8）は，広葉樹の4-O-メチルグルクロノキシ

ランや，針葉樹のアラビノ-4-O-メチルグルクロノキシランのβ-キシロシド結合の加水分解を触媒するエンド型の酵素である．糸状菌のキシラナーゼでは，トリコデルマ属やアスペルギルス属を中心に多くの報告がある．トリコデルマ属の生産するキシラナーゼは等電点の違いによって2つのタイプ（9.0付近と5.5付近）に分けられる．*Trichoderma reesei* の等電点が9.0と5.5のキシラナーゼは，それぞれ異なる遺伝子の産物であることが確認されている．*Aspergillus niger* は，キシラナーゼについて最も研究されている糸状菌の1つで，5種の主要成分が精製され，それらの酵素的性質や作用機作が報告されている．これらの多成分のキシラナーゼの分子量にはかなりの幅（13～50kDa）が認められ，至適pHはトリコデルマ属と同様に5.0付近にある．微生物が性質の異なる複数成分のキシラナーゼを持つことは，キシラン分解系でそれぞれ重要な機能を担っているためと考えられる．

　バクテリア起源のキシラナーゼでは，枯草菌と放線菌について詳細に研究されている．糸状菌と同様に，バクテリアについても2つのタイプのキシラナーゼが見出されている．1つのタイプは30kDa以下の低分子量でアルカリ域の等電点を持つもの，もう1つのタイプは酸性ないしは中性の等電点で高分子量（40～72kDa）のものである．バクテリアのキシラナーゼは糸状菌のキシラナーゼよりも高い至適pH域（5.0～9.5）を持ち，好アルカリ性の枯草菌や *N. dassonvillei* のキシラナーゼのようにアルカリ性のpHでも比較的高い活性を示すものが知られている．糸状菌のキシラナーゼとの比較で，バクテリアのキシラナーゼのもう1つの特徴は熱安定性である．報告されている最も熱安定なキシラナーゼは高温性 *Thermotoga* 属のもので，105℃，20分の加熱に対しても活性の半分は残存する．

　エンド型のキシラナーゼは高分子のキシランに対して高い活性を示すが，低分子のキシロオリゴ糖に対する加水分解の速度は，鎖長が短くなるほど低下する．キシロビオースに対しては作用せず，キシロトリオースに対しては，作用する酵素と作用しない酵素があるが，作用する場合でも活性は低い．キシラナーゼによる広葉樹キシランや針葉樹キシランからの主な分解生成物は，キシロー

第6章 木材の生分解

ス,キシロビオース,キシロトリオースと側鎖の糖残基を持つ重合度が3〜5のヘテロキシロオリゴ糖類である.ヘテロキシロオリゴ糖における側鎖の位置やオリゴ糖の重合度は,キシラナーゼの作用機作により異なる.Dekker[1] は,さまざまなキシラナーゼの作用でアラビノキシランとグルクロノキシランから生成する側鎖を持つキシロオリゴ糖類の構造を比較している(図6-14).広葉樹キシランや針葉樹キシランはいずれも 4-O-メチルグルクロン酸側鎖を持っているが,これまでに報告されたキシラナーゼはキシロオリゴ糖鎖の非還元末

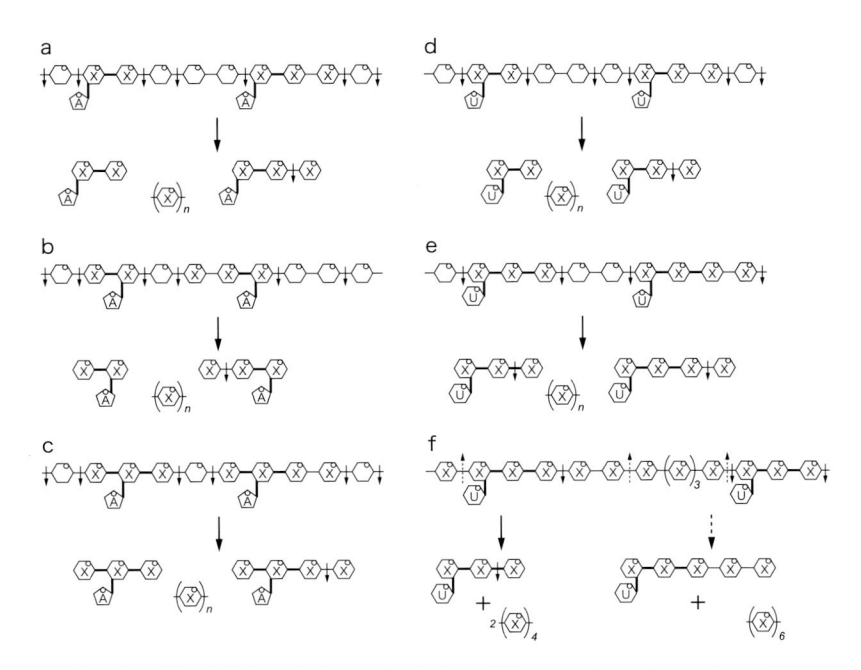

図6-14 種々の微生物起源のキシラナーゼの作用でアラビノキシラン(a〜c)やグルクロノキシラン(d〜f)から生成した側鎖を有するキシロオリゴ糖の構造[1]

a:*Ceratocystis paradoxa, Sporotrichum dimorphosphorum, Streptomyces* 属, b:*Asperglillus niger*, c:*Cephalosporium sacchari*, d:*Trichoderma viride*, e:*Aspergillus niger, Oxiporus* 属, *Sporotrichum dimorphosphorum*, f:*Trametes hirsuta*. (Reprinted from Biosynthesis and Biodegradation of Wood Components, Dekker, R. F. H., Biodegradation of Hemicelluloses, pp.522-523, 1985, with permission from Elsevier)

端に側鎖のウロン酸残基を持つオリゴ糖を生成する．したがって，これらのキシラナーゼはキシラン主鎖中に分布するウロン酸側鎖の左側の β-キシロシド結合に対して高い親和性を持つが，分岐の右側の3個程度までの β-キシロシド結合に対してはウロン酸側鎖が立体障害となり，近付くことができないことを示している．一方，*Aspergillus niger* や *Cephalosporium sacchari* のキシラナーゼによるアラビノキシランからの生成物には，還元末端やオリゴ糖鎖の中間に側鎖の糖残基を持つキシロオリゴ糖類が報告されている．キシラナーゼの中にはアラビノキシランのアラビノース側鎖を遊離する能力を併せて持つタイプも存在するが，グルクロノキシランの 4-O-メチル-グルクロン酸側鎖を遊離するものは知られていない．

　セルロースとキシランの基本構造は類似しており，それらの違いはセルロースのグルコース残基の C-6 である $-CH_2OH$ が $-H$ に置換されただけである．このためセルラーゼとキシラナーゼにおいて，それぞれの基質に対する酵素の作用様式や両酵素の触媒ドメインの構造が似ている可能性がある．触媒ドメインを 1 つしか持たない酵素で，セルラーゼとキシラナーゼの両方の活性を併せ持つ基質特異性の広い酵素は，これまでに数多く報告されている．

　糸状菌，バクテリア，酵母から単離されたセルラーゼやヘミセルラーゼの触媒ドメインは，そのアミノ酸配列の相同性および疎水性クラスター分析に基づいてアルファベットの A から L までのファミリーに分類されていたが，ファミリー分類が糖質加水分解酵素全般に拡大され，ファミリー名が数字で表されるよう改められた[2]．好アルカリ性 *Bacillus* 属，*Clostridium thermocellum*，*Cryptococcus albidus* および *Caldocellum saccharolyticum* のキシラナーゼはファミリー 10 であり，*Aureobasidium* 属，スエヒロタケ，*Chania* 属，*Bacillus pumilus*，*B. subtilis*，*B. circulans*，*Trichoderma harzianum*，*T. viride* および *T. reesei* のキシラナーゼはファミリー 11 である．これらの 2 つのファミリー間に一次構造上のホモロジーはほとんど認められていない．ファミリー 10 に属するキシラナーゼは，20kDa 程度の小さな分子量を持つのに対して，ファミリー 11 に属するキシラナーゼはより大きい分子量を持っている．同じファミリー

に属する酵素はアミノ酸配列の相同性が低い場合でも類似のタンパク質フォールドをとり，類似の触媒機構で作用する．触媒効率を向上させるうえで酵素の3次元構造の知見が必要であるが，これまでにキシラナーゼを含む9つのセルラーゼファミリーの3次元構造が解析され，それらの類似性が明らかになっている[3]．

3) β-D-マンナナーゼ

β-D-マンナナーゼ（EC 3.2.1.78）は，グルコマンナンやガラクトグルコマンナンのβ-マンノシド結合の加水分解を触媒する酵素で，ほとんどがエンド型の作用様式であるが，エキソ型の作用様式の酵素も報告されている．糸状菌のマンナナーゼは誘導酵素であると考えられているが，セルロースを炭素源としても生産される．*Thermoascus aurantiacus* のマンナナーゼはマンノースを炭素源として生産される．バクテリアのマンナナーゼは誘導酵素であり，グルコマンナンやガラクトグルコマンナンを炭素源として生産される．

キシラナーゼと同じように，糸状菌起源のマンナナーゼには通常多くの酵素成分が認められている．これは，木質化した組織におけるグルコマンナンやガラクトグルコマンナンの構造と分布が複雑であり，それらの基質を効率的に分解するためには，相互に機能を分担しあう複数の酵素成分が必要であるからと考えられる．糸状菌の生産するマンナナーゼでは *Thielavia terrestris* とカワラタケについて詳細な研究があり，カワラタケから精製されたマンナナーゼ成分間で一部相乗作用が確認されている．報告された糸状菌のマンナナーゼの等電点はいずれも酸性域（3.2〜6.5）にあり，分子量は30〜89kDaの範囲で，また至適pHは3.0〜5.5の酸性域である．

バクテリア起源のマンナナーゼについては枯草菌，放線菌，*Aeromonas hydrophia*，*Pseudomonas* 属などでよく研究されている．報告されたマンナナーゼの等電点は酸性域（3.6〜5.2）にあり，分子量は34〜73kDaの範囲にある．糸状菌のマンナナーゼとの違いはあまり認められていないが，好アルカリ性の *Bacillus stearothermophilus* からアルカリ域に至適pHを持つマンナナーゼや，

Caidocellum saccharolyticum から耐熱性のマンナナーゼが見出されている.

エンド型のマンナナーゼはグルコマンナンやガラクトグルコマンナンに作用して,マンノース,マンノビオース,マンノトリオースやマンノース残基のほかに,グルコース残基やガラクトース残基からなるヘテロオリゴ糖を生成する.マンノビオースに対しては作用せず,マンノトリオースに対しては作用する酵素と作用しない酵素がある.筆者のグループは担子菌オオウズラタケのマンナナーゼ[4]でカラマツのグルコマンナンを分解したが,表6-5に示すように単糖類と4糖までのさまざまなオリゴ糖が得られた.非還元末端にグルコース残基を持つマンノオリゴ糖がかなり多く単離されたことから,オオウズラタケのマンナナーゼはグルコマンナン中のβ-D-Glcp-(1→4)-β-D-Manpに対してよりも,β-D-Manp-(1→4)-β-D-Glcpに対してより高い親和性を持つことが認められた[5].グルコマンナンやガラクトマンナンからのマンナナーゼによる分解生成物の収量は,基質のマンナン主鎖にどれだけの分岐が存在するかによって決まる.セルロース誘導体に対するセルラーゼの作用が置換基分布に依存するのと同様に,エンド型のマンナナーゼは分岐を持たない2個以上のマンノース残基が連なるβ-マンノシド結合に作用できる.グルコマンナンのマンナナーゼによる分解率は,グルコース残基とマンノース残基の構成比率によって影響される.

表6-5 グルコマンナン(10g)の酵素分解により生成した画分の収量と構造[5]

画分	収量 mg	酵素分解生成物の構造
1:E1	454	D-Mannose
1:E2	393	D-Glucose
2:E1	1,334	4-O-β-D-Manp-D-Man
2:E2	345	4-O-β-D-Glcp-D-Man
2:E3	14	4-O-β-D-Glcp-D-Glc
3:E1	447	O-β-D-Manp-(1→4)-O-β-D-Manp-(1→4)-D-Man
3:E2	443	O-β-D-Glcp-(1→4)-O-β-D-Manp-(1→4)-D-Man
3:E3	74	O-β-D-Manp-(1→4)-O-β-D-Glcp-(1→4)-D-Man
3:E4	20	O-β-D-Manp-(1→4)-O-[α-D-Galp-(1→6)]-D-Man
4:E1	54	O-β-D-Manp-(1→4)-O-β-D-Manp-(1→4)-O-β-D-Manp-(1→4)-D-Man
4:E2	135	O-β-D-Glcp-(1→4)-O-β-D-Manp-(1→4)-O-β-D-Manp-(1→4)-D-Man

キシラナーゼと比べて，マンナナーゼではアミノ酸配列の一次構造が決定された例は限られている．*Caidocellum saccharolyticum* と *Bacillus* 属のマンナナーゼのアミノ酸配列が互いに比較されたが，類似性は見出されていない．*C. saccharolyticum* のマンナナーゼは，そのアミノ酸配列からファミリー 5 との類似性が認められている．

4）そのほかのヘミセルラーゼ

β-キシロシダーゼ（EC 3.2.1.37）はキシロビオースや 2 糖より大きいキシロオリゴ糖の β-キシロシド結合の加水分解を触媒し，キシロースを生成する酵素である．キシロビオースに対する活性が最も高く，キシロオリゴ糖の鎖長が増加するに従って活性は低下し，高分子キシランに対しては作用しない．糸状菌やバクテリア起源のキシロシダーゼの分子量は，一般にキシラナーゼの分子量よりも大きく，100kDa を超えて，2 個以上のサブユニットからなるものも報告されている．β-グルコシダーゼや α-アラビノシダーゼの活性を併せ持つ基質特異性の広いキシロシダーゼも報告されている．

β-マンノシダーゼ（EC 3.2.1.25）はマンナンの β-マンノシド結合の加水分解を触媒し，非還元末端からマンノースを生成する酵素である．*Tremella fuciformis* のマンノシダーゼでは，マンノビオースに対する活性が最も高く，マンノオリゴ糖の鎖長が増加するに従って活性は低下する．糸状菌やバクテリアのマンノシダーゼの分子量は $64 \sim 140$ kDa である．

α-アラビノシダーゼ（EC 3.2.1.55）はアラビノ-4-O-メチルグルクロノキシランの側鎖，アラビナン，アラビノガラクタンなどの非還元末端に位置するアラビノースを加水分解して遊離する酵素である．糸状菌やバクテリアのアラビノシダーゼについて多くの報告があるが，大半がビートのアラビナンのようなアラビノース残基からなる高分子の加水分解に関するもので，木材ヘミセルロースの酵素加水分解におけるアラビノース側鎖の枝切酵素としての役割を検討した報告は少ない．*Aspergillus awamori* のアラビノシダーゼは，アラビノキシランから単一側鎖のアラビノースを遊離する．

α-グルクロニダーゼ（EC 3.2.1. ）は，広葉樹キシランや針葉樹キシランの主鎖とウロン酸側鎖のα-グリコシド結合の加水分解を触媒する酵素である．担子菌のツクリタケ（マッシュルーム）やオオウズラタケにこの枝切酵素を生産することが報告されているが，この酵素は高分子のキシランの側鎖に直接攻撃するのではなく，エンド型のキシラナーゼの作用により，キシランから生成する側鎖を持つキシロオリゴ糖に対して活性を示すことが認められている．

α-ガラクトシダーゼ（EC 3.2.1.22）は，ガラクトオリゴ糖，ガラクトグルコマンナン，ガラクタン，アラビノガラクタンなどの側鎖や非還元末端に位置するガラクトース残基を加水分解して遊離する酵素である．*Aspergillus niger* や *A. tamarii* のガラクトシダーゼは高分子のガラクトマンナンに作用し，ガラクトースを遊離する．

広葉樹キシランや針葉樹のグルコマンナン，ガラクトグルコマンナンが完全に分解されるためには，それらのヘミセルロースのアセチル基を遊離するエステラーゼの作用が必要である．アセチル基を含有する広葉樹キシランに対して，数種の糸状菌がアセチルエステラーゼ活性を持つことが報告されており，この酵素はキシランアセチルエステラーゼと名付けられている．

5）ヘミセルロース分解酵素の利用

現在，わが国ではトウモロコシの穂軸を原料としたキシロビオースを主体とするキシロオリゴ糖が，エンド型キシラナーゼを用いる酵素法で製造され，健康飲料に利用されている．キシロオリゴ糖のように，ヒトが摂取しても消化管で吸収されず，大腸に達して腸内細菌に利用され，ビフィズス菌など有用菌優勢の腸内フローラを形成し，腸の働きを正常に保ち免疫機能を高める役割を果たす物質をプレビオティクス（prebiotics）と呼んでいる．

最近，クラフトパルプの漂白にキシラナーゼを利用する技術が実用化された．クラフトパルプの漂白は塩素系の薬品で行われてきたが，塩素化ダイオキシンなど有機塩素化合物の排出規制が厳しくなったことに伴い，二酸化塩素を使用しても分子状塩素は使用しない ECF（elementary chlorine free），あるいは塩

素を全く使用しない TCF（total chlorine free）などの漂白工程の検討が進められてきた．その契機になったのが，キシラナーゼで処理することによりクラフトパルプの漂白性が改善されて，より高い白色度が得られ，塩素の使用量の削減に繋がったという 1986 年の Viikari らの発表[6] である．酵素処理によって，塩素の消費量が削減される程度はパルプの種類，パルプ中の残存リグニン量，酵素処理後の漂白シークエンスによって異なり，キシラナーゼのほかにマンナーゼやヘミセルロースの枝切酵素が共存することによる効果も認められた．針葉樹のクラフトパルプの場合，酵素処理により 25% 程度の活性塩素の削減効果が認められ，工場から排出される全有機塩素(AOX)も 15〜20% 低下した．

キシラナーゼによるクラフトパルプ残存リグニンの分解は期待できず，なぜ漂白性が改善されるのか，その機構について研究が行われている[7]．クラフト蒸解が進みアルカリ濃度が低下してくると，蒸解液にいったん溶出したヘミセルロース（キシラン）が結晶化してパルプ繊維表面に吸着する．また，高温，アルカリ条件の蒸解時に，木材中のキシランの 4-O-メチルグルクロン酸側鎖の過半は β-脱離を受けてヘキセンウロン酸側鎖に変換される．ヘキセンウロン酸は二重結合を持つことから，漂白の工程で漂白剤を消費する．広葉樹クラフトパルプのキシラナーゼ処理により，吸着キシランを酵素分解生成物として回収後，パルプ繊維中に残存するキシランをアルカリで抽出し，両キシラン画分のウロン酸残基の組成を比較したところ，表 6-6 に示すように，ヘキセンウロン酸はパルプ繊維表面の吸着キシランに高い割合で存在していることが明らかになった．

表 6-6 広葉樹クラフトパルプ（カッパ価：12.7，粘度：38.3cP）の全キシラン，吸着キシランおよび残存（非吸着）キシランのウロン酸組成[7]

キシラン画分	パルプのキシラン組成率（%）	キシランのウロン酸残基当たりのキシロース残基数	ウロン酸組成（%）	
			4-O-Me-GlcA*	HexUA**
全キシラン	100	13.9/1.0	40.2	59.8
吸着キシラン	21.5	10.2/1.0	28.7	71.3
残存キシラン	78.5	14.6/1.0	41.6	58.4

*4-O-Me-GlcA：4-O-Methylglucuronic acid group, **Hex UA：Hexeneuronic acid group

したがって，クラフトパルプ中の残存リグニンは，漂白剤を消費するヘキセンウロン酸側鎖を持つキシランに覆われ，この修飾を受けたキシランとの結合でリグニン・炭水化物複合体を形成し，分子サイズの大きいリグニンがパルプ繊維から離脱するのを物理的に妨害する．キシラナーゼの作用はヘキセンウロン酸側鎖をキシラン主鎖から単独で遊離するものではなく，ヘキセンウロン酸側鎖を非還元末端に持つ4糖のキシロオリゴ糖として分解物を生成する．漂白剤消費に関係するヘキセンウロン酸の一部が除去されることに加え，キシラナーゼ処理によりクラフトパルプ繊維に細孔径 28～49 μm の細孔が著しく増加し，繊維の細孔容積の増加により残存リグニンの反応性の高まることが漂白性の改善に結び付いている．

漂白工程でのキシラナーゼの利用は，リグニン除去や漂白剤の消費削減の手段として高く評価でき，すでにフィンランドや北米で実施されている．今後の展開としては，TCF を目指してパルプ中の残存リグニンに直接作用するリグニンペルオキシダーゼやマンガン要求性ペルオキシダーゼなど，リグニン分解酵素との併用が考えられる．

4．リグニンの生分解

1）リグニン分解菌

リグニンは地球上で最も難分解性の天然高分子の1つであり，植物の細胞壁や細胞間層で，セルロースを包み込むように沈積している（☞第4章）．地球上で最も大量に蓄積しているバイオマスであるセルロースの生分解は，リグニンの存在により妨害されている．また，リグニン自体もセルロースに次いで蓄積量の多いバイオマスであり，リグニンの生分解（無機化）は，地球生物圏の炭素循環において重要な役割を果たしている．

1936年に発表されたリグニン生分解に関する最初の総説で，植物細胞壁中のリグニンが微生物の攻撃に対して抵抗性を示すことが報告されている．さ

らに，リグニンの生分解に関わる微生物の多くが担子菌類であることが示された[1]．その後，リグニンの化学構造が明らかになる1960年代まで，生分解の研究は緩やかに進展した．1960年代から70年代に，リグニンモデル二量体や^{14}C（放射能）標識された合成リグニンを用いた解析技術が開発され[2]，リグニン分解の定量的な解析が可能になったことで研究が加速した．

　木材腐朽菌は白色腐朽菌，褐色腐朽菌，軟腐朽菌の3種類に分類される．白色腐朽菌は，樹木の主要成分をすべて完全分解することができる（図6-15）．白色腐朽菌という名称は，これらの菌によりリグニンが除去され，セルロース相対濃度が高くなり，腐朽材が白く見えることによる．数千の白色腐朽菌が同定されているが，それらのほぼすべてが担子菌類である[3]．褐色腐朽菌も木材腐朽性担子菌であるが，多糖類の分解を行うものの，リグニンの重量減少は引き起こさない．一方，褐色腐朽菌により腐朽された材中のリグニンは，メトキシル基の含量が減り，フェノール性水酸基，カルボキシル基および共役カルボニル含量が増加することが報告されている．共役カルボニルの増加に伴いリグニンが濃色化し，腐朽材が褐変することから，褐色腐朽菌と呼ばれる．軟腐朽菌は，湿潤状態にある木材の表面を特徴的に軟化させる．多くは子嚢菌あるいは不完全菌に分類されている．^{14}C-リグニンを用いた検討から，無機化が起こることが示されているものの，自然界における軟腐朽菌の役割はまだ不明な点

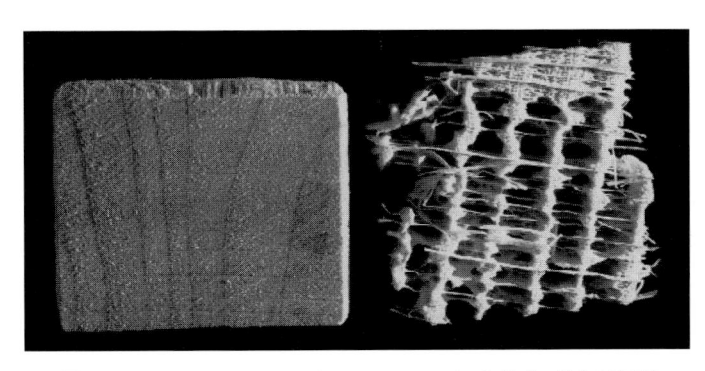

図6-15 *Phanerochaete chrysosporium* によるカバ材の腐朽
左：健全材，右：6ヵ月腐朽させた材．

が多い．

　細菌類や不完全菌に分類されるいくつかの土壌菌類により，リグニンモデル化合物の分解が報告されているが，^{14}C-リグニンを効率よく無機化する菌は見出されていない．しかし，樹木中のリグニンはそのすべてがそのまま直接無機化されるだけではなく，土壌フミン質を経て，ゆっくり分解される経路も考えられており，担子菌以外の生物の関与も検討する必要があろう．

2）白色腐朽菌により腐朽された材中のリグニン

　リグニンの完全分解における最も重要な生物であることから，リグニン生分解研究に関する多くの時間と労力が，白色腐朽菌によるリグニン分解機構の解明に注がれてきた．セルロースと比較して，リグニン中の酸素原子比は低く，構造安定化に関わる非局在化したπ-電子は豊富であることから，リグニン分解はエネルギー消費過程であることが推定されていた．実際，白色腐朽菌による^{14}C-リグニンの分解は，セルロースやグルコースといった糖質エネルギー源の添加なしには進まないことが示された．

　初期のリグニン分解研究において，白色腐朽菌によって腐朽されたリグニンの元素分析や官能基分析が行われ，メトキシル基含量の減少や，カルボニル基およびカルボキシル基の増加が観察された．腐朽材より溶媒抽出されたリグニン分解断片の分析からは，バニリン，バニリン酸，シリンガアルデヒド，シリンガ酸，（ジ）メトキシベンゾキノン，（ジ）メトキシハイドロキノンなどが同定され，リグニン分解の過程で側鎖の炭素-炭素結合が開裂することが示され，特にC_α-C_β開裂やアルキル－フェニル（C_α-C_1）開裂の重要性が示された[4-6]．微量ではあるがフェニルプロパン誘導体がリグニン分解フラグメントとして同定されたことから，β-エーテル結合の開裂が起こっている可能性も示された．また，腐朽リグニンの^{13}C-NMRスペクトル解析より，芳香環の開裂が高分子中で起こっていることも示された[7]．さらに，腐朽材中リグニンの分子量が健全材のものとほとんど違わないことから，リグニン生分解が細胞外で起こることも判明した[8]．

3）白色腐朽菌によるリグニン分解の生理学的解析

1970年代後半より，*Phanerochaete chrysosporium* が白色腐朽菌のモデル生物として用いられている．この菌は，リグニン分解およびセルロース分解活性が高い，高温菌で生育が速い，寒天培地で分生子および担子胞子を形成するなどの性質を有しており，生化学実験や遺伝子操作に適している．リグニン分解の生理学的解析は，*P. chrysosporium* を中心に進んできた．*P. chrysosporium* のリグニン分解活性は，リグニンの添加によって誘導されず，栄養源としての炭素，窒素，硫黄源の枯渇による二次代謝活性の発現に伴い誘導される[9]．また，窒素源を制限してリグニン分解活性を誘導した菌に，アンモニウム塩を添加すると，リグニン分解活性が速やかに消失することからも[10]，リグニン分解活性が二次代謝過程で発現することが判明した．二次代謝条件下，*P. chrysosporium* は β-エーテル型二量体リグニンモデル化合物を速やかに代謝し，種々

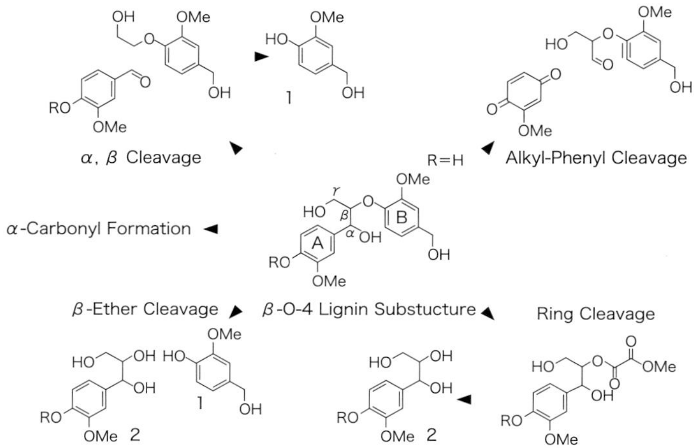

図6-16 *Phanerochaete chrysosporium* による β-エーテル型リグニンモデル二量体の分解

β-エーテルの直接開裂を示唆する化合物1および2は，α,β開裂後の代謝物1と環開裂後の代謝物2であり，現在のところ，β-エーテルの直接開裂を触媒する酵素は見出されていない．アルキル－フェニル開裂は，A環にフェノール性水酸基があるときのみ観察されている．

の代謝物を生成した（図6-16）．ここで見られた開裂反応は，腐朽材より同定されたリグニン分解断片の生成機構を合理的に説明するものであった．

1982年までに P. chrysosporium によるリグニン分解機構が以下のようにまとめられた．酸化的であり，初発の反応は細胞外で起こり，芳香族基質に対して非特異的であり，二次代謝活性であることなどである．

4）活性酸素種によるリグニンの分解

活性酸素種（reactive oxygen species, ROS）は，空気中の酸素分子よりも反応性の高い酸素を含んだ分子の総称である（図6-17）．活性酸素種は非常に不安定で強い酸化力を持つがゆえ，多くの生体分子と非特異的に反応することが知られている．一方，リグニン生分解において，芳香族基質の非特異的酸化反応が重要であることが指摘されていた．Phanerochaete chrysosporium のリグニン分解活性が，一般の好気生物では成育不可能な100％酸素下で最大になることから，細胞外リグニン分解にROSが関与する可能性が指摘された[11]．その後，ヒドロキシルラジカルによりリグニンモデル化合物が分解され，ヒドロキシルラジカル捕捉剤の添加がリグニン分解を阻害することが示された[12, 13]．しかし，菌の培養濾液中でのヒドロキシルラジカルの検出はされず，直接的証拠に欠けていた．

次いで，P. chrysosporium の培養濾液中に過酸化水素が見出され，カタラーゼの添加がリグニン分解を阻害することが示された[12]．過酸化水素の酸化還元電位はそれほど高くなく，C-CやC-O結合の開裂を引き起こすものではない．しかし，過酸化水素から，ヒドロキシルラジカルやスーパーオキシドアニオンラジカルが生成すること，ペルオキシダーゼの酸化基質として生物学的酸化において

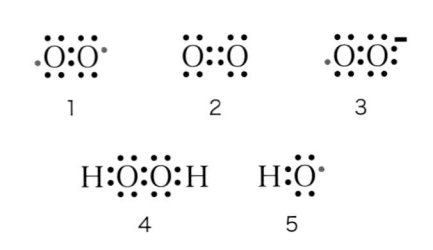

図6-17　活性酸素種
1：酸素分子(基底三重項，普通の状態)，2：一重項酸素，3：スーパーオキシドアニオンラジカル，4：過酸化水素，5：ヒドロキシルラジカル．

機能していることから，P. chrysosporium における過酸化水素の役割の解明に力が注がれ，リグニン分解性ペルオキシダーゼの発見につながった．

5）リグニン分解酵素

　白色腐朽菌をタンニンや没食子酸を含む寒天培地上で成育させると菌糸の周りに着色帯が形成される．これをバーベンダム反応と呼ぶ．菌のリグニン分解活性とバーベンダム反応の相関は，80年前より知られている[14]．後年，この反応が細胞外フェノール酸化酵素により引き起こされることが判明したことから，フェノール酸化活性とリグニン分解の間に強い相関があることが示された．
　フェノール酸化酵素としてチロシナーゼ，ラッカーゼ，ペルオキシダーゼの3種が知られている．チロシナーゼの基質特異性は狭く，細胞内酵素であることから，高分子リグニンの酸化には関わらない．ラッカーゼは，多岐にわたるフェノール類のフェノキシルラジカルへの一電子酸化を触媒する．生じたラジカルは，酵素とは無関係に不均化反応あるいはラジカルカップリングにより最終生成物へと変換される．電子受容体である分子状酸素は，一電子酸化過程で生じるプロトンとともに，最終的には水へと還元される．ペルオキシダーゼも同様の一電子酸化を触媒するが，電子受容体として過酸化水素を利用する．

（1）ラッカーゼ

　ほぼすべての白色腐朽菌が，細胞外にラッカーゼを分泌する．ラッカーゼは活性中心に銅イオンを有する金属タンパク質であり，フェノールやアミン類の一電子酸化を触媒するが，非フェノール性芳香族化合物の酸化は行わない．基質特異性は，基質の酸化還元電位に制御される．白色腐朽菌ラッカーゼによるフェノール性リグニンモデル化合物や合成リグニンの酸化が試みられ，グアイアシル骨格に対しては縮合（ラジカルカップリング）反応が主で，シリンギル骨格に対しては分解も起こることが示されている．

(2) ペルオキシダーゼ

Phanerochaete chrysosporium はラッカーゼ活性を有さない数少ない白色腐朽菌であるが，フェノール酸化活性は有している．活性酸素種に関する一連の研究から，この菌が細胞外で過酸化水素を産生し，その経時変化がリグニン分解活性の消長とほぼ一致することが判明した[15]．これらのことが，過酸化水素依存性酵素探索の引き金となった．

1983 年，Gold, M. H. および Kirk, T. K. のグループが，*P. chrysosporium* 培養濾液より，リグニン分解に関わる細胞外過酸化水素要求性酵素の発見を報告した[16, 17]．リグニンペルオキシダーゼ（lignin peroxidase）である．さらに，Gold のグループは，染料脱色能の高い細胞外過酸化水素要求性酵素として，マンガンペルオキシダーゼ（manganese peroxidase）を報告した[16, 18]．

a．リグニンペルオキシダーゼ

P. chrysosporium より精製されたリグニンペルオキシダーゼ（LiP）の触媒機構について詳細な検討がなされている．この酵素はアイソザイムとして単離され，pI 3.2 前後の酸性タンパク質で，分子量約 41,000 程度のモノマー糖タンパク質であり，補欠分子族としてプロトポルフィリン IX - 鉄錯体を含む．これまでに，ほかの白色腐朽菌（*Phlebia radiata*, *Tramates versicolor*, *Bjerkandera adusta* など）から LiP タンパク質および遺伝子のクローニングが報告されている．遺伝子解析から，分泌タンパク質としてのシグナルや真核生物プロモーター領域に共通して見られる TATAA 配列，CCAAT 配列が確認された．さらに，cAMP や芳香族炭化水素に応答性を示すエレメント配列の存在も示された．

LiP は典型的なペルオキシダーゼ型触媒サイクルを有している（図 6-18）．酵素は酸化基質である過酸化水素と反応し，二電子酸化型中間体（compound I）となり，還元基質に対する 2 回の一電子酸化により一電子酸化型中間体（compound II）を経て休止状態に戻る．このように，典型的なペルオキシダーゼである LiP だが，他のペルオキシダーゼと決定的に異なる．非フェノール性芳香族化合物の酸化を触媒する高い酸化還元電位を有することである．

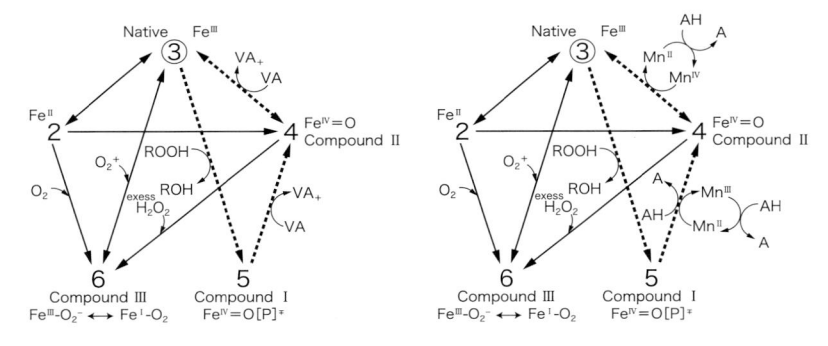

図6-18 リグニンペルオキシダーゼ（左）およびマンガンペルオキシダーゼ（右）の触媒サイクル

数字は，ヘム鉄の見かけの酸化数．3→5→4→3 がペルオキシダーゼ型触媒サイクル．VA：ベラトリルアルコールで，LiP の作用により VA アリールカチオンラジカルに酸化される．AH：フェノール性基質で，Mn^{III} によりフェノキシルラジカルへ酸化される．

LiP は一電子酸化により基質アリールカチオンラジカルを生成させ，その後の非酵素的ラジカル反応により，C-C 結合，エーテル結合，芳香環の開裂，カルボニルの生成などを引き起こすことが知られている．なぜ LiP だけがこのように高い還元電位を有することができるのかの理解に向け，その分子認識機構について立体構造や電気化学的検討がなされている．これらについては，ほかの成書を参考にされたい[19]．

b．マンガンペルオキシダーゼ

Phanerochaete chrysosporium より精製されたマンガンペルオキシダーゼ（MnP）の触媒機構について詳細な検討がなされている．この酵素はアイソザイムとして単離されており，分子量約 46,000 程度のモノマー糖タンパク質で，補欠分子族としてプロトポルフィリンIX - 鉄錯体を含む．遺伝子解析から，プロモーター領域に TATAA 配列，CCAAT 配列以外に，熱ショックエレメントやメタル応答エレメント配列の存在も確認され，LiP 転写と異なる制御を受けることが示されている．これまでに，非常に多くの白色腐朽菌から MnP タンパク質の単離および遺伝子のクローニングが報告されており，LiP より普遍性が高い．リグニン分解において最も重要な酵素ではないかと考えられている．

MnPも典型的なペルオキシダーゼ型触媒サイクルを有する（図6-18）．MnPがほかのペルオキシダーゼと決定的に異なる点は，還元基質が2価マンガンイオンである点である．生じた3価マンガンイオンは優れた一電子酸化剤であるが，遊離の状態では不安定である．担子菌は，有機酸を産生および分泌し，キレート剤として利用することで，3価マンガンの高い還元電位を有効に利用している．担子菌の分泌するシュウ酸やマロン酸は，3価マンガンキレート剤である．これにより，酵素の活性部位で生成した3価マンガンは有機酸と複合体化し，酵素より離れた場所で低分子一電子酸化剤として機能する．3価マンガン-有機酸複合体は生理学的条件下では，LiPほど高い還元電位は有さないものの，多岐にわたるフェノール性化合物のフェノキシルラジカルへの酸化のほか，アルケンのラジカルカチオンへの酸化やチオール基のチイールラジカルへの一電子酸化を触媒し，応用面からも注目されている．MnPの作用機構を理解に向け，MnPの基質認識機構の解明，結晶構造からのマンガンイオン結合部位を明らかにする研究がなされている．詳細については，ほかの成書を参考にされたい[19]．

　LiP，MnP，ラッカーゼは，一電子酸化酵素という共通点を持っている．*P. chrysosporium* の代謝反応で見出されたリグニンモデルの分解経路（図6-16）は，すべてこれら酵素による基質ラジカル生成に起因するものであった．

c．そのほかの担子菌由来のペルオキシダーゼ

　Coprinus cinereus Peroxidase（CIP）は，ヒトヨタケから単離されたペルオキシダーゼである（*Arthromyces ramosus* Peroxidase と同一分子）．リグニン分解そのものへの関与は疑問視されているものの，ルミノール酸化活性が非常に高いことが特徴であり，多岐にわたるフェノール類あるいはアミン類の酸化を触媒する．また，CIPと類似の活性を示す Manganese Independent Peroxidase が，担子菌 *Coriolus hirstus* などの培養濾液に見出されている．

　MnPおよびLiPの両活性を示すハイブリッド型ペルオキシダーゼが，*Bjerkandera* sp. および *Pleurotus eryngii* より単離されている．担子菌ペルオキシダーゼの分子進化を考えるうえで興味深い存在である．

d．レドックスメディエーター

　酸化剤（酵素など）単独では酸化されない基質が，ある種の化合物を添加することで酸化されることが知られている．このような化合物をレドックスメディエーターと呼ぶ．MnPは直接フェノールの酸化は行わず，マンガンイオンを低分子量レドックスメディエーターとして最終的な基質の酸化を行っている．さらに，3価マンガンイオンによる不飽和脂肪酸の一電子酸化で発生したラジカルに分子状酸素が攻撃することで生じるペルオキシラジカルが，リグニンを効率よく酸化することも報告されている．ラッカーゼによるフェノールの酸化によって発生するフェノキシルラジカルもメディエーターとして機能することが報告されている．さらに，非天然メディエーターとして1-ヒドロキシベンゾトリアゾールをはじめ種々の化合物が報告されている．

　細胞外リグニン分解機構の解明には，酸化還元酵素，レドックスメディエーター（菌代謝物や人工化合物），遷移金属，ROSの協奏効果によるラジカル制御機構の解明が必要であろう．

(3) そのほかのリグニン分解関連酵素

　白色腐朽菌は，リグニンのみならず低分子量難分解性芳香族化合物の分解も行うが，ここでも一電子酸化酵素の重要性が指摘されている．難分解性芳香族化合物の多くは脂溶性化合物であり，そのイオン化ポテンシャルはたいへんに高い．そのような化合物を強力な一電子酸化剤で酸化することにより，基質上にラジカルあるいはラジカルカチオンを生じさせる．水分子によるカチオンの攻撃あるいは酸素分子による炭素ラジカルの攻撃により，結果として酸素添加が起こることで，キノン構造が生じる．キノンは酸化還元電位が低く，容易に水酸基に還元される．白色腐朽菌の細胞質にキノン還元酵素が見出されている．これにより，難分解性芳香族化合物が水酸化を受けたことになり，イオン化ポテンシャルの劇的な低下および水溶性の増加につながる．また，このような一電子過程で起こりうるほかの反応として，酸化的脱塩素がある．カチオンや炭素中心ラジカルが攻撃を受ける際，良好な脱離基が置換基として存在すると，

優先的に遊離する．例えば，塩素は塩素イオンとして優先的に解離することが知られており，有機塩素化合物の無公害的分解に向けた応用研究も行われている．

一電子酸化酵素の役割が難分解性芳香族化合物のイオン化ポテンシャルの低減であるならば，直接酸素を添加する酵素の役割も当然重要であろう．代表的な水酸化酵素としてシトクロム P450 がある．担子菌による種々の芳香族化合物の代謝で，生成物の同定から，本酵素の関与が強く示唆されている．特に，LiP でも酸化されない高いイオン化ポテンシャルを有する化合物の代謝での役割は大きい．また，還元的脱塩素や C-O 結合の開裂にグルタチオン -S- トランスフェラーゼおよびグルタチオン抱合体還元酵素の関与も指摘されている．

芳香環の無機化に際しては，環開裂反応が不可欠である．この反応を触媒する酵素としてジオキシゲナーゼが単離されている．また，前述の一電子酸化反応を初発とした，環開裂反応も報告されている．

ペルオキシダーゼの酸化基質である過酸化水素を分子状酸素の還元を通じて供給する酵素として，グリオキサールオキシダーゼやアリールアルコールオキシダーゼが担子菌細胞外酵素として見出されている．

6）リグニン分解のシステム生物学

2005 年に *Phanerochaete chrysosporium* のゲノム全塩基配列の解読が終了し，データも公開されている（http://genome.jgi-psf.org/Phchr1/Phchr1.home.html）．白色腐朽菌のリグニン分解機構をゲノムワイドに解析することが可能になった．これにより，ポストゲノム科学として種々の OMICS 研究（トランスクリプトミクス，プロテオミクス，メタボロミクスなど，各層における網羅的解析の総称）が始動し，リグニン生分解研究が新しい局面を迎えている．例えば，*P. chrysosporium* のゲノムの精査から，150 を超えるシトクロム P450 遺伝子の存在が明らかとなり，芳香族化合物の代謝との関連に興味が持たれている．しかし，リグニン分解を支える生物機能を高度に利用するためには，遺伝子，タンパク質，代謝産物の網羅的同定とともに，それらの構成す

る機能ネットワークを理解することが不可欠である．生命の青写真はゲノムではなく，ネットワーク構造であるといわれている．この概念を白色腐朽菌にも適用するシステムを構築することで，リグニン分解機構をシステムとして理解する研究が始まる．

引 用 文 献

1. 木材腐朽菌
1) 柳　園江：バイオサイエンスとバイオインダストリー 46(5), 3153-3160, 1988.
2) Kirk, T. K. and Highley, T. L.：Phytopath. 63(11), 1338-1342, 1973.
3) Chang, H. -M. et al.："Lignin Biodegradation: Microbiology, Chemistry and Potential Applications, Vol. I "(eds. by Kirk, T. K. et al.), CRC Press, Boca Raton, Florida, 1980, p.215-230.
4) Nishida, T. et al.：Mokuzai Gakkaishi 34(6), 530-536, 1988.
5) Kerr, A. J. and Goring, D. A. I.：Cell. Chem. Technol. 9(6), 563-573, 1975.
6) Nishida, T.：Mokuzai Gakkaishi 35(7), 649-653, 1989.
7) Bumpus, J. A. et al.：Science 228, 1434-1436, 1985.
8) Fujisawa, M. et al.：J. Polym. Environ. 9(3), 103-108, 2001.

2. セルロースの生分解
1) 大宮邦夫：セルロースの事典（セルロース学会 編), pp.301-306, 朝倉書店, 2000.
2) 渡辺裕文, 徳田　岳：化学と生物, 39, 618-623, 2001.
3) 金　潤受：木材保存, 33, 48-57, 2007.
4) 五十嵐圭日子ら：Cell Commun., 13, 173-177, 2006.
5) 丸山準一郎, 塚越規弘：バイオサイエンスとインダストリー, 59, 593-598, 2001.
6) Davies, G. and Henrissat, B.：Structure, 3, 853-859, 1995.
7) http://afmb.cnrs-mrs.fr/CAZY/index.html
8) Martinez, D. et al.：Nature Biotechnol., 22, 695-700, 2004.
9) http://genome.jgi-psf.org/Phchr1/Phchr1.home.html
10) Sugiyama, J. and Imai, T.：Trends Glycosci. Glycotechnol., 11, 23-31, 1999.
11) Teeri, T. T. et al.：Biochem. Soc. Transact., 26, 173-178, 1998.
12) http://genome.jgi-psf.org/Pospl1/Pospl1.home.html
13) 鮫島正浩, 五十嵐圭日子：化学と生物, 41, 22-26, 2003.
14) 鮫島正浩, 五十嵐圭日子：木材学会誌, 50, 359-367, 2004.
15) Tukada, T. et al.：Appl. Microbiol. Biotechnol., 73, 807-814, 2006.

16）坂口博脩ら，セルロースの事典（セルロース学会 編), pp.364-408, 朝倉書店, 2000.

3. ヘミセルロースの生分解

1) Dekker, R. F. H.：Biosynthesis and Biodegradation of Wood Components, Academic Press, Inc., Florida, USA, pp.505-533, 1985.
2) Henrissat, B.：Biochem. Soc. Trans., 26, 153-156, 1998.
3) Davies, G. and Henrissat, B.：Structure, 3, 853-859, 1995.
4) Ishihara, M. and Shimizu, K.：Mokuzai Gakkaishi, 26, 811-818, 1980.
5) Shimizu, K. and Ishihara, M.：Agric. Biol. Chem., 47, 949-955, 1983.
6) Viikai, L. et al.：Proc. 3rd Int. Symp. Biotechnology in the Pulp and Paper Industry, Stockholm, 67-69, 1986.
7) Ishihara, M. and Hosoya, S.：Proc. 10th Int. Symp. on Wood and Pulping Chemistry, Yokohama, Vol. III, 30-33, 1999.

4. リグニンの生分解

1) Norman, A. G.：Science Progress 30, 442-456, 1936.
2) Crawford, R. L.：Lignin Biodegradation and Transformation Wiley-Intersciednce, NY, 1981.
3) Kirk, T. K.：Annu. Rev. Phytopathol. 9, 185-210, 1971.
4) Higuchi, T.：Adv. Enzymol. 34, 207-283, 1971.
5) Hata, K.：Holzforshung 20, 142-147, 1966.
6) Chen, C.-L. et al.：Proceeding of Int. Symp. Wood Pulping Chem. Vol. 3, pp.75-82, 1981.
7) Tai, D. et al.：in Recent Advances in Lignin Biodegradation (eds. by Higuchi, T. et al.), pp.44-63, Uni Ltd., Tokyo, 1983.
8) Kirk, T. K. and Chang, H.-m.：Holzforshung 28, 217-222, 1974.
9) Kirk, T. K. et al.：Appl. Environ. Microbiol. 32, 192-194, 1976.
10) Fenn, P. et al.：Arch. Microbiol. 130, 66-71, 1981.
11) Hall, P. L.：Enzyme Microbial. Technol. 2, 170-176, 1980.
12) Kutsuki, H. and Gold, M. H.：Biochem. Biophys. Res. Commun. 109, 320-327, 1982.
13) Gold, M. H. et al.：Photochem. Photobiol. 38, 674-651, 1983.
14) Bavendamm, W.：Z. Pflanzenkr. 38, 257-276, 1928.
15) Faison, B. D. and Kirk, T. K.：Appl. Environ. Microbiol. 46, 1140-1145, 1983.
16) Glenn, J. K. et al.：Biochem. Biophys. Res. Commun. 114, 1077-1083, 1983.
17) Tien, M. and Kirk, T. K.：Science 221, 661-663, 1983.
18) Kuwahara, M. et al.：FEBS Lett. 169, 247-250, 1984.

19）割石博之：キノコとカビの基礎科学とバイオ技術（宍戸和夫 編), pp.141-153, アイピーシー 東京, 2002.

参　考　図　書

和　　　書

阿武貴美子・瀬野信子：糖化学の基礎，講談社サイエンティフィック，1984.

臼田誠人ら：木材科学実験書Ⅱ 化学編，中外産業調査会，1989.

瓜谷郁三ら（編）：生物化学実験法 20，多糖の分離・精製法，学会出版センター，1987.

大江礼三郎ら：パルプおよび紙，文永堂出版，1991.

岡野　健・祖父江信夫（編）：木材科学ハンドブック，朝倉書店，2006.

岡野　健ら（編）：木材居住環境ハンドブック，朝倉書店，1995.

奥田拓男（編）：薬用天然物化学，廣川書店，1996.

片山義博ら（編）：木材化学講座 11 バイオテクノロジー，海青社，2002.

高分子学会（編）：高分子実験学 11，高分子溶液，共立出版，1982.

桜井直樹ら：植物細胞壁と多糖類，培風館，1991.

佐々木恵彦ら（編）：森林科学，文永堂出版，2007.

佐々木瞭（訳）：ジャック・マスケリエ・21 世紀の生体防御物質 OPC，フレグランスジャーナル社，1997.

城代　進ら（編）：木材科学講座 4 化学，海青社，1993.

森林総合研究所（監修）：木材工業ハンドブック，丸善，2004.

杉山達夫（監訳）：Buchanan, B. B. ら・植物の生化学・分子生物学，学会出版センター，2005.

セルロース学会（編）：セルロースの事典，朝倉書店，2000.

田中　治（編）：天然物化学 改訂第 6 版，南江堂，2002.

中野準三（編）：リグニンの化学－基礎と応用－（増補改訂版），ユニ出版，1990.

中野準三・飯塚堯介（監訳）：リグニン化学研究法，ユニ出版，1994.

中野準三ら：木材化学，ユニ出版，1983.

日本化学会（編）：新実験化学講座 19，高分子化学Ⅱ，丸善，1978.

日本木材学会（編）：木質科学実験マニュアル，文永堂出版，2000.

原口隆英ら：木材の化学，文永堂出版，1985.

原口隆英ら：木質素材ハンドブック，技報堂出版，1996.

樋口隆昌（編）：木質分子生物学，文永堂出版，1994.

樋口隆昌：木質生化学，文永堂出版，1993.

福島和彦ら（編）：木質の形成－バイオマス科学への招待－，海青社，2003.

舩岡正光（監修）：木質系有機資源の新展開，シーエムシー出版，2005.

右田伸彦ら（編）：木材化学（上），共立出版，1968.

目黒謙次郎（監訳）：カステラン・物理化学 第3版（下），東京化学同人，1986.

飯塚堯介（監修）：ウッドケミカルスの新展開，シーエムシー出版，2007.

飯塚堯介（編）：ウッドケミカルスの最新技術，シーエムシー，2000.

谷田貝光克：植物抽出成分の特性とその利用，八十一出版，2006.

谷田貝光克ら（編）：香りの百科事典，丸善，2005.

谷田貝光克ら（訳）：Hausen, B. M.・木材の化学成分とアレルギー，学会出版センター，1987.

山崎幹夫・斉藤和季（編）：薬用資源学，丸善，1997.

山谷知行（編）：朝倉植物生理学講座2 代謝，朝倉書店，2001.

洋　　　書

Argyropoulos, D. S. (ed.)：Advances in Lignocellulosics Characterization, TAPPI Press, 1999.

Barton, D. H. R. et al. (eds.)：Comprehensive Natural Products Chemistry, Vol.3, Carbohydrates and Their Derivatives Including Tannins, Cellulose and Related Lignins, Pergamon Press, 1999.

Eriksson, K. (ed.)：Biotechnology in The Pulp and Paper Industry, Springer-Verlag, 1997.

Fengel, D. and Wegener, G.：Wood－Chemistry, Ultrastructure, Reactions－, Walter de Gruyter, 1984.

Glasser, W. G. and Sarkanen, S. (eds.)：Lignin－Properties and Materials－, ACS Symposium Series, ACS, 1989.

Gorham, J. : The Biochemistry of The Stilbenoids, Chapman and Hall, 1995.

Gross, G. G. and Hemingway, R. W. : Plant Polyphenols 2, Kluwer Academic/Plenum Publishers, 1999.

Harborne, J. B. (ed.) : The Flavonoids, Advances in Research Since 1986, Chapman and Hall, 1994.

Haslam, E. : Practical Polyphenolics, Cambridge University Press, 1998.

Higuchi, T. (ed.) : Biosynthesis and Biodegradation of Wood Components, Academic Press, 1985.

Hon, D. N. -S. and Shiraishi, N. (eds.) : Wood and Cellulosic Chemistry 2nd ed., Revised and Expanded, Marcel Dekker, 2001.

Lin, S. Y. and Dence, C. W. (eds.) : Methods in Lignin Chemistry, Springer-Verlag, 1992.

Pigman, W. and Horton, D. : The Carbohydrates Chemistry and Biochemistry, 2nd ed. IA, 178, Academic Press, 1972.

Rose, J. K. C. (ed.) : The Plant Cell Wall, Ann. Plant Rev., 8, Blackwell Publishing, 2003.

Rowe, J. W. (ed.) : Natural Products of Woody Plants I, Springer-Verlag, 1989.

Sarkanen, K. V. and Ludwig, C. H. (eds.) : Lignin—Occurrence, Formation, Structure and Reactions—, John Wiley & Sons, 1971.

Sjstrom, E. : Wood Chemistry, Fundamental and Applications, 2nd ed., Academic Press, 1993.

Stenius, P. (ed.) : Papermaking Science and Technology Book3, Forest Products Chemistry, Fapet Oy, 2000.

Visser, J. et al. (eds.) : Xylans and Xylanases, Elsevier, 1992.

索　引

あ

アクチベーター　11
アシドリシス　185, 193
アセチルグルクロノキシラン　133
アセチルブロマイド法　166
Acetobacter xylinum　5
アセトリシス　116
圧縮あて材　1, 127, 135, 158
あて材　123, 158
S-アデノシルメチオニン　29
アノメリック炭素　101
アビエチン酸　246, 248
アビセル　110
亜麻　77
アラビドプシス　7
アラビナン　17
アラビノガラクタン　17, 123
アラビノキシラン　20, 123, 125
アラビノグルクロノキシラン　20, 124, 134
L-アラビノフラノース　124
アリールイソクロマン型構造　188
アリールカチオンラジカル　317
アリールグリセロール-β-アリールエーテル　185
亜硫酸パルプ　83
亜臨界水処理　110
アルカリ性ニトロベンゼン酸化　178
アルカロイド　38
アルキルセルロース　106
アルコール・ベンゼン混液（1：2）　4
アルコールリグニン　176
アルドビオウロン酸　139

アルドン酸　143
α-アラビノシダーゼ　307
α-O-4'　187
α-O-4結合　33
α-カジノール　245
α-ガラクトシダーゼ　308
α-グルクロニダーゼ　308
α-テルピネオール　245
α-ピネン　245
アルボセロール　247
アレロパシー　249
アンタゴニスト　254
アントシアニジン　43, 259
アントシアニン　259
アントラキノン蒸解　203

い

ECF漂白法　208
イオン液体法　82
移行材　244
異常材　1
イソオリビル　255
イソキサベン　12
イソフラボノイド　43
イソフラボン　259
イソプレノイド　38, 42, 243
イソプレン単位　243
イソヘミピン酸　197
一次代謝　37
一次壁　2, 13
溢出樹液　47, 49
イヌマキラクトンA　247
インターフラボノイド結合　272
インドフェノール構造　163

インバージョン型加水分解　296
インヒビター　11

う

牛血清アルブミン　272
ウッドロジン　244
ウリジン三リン酸　14
ウリジン二リン酸グルコース　14

え

EDXA　160
エキソサイトーシス　13
液体アンモニア処理　67
エタノリシス　179, 185, 195
エタンチオール　195
X線回折　70
エナンチオマー　253
NMMNO 法　82
エネルギー分散型 X 線分析法　160
エノールエーテル構造　202, 206
エピフィリン酸　258
エピメラーゼ　14
MWL　175
エラジタンニン　267, 269
エリシター活性　153
エリスロン酸　198
エリトロ/トレオ比　35
エリトロース 4-リン酸　26
エリトロ型　186
塩酸リグニン　174
塩素化メトキシ-O-キノン構造　162
塩素系漂白剤　114
塩素-モノエタノールアミン法　130
エンド型グルカナーゼ　290

お

黄麻　77
オーキシン　154

オートヒドロリシス　110
オーロン　259
オキソニウムイオン　136
オゾン酸化　198
オゾン分解法　159
オフィオボリン A　247
オペロン　6
オリゴサッカリン　153
オリゴ糖　155

か

塊状高分子　171
外部可塑剤　220
カイラルネマティック液晶　107
化学パルプ　83
架橋密度　96
核オーバーハウザー効果　226
核交換反応　234
拡張キノンメチド構造　201
下降樹液流　47
過酸化脂質量　53
過酸化水素　114
加水分解型タンニン　46, 266
加水分解酵素　289
褐色腐朽菌　277, 288, 311
活性酸素種　144, 314
Kappa 価　166, 168
カテキン　43, 259
カフェー酸　29
カフェ酸 O-メチルトランスフェラーゼ　29
過マンガン酸カリウム　168
カメシノン　249
カメリアゲニン A　247
過有機酸　114
可溶性リグニン　175
過ヨウ素酸酸化　143
過ヨウ素酸リグニン　174
加溶媒分解法　84, 115
ガラクタン　4, 17, 123

索引

ガラクチトール　150
ガラクツロン酸　17，124
ガラクトグルコマンナン　123，134，305
ガラクトメタサッカリン酸　140
ガラス転移温度　218
ガリック酸　266
過硫酸　114
カルコン　43，259
カルボカチオン中間体　270
5-カルボキシ-2-フルアルデヒド　142
カルボキシメチルセルロース　111
ガロイル基　267，269
カロース　13，126
ガロタンニン　266，269
カロテノイド　42
皮なめし剤　273
カワラタケ　279
環境応答機能　233
還元末端　60
環状カーボネート　116
カンファー　245

き

機械パルプ　83
キシラン　20，123
キシリトール　150
キシロイソサッカリン酸　141
キシログルカン　16，19，123，126
機能性リグニン　229
機能変換素子　233
キノンメチド　181，201
キノンメチド中間体　33，172
キノンモノクロロイミド　163
逆ゲートデカップリング法　226
逆平行鎖　67，70
求核付加反応　202
吸収最大波長　222
吸着キシラン　309
極限粘度数　85，90

巨大複合体　9
金コロイド　128
近赤外励起FT-ラマン法　167

く

グアイアコキシスチレン構造　202
グアイアシル核　178
グアイアシルプロパン　23，157
グアイアシルリグニン　160
p-クマリルアルコール　22，179
クマリン　12
p-クマル酸　21，23，29
クマル酸3-ヒドロキシラーゼ　29
4-クマル酸CoAリガーゼ　31
p-クマロイルCoA　21
Klasonリグニン　164，174
グラファイト　117
クラフトパルプ　83，111
クラフトリグニン　177
グリセルアルデヒド-2-アリールエーテル　187
グルカン　123
グルクロノキシラン　20，123，124，133
D-グルクロン酸　124
グルコイソサッカリン酸　111，140
グルコース-1-リン酸　14
グルコース-6-リン酸　14
p-グルコクマリルアルコール-β-D-グルコシド　33
グルコマンナン　21，123，125，305
D-グルシトール　150
グルタチオン-S-トランスフェラーゼ　320
グルタチオン抱合体還元酵素　320
クロス-ビバン呈色反応　162
グルカン　126

け

形成層　1

ケイ皮アルデヒド　192
結晶性セルロース　290
結晶変態　67
ゲニスティン　262
ケルセチン　263
健康阻害作用　250

こ

抗ウイルス活性　254
高温水蒸気処理　67
抗潰瘍活性　155
抗菌性物質　249
抗原抗体反応　129
抗酸化活性　271
光散乱法　87, 215
格子定数　70
抗腫瘍性　254
抗腫瘍リグナン　39
酵素阻害能力　271
酵素分離法　84
抗体タンパク質　129
高分子溶液　87
5-O-4' 結合　188
5-5' 結合　187
コニフェリルアルコール　22, 162, 179
コニフェリルアルデヒド　161
コニフェリン　32
固有粘度　218
コルヒチン処理　155
コレステリック液晶　107
コレステロール低下作用　155
コンクリート減水剤　230

さ

サーモメカニカルパルプ　83
サイクリックジグアニル酸　11
サイズ排除クロマトグラフィー　90, 216
再生繊維　75, 82

細胞間層　24
砕木パルプ　83
酢酸セルロース　102
サクラネチン　262
鎖状高分子　171
サポゲニン　247
サポニン　247
サルベーション経路　16
酸化第二銅酸化　196
酢化度　103
3 価マンガン　318
酸可溶性リグニン　164
3 次元網目構造　173
三斜晶　72
酸性紙　108
酸素系漂白剤　114
サンダラコピマル酸　248
三フッ化ホウ素ジエチルエーテル錯体　195
酸不溶性リグニン　164
酸分解　107

し

次亜塩素酸　114
1,3-ジアキシャル相互作用　138
シアニジン　262
ジアリールエーテル結合　188
1,2-ジアリールプロパン型構造　188
GH ファミリー　291
^{13}C NMR スペクトル　69
CBH　290
CBM　291
ジオキサンリグニン　176
ジオキセタン構造　207
紫外線（UV）顕微鏡　24
紫外線顕微分光法　159
シキミ酸経路　25
シクロヘキサジエノン中間体　213
ジクロロベンゾニトリル　12
糸状菌　278, 288

索引

至適pH域　302
ジテルペン　42, 243, 246
シナピルアルコール　22, 179
1,8-シネオール　245
子嚢菌　277, 288
2,5-ジヒドロキシペンタン酸　141
ジヒドロフラボノール　43, 259
ジベンゾジオキソシン　187, 226
シュウ酸アンモニウム　12
重水素化溶媒　223
重量平均分子量　86, 214
樹液　47
縮合型構造　187
縮合型タンニン　46, 267
種子繊維　75
ジュバビオン　245
硝酸酸化　199
硝酸セルロース　102
蒸煮・爆砕法　84
上昇樹液流　47
Schorger法　4
触媒ドメイン　291
植物化学分類学　260
食物繊維　149, 155
シリンガアルデヒド　197
シリンガレジノール　258
シリンギル/グアイアシル比　35
シリンギル核　178
シリンギルプロパン　23, 157
シリンギルリグニン　160
シリンジン　33
心材　1, 158, 244
心材形成　3
心材成分　255
深色効果　223
新生リグニン　32
浸透圧ストレス　51
浸透圧法　85
振動式ボールミル　175

シンナミルアルコールデヒドロゲナーゼ　31
N-シンナミルピリジニウム塩　162
シンナモイルCoAレダクターゼ　31
靭皮繊維　75, 77

す

水素化分解　179, 200
水素結合　68
水平樹液流　48
スーパーオキシドアニオンラジカル　314
スーパーオキシドアニオンラジカル除去能　53
スーパーオキシドジスムターゼ　148
数平均分子量　86, 214
スクロース合成酵素　10
スチルベノイド　38, 263
スチルベンシンターゼ　265
ステロイド　42, 243
ズルシトール　150
スルホメチル化物　230
スレオン酸　198

せ

生活環　278
製紙パルプ　82
生物的環境修復　286
精油　243
赤外分光法　68
赤外・ラマン分光法　166
セコイソラリシレジノール　39
セサミノール　254
セサミン　254
セスキテルペン　42, 243, 245
セスタテルペン　243, 247
セチルトリメチルアンモニウムイオン　132
セチルピリジニウムイオン　132
セドロール　245

セリポリック酸　147
セルコーナー部　24
セルロース-アミン複合体　66
セルロースI　63
セルロースⅡ　65
セルロースⅢ　65, 66
セルロースエーテル　105
セルロースエステル　101
セルロースキサントゲン酸塩　102
セルロース合成酵素　6
セルロースジアセテート　103
セルローストリアセテート　103
セルロース分解酵素リグニン　176
セルロースミクロフィブリル　2
セロウロン酸　120
セロビオース脱水素酵素　300
セロビオヒドロラーゼ　290
穿　孔　49
浅色効果　223
染料分散剤　230

そ

相分離系変換システム　234
草本リグニン　179
造粒剤　230
藻類セルロース　78
ソーダリグニン　177
疎水結合　99, 272
疎水的な相互作用　73
ソルビトール　150
損失弾性率　94

た

対向部　158
ダイゼイン　262
大　麻　77
他感作用物質　249
タキシフォリン　263

タマリンド　126
担子菌　277, 288, 299
単斜晶　72
淡色効果　223
炭素繊維　222
タンニン　25
タンニン-タンパク質錯体　271
タンパク質吸着特性　237
ダンマレンジオール　247

ち

チアトリアジン　12
チオアシドリシス　185, 195
チオグリコール酸リグニン　177
チオリグニン　177
置換基分布　101, 106
置換度　100, 106
置換反応　100
逐次機能変換システム　233
チトクローム P450 型モノオキゲナーゼ　29
着色帯形成　282
抽出成分　3, 37, 244
チュニシン　78
超音波処理　119
腸内フローラ　308
超臨界水処理　110
貯蔵弾性率　94
チロシン　25

つ

ツヨプセン　245
ツヨン　248

て

TIZ 法　211
DFRC 法　211
停止反応　141
ディリジェントプロテイン　39

デオキシキシルロースリン酸経路　43
3-デオキシキシロソン　149
デヒドロジベラトルム酸　198
デルフィニジン　262
テルペノイド　42，243
テレビン　248
電子線回折　70
電子線照射　118
テンセル　82
天然ゴム　42，243
天然リグニン　173
TEMPO 触媒酸化　115

と

糖アルコール　150
銅アンモニア法　82
銅アンモニア溶液　65
銅エチレンジアミン溶液　65
銅　塩　132
糖結合性モジュール　291
糖質加水分解酵素ファミリー　291
動的粘弾性　94
糖ヌクレオチド　13
動物セルロース　78
トシルクロリド　162
トランスクリプトミクス　320
2,3-トランスジヒドロケルセチン　270
トリテルペン　243，247
トリプトファン　25
トリメチルヨウドシラン　211
トリメトキシ安息香酸　197
トレイオール　249
トレオ型　186
トロポロン　42

な

内樹皮　47
内部可塑剤　220

ナリンゲニンカルコン　270
軟腐朽菌　277，311

に

二酸化塩素　114，208
2次元 NMR スペクトル　226
二次代謝　37
二乗平均回転半径　89
ニトロソジスルホン酸カリウム　163
ニトロベンゼン酸化　196
ニュートンの粘性法則　93

ぬ

ヌシフェラール　249

ね

ネオフラボノイド　43
ネオリグナン　38，41，251
熱機械分析　219
熱流動　219
粘度平均分子量　215

の

濃色効果　223
Nord リグニン　175
ノルリグナン　38，40，252

は

ハーバー・ワイス反応　148
バーベンダム反応　282，315
バイオオーギュメンテーション　287
バイオスティミュレーション　287
バイオパルピング　84
バイオブリーチング　84，283
バイオメカニカルパルピング　283
バイオレメディエーション　283，286
爆砕処理　110
白色腐朽菌　277，288，311

バクテリアセルロース 78
パクリタキセル 247
剥離反応 140
8-O-4' 結合 33
バニリン 197
ハラタケ目 280
バロニア 10, 78
半イス型 136
半化学パルプ 83

ひ

ピーリング反応 111, 140
非還元末端 60
非環状ベンジルアリールエーテル 187
微結晶セルロース 110
ビスコース法 82
ピセチン 262
ヒダナシタケ目 279
引張あて材 1, 158
ヒドロキシエチルセルロース 106
p-ヒドロキシケイ皮アルコール 179
p-ヒドロキシケイ皮酸 179
5-ヒドロキシコニフェリルアルデヒド 30
p-ヒドロキシフェニル核 178
p-ヒドロキシフェニルプロパン 23, 157
5-ヒドロキシフェルラ酸 29
2-ヒドロキシブタン酸 141
ヒドロキシプロピルセルロース 106
p-ヒドロキシベンズアルデヒド 197
ヒドロキシマタイレジノール 255
5-ヒドロキシメチルフルフラール 140
ヒドロキシメチルフルフラール 110
ヒドロキシルラジカル 144, 314
ヒドロペルオキシラジカル 147
ヒノキチオール 248
ヒノキレジノール 41
ピノレジノール 39, 188, 258
ビフィズス菌 149, 155
ビフェニル型構造 35

ビフェニル結合 187
非プロセッシブ酵素 294
漂白剤 114

ふ

ファイトアレキシン 43, 153, 249, 262
ファイトエストロゲン 254
ファンデルワールス力 73
フィロズルシン 266
フェーリング試薬 132
フェニルアラニン 25
フェニルアラニンアンモニアリアーゼ 27
フェニルクマラン構造 35, 187
フェニルクマロン構造 176
フェニルプロパノイド 38
フェノキシラジカル 33, 180, 184
フェルラ酸 23
フェルラ酸 5-ヒドロキシラーゼ 29
フェルロイル CoA 21
フェントン反応 147
フォトアフィニティラベリング法 12
不可逆的変態 67
不完全菌 277, 288
複合細胞間層 25, 159
複合積層板 228
複素弾性率 94
フコース 20
フックの法則 93
不溶性リグニン 174
プラウノトール 247
Brauns 天然リグニン 175
フラバノン 43, 259
フラボノイド 25, 38, 43, 259
フラボノール 43, 259
フラボノールシンターゼ 45
フラボン 43
フラボン-4-オール 259
フルフラール 140
プレビオティクス 308

Fremy 塩　163
プロアントシアニジン　270
2-フロ酸　142
プロセッシブ酵素　294
プロテオミクス　320
プロトネーション　205
プロトリグニン　182
フロバフェン　259
フロフランリグナン　258
フロログルシン・塩酸呈色反応　160
分化中木部　32
分子シート　72
分子内アルドール縮合　265
分子内クライゼン縮合　265
分子内水素結合　101

へ

平均分子量　86
平行鎖　67, 70
β-アルコキシ脱離機構　210
β-1 型構造　194
β-1' 型構造　188
β-O-4 結合　33, 195
β-D-キシラナーゼ　301
β-1,3-グルカン　299
β-グルコガリン　46, 269
1,4-β-グルコシル転移　6
β-5 型構造　194
β-5' 型構造　187
β-サンタロール　248
β脱離反応　114
β-β 型構造　194
β-β' 型構造　188
β-D-マンナナーゼ　301
β-マンノシダーゼ　307
ヘキセンウロン酸　141, 309
ベチュリン　247
ヘミアセタール結合　59
ベラトルム酸　197

ペルオキシダーゼ　33
ペルオキシラジカル　144
辺　材　1, 158, 244
ベンジルアリールエーテル結合　33
ベンジルエーテル型　172
ベンジルエステル型　172
ベンジルカチオン中間体　205
ベンジル酸転移　140
1,2,3,4,6-ペンタガロイルグルコース　46
ペンタガロイルグルコース　267
ペントサン　4

ほ

ホウ酸ジオールエステル結合　19
放射柔細胞　1
ボールミル粉砕処理　119
ホスホエノールピルビン酸　26
没食子酸　266
ポドフィロトキシン　40, 254
ホモガラクツロナン　17
ホモリシス反応　209, 210
ホ　ヤ　78
ボルニルアセテート　248
ホロセルロース　61, 80, 130

ま

マーセル化　64
マイクロ波加熱　84, 110
膜結合型セルラーゼ　7
摩砕リグニン　175
マタイレジノール　39
末端基定量法　85
マニラ麻　78
マロニル CoA　270
マンガンペルオキシダーゼ　317
マングマメ　18
マンナナーゼ　305
マンナン　4, 123

索　引

D-マンニトール　150

み

ミクロオートラジオグラフィー　24
ミクロフィブリル　63
ミクロマニプレーター　159
ミセル内膨潤　65
ミュータント　7
ミュータント解析　8

む

ムコン酸構造　207

め

メジオレジノール　258
メタサッカリン酸　141
メタノリシス　116
メタボロミクス　320
メチル化過マンガン酸カリウム酸化　178, 197
4-O-メチルグルクロノキシラン　301
4-O-メチル-D-グルクロン酸　124
メチルセルロース　106
メチルペントサン　4
メトキシ-O-キノン構造　161
メトキシル基　190
メバロン酸経路　43
免疫金標識法　129
メントール　245

も

モイレ呈色反応　161
木　化　22
木材糖化　285
木材腐朽菌　277
木部細胞　1
モノテルペン　42, 243, 245
モノリグノール　22, 26, 33, 179

モミラクトンA　249

や

薬理作用　250
ヤテイン　40

ゆ

有機塩素化合物　285
遊星型ボールミル　119
UDP-グルコース　5, 10

よ

溶解パルプ　82
葉繊維　75, 78
4-O-5'型　35

ら

ラジカルカップリング　33, 180, 184
ラセミ体　253
ラセミ体様　180
ラッカーゼ　33, 315
ラネーニッケル　200
L-ラムノース　17, 124
ラムノガラクツロナンI　17
ラムノガラクツロナンII　17
ラリシナン　127
ラリシレジノール　39

り

リグナン　25, 38, 251
リグニンスルホン酸　230
リグニン-炭水化物複合体　33
リグニンの選択的標識　24
リグニン分解活性　280
リグニンペルオキシダーゼ　316
リグニン利用　228
リグノスルホン酸　177
リグノセルロースプラスチック　236

索　　引

リコンビナント解析　9
リシチン　249
リテンション型加水分解　296
リファイナ砕木パルプ　83
リファイニングエネルギー　284
リモネン　245
硫酸塩パルプ　83
硫酸リグニン　174
流動開始温度　218
緑藻海藻　63
リンカー部分　291
リンター　76
リント　76

レジノール構造　35
レスベラトロール　265
レドックスメディエーター　319
レブリン酸　110
レベルオフ重合度　108
レボグルコサン　116

ろ

ロイコアントシアニジン　43，259，270
老化処理　114
ロジン　248
ロゼット　9
ロテノン　262

る

ルビミン　249

わ

綿　76

れ

Rayleigh 散乱　87，89

| 木 質 の 化 学 | 定価（本体 4,000 円＋税） |

2010 年 4 月 20 日　初版第 1 刷発行　　　　　　　　　＜検印省略＞

編　集　日　本　木　材　学　会
発行者　永　　　井　　　富　　　久
印　刷　㈱　平　河　工　業　社
製　本　田　中　製　本　印　刷　㈱

発　行　**文 永 堂 出 版 株 式 会 社**
〒113-0033　東京都文京区本郷 2 丁目 27 番 3 号
TEL　03-3814-3321　FAX　03-3814-9407
振替　00100-8-114601 番

Ⓒ 2010　日本木材学会

ISBN 978-4-8300-4118-1